線彈性破壞力學基礎

岡村弘之 著 ◆ 木原 博 審閱 ◆ 劉松柏 博士 譯

五南圖書出版公司 印行

前　言

　　本書，是「破壞力學與材料強度講座」的第一冊，本講座中許多部分所表現的線彈性破壞力學，是以入門書為目的。線彈性破壞力學的具體應用例，因為在個別關聯的章節有列舉，在此，不涉及概觀線彈性破壞力學的全般，只談論線彈性破壞力學的基礎事項，詳細說明基本考量方法與適用可能範圍等。

　　成為線彈性破壞力學骨架的彈性論之理論構成自體，是極單純明瞭易懂，在此使用重要的數式與參數，若只是純理論的記述，僅有數頁之篇幅就已足夠。而且，也因為如此，針對初學者親切且詳細的入門書尚未問世。另外，貢獻於破壞力學的確立，大多數初期的研究者，受益於直觀洞察力的人們，侷限於閱讀這些論文，彈性論應用於實際彈塑性材料的結論為止之論理，經常不一定能明確的表現。因此，也包括筆者在內，即使積年累月奉獻於破壞力學工作的研究者，並未能正確理解基本的事項，恐怕也犯下錯誤的機械性適用之結論。

　　本書的內容，約10年前，在美國興盛時期從事破壞力學相關的研究，筆者自身學習後仍難以理解的情況，或是，無法滿意答辯當時指導學生的提問，以記錄這些事項的筆記為藍圖，現在任教大學部的「材料力學」以及研究所的「材料強度學」教材的內容中，整理「線彈性破壞力學」相關的事項。除了卷章末尾的附錄部分之外，還添加大學低年級數學的素養為前提。

　　本書所採用破壞力學的性格，限定於狹義的「材料力學」相等範圍。也就是說，在「材料力學」已知外力的基礎之下，求解構造物生成的應力與應變，此值對材料強度達到特性值，來討論此構造物的強度。同樣地，其中所採用的，假定龜裂存在的構造物強度，對應上述的應力

與應變，來求解破壞力學的參數，與其他方法求解材料強度的特性值作一對比，來討論破壞。但是，此強度特性值如何被微觀機構決定，不進入討論材料強度論的範圍。強度論自體，在此與破壞力學幾乎可獨立討論，而且，明確區別注意不要混淆。

線彈性破壞力學的手法，現在，因應必要的各種構造‧強度規格也有採用之傾向，從事構造物的設計與保守之技術者，此分野的基礎知識是不可欠缺的。

今後開始學習破壞力學的芸芸學子們，或基礎事項再度復習的技術研發者，若本書將作為參考會非常喜出望外。艱深難懂的文章，因為類似像這樣內容入門書的其他書籍並未發現，或是筆者還有思慮不周或不完備之處在所難免。尚祈碩學先進，不吝批評與指正為禱。

另外，執筆時，參照國內外的文獻揭示於在章節末尾的參考文獻，在此謹致最大的謝意。而且，由於公務煩多大幅延遲脫稿，帶給本講座執筆者諸多的不方便，在此表示由衷的歉意。關於本書的出版，培風館的各位，特別承蒙渡邊邦彥編輯部長以及藤野晁先生莫大的照顧。由衷致上十二萬分的謝意。

1975年11月

著者

出版序

　　破壞力學，可稱得上是龜裂的連續體力學與其材料強度學以及構造力學應用之精髓。若有缺陷的存在或發生，會危及材料與構造物，破壞力學是追求安全使用的新工學技術法。破壞力學的適用範圍極廣泛，不僅針對脆性破壞，疲勞、環境強度，最近，已擴張至探討延性破壞與微觀破壞機構的工學方法之一。而且，研究材料的對象不限於高強度金屬材料，也適用於複合材料、混凝土、玻璃等。另外，也是事故診斷、安全設計的有力手段之一。

　　本講座，遵循這樣的情勢，精進研究且立足全世界，自許為日本第一線研究的執筆者，針對關聯領域的技術者、研究者，介紹這個新工學的方法。

　　本講座的內容也有些許涉獵，不僅有所謂的線彈性破壞力學，甚至從非線彈性破壞力學，微觀領域，與「古典破斷力學」所獲得的諸知識，擴張至關聯領域的斷口金相等之視野，精心編纂成本講座。

　　另外，為求成為初次學習學生們的好夥伴，期許成為今後全日本的破壞與強度問題之研究指針，從入門到專業，以及，從基礎到應用。

　　最後，本講座能夠順利編集完善，特別感謝日本機械學會以及日本造船學會的關聯委員會，各位活躍先進的鼎力相助。

　　宮本　博，金澤　武，石田　誠，
　　北川　英夫，國尾　武，岡村　弘之

1976年5月

審閱者　木原　博

目　錄

CHAPTER 7　線彈性破壞力學的工學應用

附錄　二次元龜裂的彈性論入門

CHAPTER 1

序論

1.1 線彈性破壞力學

對於機械與構造物的設計，以及使用這些的時候，所考慮的對象與所有強度上的標準，根據過大變形的程度，大致可區分為造成不堪耐用的破損，以及材料的分離、破斷所伴隨的破壞這兩種。

其中，破壞大多是由龜裂*（crack）以及其他缺陷的發生、成長、合體等等所形成的。破壞力學（fracture mechanics），本來是採用此破壞現象的力學側面之學問領域的總稱。但是，所謂破壞的巨觀物理現象，因為強烈受到微觀組織與微觀破壞機構的影響，針對這些採用所被要求的各種學問方法，試驗各種研究方法（approach）。現狀上，稱為破壞力學領域的研究量的主流，是內部具有龜裂狀缺陷的材料與試材的行為，根據連續體力學（彈性力學，塑性力學，黏彈性力學等等）來採用的研究佔大多數。破壞力學的定義並非是確定的，其內容與重點會隨著時代的變遷，而逐漸發展，其他的學問領域也是如此形成的。

其中，所謂的線彈性破壞力學（linear elastic fracture mechanics），是針對具有龜裂或是尖銳缺口的試材與構造物的強度與變形，從線性彈性論所得的結果作為基礎來採用的領域。若限定以本書的內容來議論，可如下所述。

(1) 龜裂以及與此類似的缺陷為對象。

(2) 作為龜裂前端的力學環境條件，並非是應力與應變，而是使用應力強度因子K，或是，與此一對一對應的能量解放率G之參數。這些，材料暫且近似為線性彈性體，根據彈性論來求解。

(3) 龜裂前端的塑性域大小（尺寸），比龜裂的長度（尺寸）還要小，除去龜裂前端近傍，其他仍是彈性變形體。此稱為小規模

---

* 材料中形成細小裂紋的龜裂、裂紋等之用語。

降伏的狀態。此時，材料的應力－應變曲線並非是線性，即使是實際存在的彈塑性材料，上述的參數K或G，表示龜裂前端附近的力學環境的參數也可使用。

(4) 利用此事實，實際存在有龜裂的情況，或是，預測有龜裂存在與發生、成長的情況，機械與構造物的破壞防止與設計、保守的合理化，來作定量的採用。

　　線彈性破壞力學的發達之歷史，與重大破壞事故的發生有密切關係。特別是脆性破壞，毫無預兆突然的發生，帶給許多人與物的損害。根據Shank的調查[1)]，報導相關的64個事例；而且，Parker的著書[2)]也有詳細的記述。很久以前，1886年在紐約有250英尺高的水道塔，發生水壓試驗時的破壞；1919年波士頓的糖蜜槽的破壞（死者12人，負傷者40人以上）等等，是由於收受回扣（rebate）而造成的構造物破壞。另外，針對焊接構造而言，1938年，比利時（Belgium）的阿魯巴特運河的菲蘭迪爾橋（桁架構造）有三個破壞且掉落運河之事故。

　　由於第2次世界大戰中的焊接技術之進步，大型的焊接構造物多數被建造，大型油輪、鐵橋，高壓氣體輸送配管等的破壞之外，最有名的是在大戰中，美國所大量生產的全焊接的戰時標準船之中，大約有250艘發生致命的破壞或是破損之事例。其中大約有10艘在安靜的海面上，突然分割成兩半之劇烈事故（參照圖1.1[2)]）。這個事故，是從焊接處等的缺口應力集中部位發生的龜裂所引起的，以前的設計基準當然是以容許的低應力之下，所形成的脆性破壞。針對碳鋼材質的低溫缺口脆性特性的改善，以及應力集中部的除去，一並來謀求解決之道。針對這個時機（1940年代），設計技術者定量來採用龜裂的行為，但是仍舊無法解決。因而以此為契機，1920年前後Griffith首先提案出脆性破壞的理論，針對玻璃等脆性材料的理論，Irwin、Orowan等人提案出也可適用在鋼材來作修正。因為是現在破壞力學的先驅，Griffith的理論至今仍舊是「光輝的指導標」。

圖1.1 在靜止的港口邊突然破壞的郵輪斯坦克塔迪號（1943年1月）

　　我國的造船界，對於脆性破壞的危險性很早就有體認，戰後轉移到全焊接構造，像美國那樣的事故例並未發生。而且，有關低溫脆性的研究盛行，在美國是使用衝擊試驗等來評價材料的時期，根據吉識・金澤的「二重拉伸試驗」等，對照現在的破壞力學仍舊是合理的方法，比國外還要早開發出。

　　第2次世界大戰後，高拉伸強度的材料，即是所謂高張力材料與超高張力材料被開發出，實用上已被供應使用。這些的材料，發生龜裂時，比拉伸強度還要低的材料之情況，即使在低應力下也會破壞。而且，構造物愈是大型化，從焊接與非破壞檢查等的方面來看，構造物中存在較大龜裂的機率會愈高。以超高張力材料作成的壓力容器，水壓試驗時的拉伸強度的1/10～1/20左右的應力下，也會發生破壞事例。ASTM（美國材料試驗學會）的「高張力金屬材料的破壞試驗之特別委員會（現在的E24委員會）」在1959年成立，以後的10年間有組織性的研究，Griffith-Irwin-Orowan的系譜之發展有很大的貢獻，幾乎已確立線彈性破壞力學的基盤。我國與諸外國對於此後的研究愈來愈盛行，而且

選用針對脆性破壞的強材料之試驗法，現在不僅對於脆性破壞且多方面也被應用，防止破壞的新工學手法已逐漸被發展出。

線彈性破壞力學，如前述(3)的要件，亦即，不限定是滿足小規模降伏的條件，即使在任一情況下，對於龜裂前端近傍的力學狀態也可採用。即使在低應力下也會形成脆性破壞，疲勞與應力腐蝕的龜裂進展行為等，滿足此要件的例子不勝枚舉。而且，因為不滿足此要件的現象也頗多，現在，採用無法適用線彈性破壞力學的範圍之破壞力學研究，仍然活躍進行之中。

1.2　線彈性破壞力學的採用特色

適當施加安全率於拉伸強度與降伏點，以容許應力作為基礎，是以前的設計法，與龜裂相關的破壞問題，無法適用於此方法。這是線彈性破壞力學發展的出發點。詳細請閱讀下一章節，線彈性破壞力學的採用特色，簡述如下。

材料力學與線彈性破壞力學　首先，與通常材料力學的差異點與類似點列舉如下。從學校的講義，或是，從學會的便覽等等的區分方法而言，所謂「材料力學」的內容，(1)材料強度相關的內容，(2)有關機械、構造物的構成試材之應力、應變解析的內容也被包含在內。此狹義的「材料力學」是，材料強度與構造物強度之間的結合，為了合理地實施構造物的設計與保守的教育體系或是工學手法。在此，由於外力在構造物中生成的應力與應變來求解，在此應力與應變之下，材料是否會破損或是破壞來作檢討。或是相反地，給予材料強度時，如何抵抗外力來作檢討。此時，材料強度與構造物強度，應力σ與應變ε的力學環境所表示的參數作為媒介，附加對應會是普遍的（參照圖1.2）。

圖1.2　「材料力學」與線彈性破壞力學

表1.1　「材料力學」與線彈性破壞力學的力學環境之參數

	作為對象的現象例子	力學環境的參數	現象的發生條件式	材料強度的參數
「材料力學」	降伏	σ或ε	$\sigma = \sigma_{ys}$	降伏點σ_{ys}
	最大負荷容量		$\sigma = \sigma_B$	拉伸強度σ_B
	疲勞壽命N_c		$N_c = f(\Delta\sigma)$	（SN曲線）
	潛變破斷時間t_c		$t_c = f(\sigma_0)$	（潛變破斷曲線）
線彈性破壞力學	脆性破壞	K或$\mathcal{G}$	$K = K_c$，或$\mathcal{G} = \mathcal{G}_c$	破壞韌性K_c或$\mathcal{G}_c$
	疲勞的龜裂進展速度		$\dfrac{da}{dN} = f(\Delta K)$	龜裂進展速度
	上記進展的下限界		$\Delta K \leqq \Delta K_{th}$且$\dfrac{da}{dN} \approx 0$	ΔK_{th}
	腐蝕環境下的龜裂進展速度		$\dfrac{da}{dt} = f(K_0)$	（龜裂進展曲線）
	上記進展的下限界		$K \leqq K_{ISCC}$且$\dfrac{da}{dt} \approx 0$	K_{ISCC}

　　如表1.1所示，疲勞壽命N_c與潛變破斷時間t_c等的強度特性，首要意義是由應力或是應變所支配。例如，以應力變動幅$\Delta\sigma$與標稱應力σ_0作為參數，如$N_c = f(\Delta\sigma)$或是$t_c = f(\sigma_0)$等所示是一般的表示。而且，圓棒試驗片的降伏點σ_{ys}，加工硬化特性$\sigma = f(\varepsilon)$，拉伸強度σ_B等，也是以應力或應變值來表示。這些材料強度所表示的參數σ_{ys}，σ_B，以及函數$f(\Delta\sigma)$，…等，溫度、時間的變動，化學的環境等是同一個情況，同一材料幾乎是採用相同值，試材的尺寸變化是鈍感的數量。此意義，是以應力與應變表示

力學環境（與外力與變形相關的物理環境）的參數來使用。亦即，仍舊
採用荷重與外力的值是不相同的，σ與ε若相同，試材的形狀、尺寸即使
不相同也會生成同樣的現象。明瞭像這樣的力學環境參數之情況，研究
材料的強度之學問是材料強度學，而且，求解材料的強度特性是材料實
驗，無論在已知的力學環境下，若明瞭是否形成破壞或破損就已足夠，
將實際的構造物之形狀、尺寸與外力的大小等合併來討論並不需要。即
使在力學環境參數的σ與ε並不足夠的情狀下，若將其他的力學條件（例
如，應力集中因子與缺口前端半徑等）次要的加入便已足夠了。

　　另外，線彈性破壞力學，是討論具有龜裂構造物的破壞與變形。此
是滿足小規模降伏的條件，而且，可適用於支配龜裂前端近傍的材料行
為之現象。像這樣現象的範例如表1.1下半部所示，表示材料強度的特性
之參數，以及表示龜裂前端的力學環境之參數，結合兩者的條件式。力
學環境參數的應力或是應變，與表的上半部的範例來對比觀察較佳。K
或是$\mathcal{G}$，材料除去龜裂前端附近，仍舊保持彈性的情況，是與龜裂前端
附近的應力、應變的分布是一對一對應的關係。K稱為應力強度因子，
$\mathcal{G}$稱為能量解放率（$\fallingdotseq K^2/E$，其中，E稱為縱彈性係數），下章將詳細敘
述。

　　例如，在此說明脆性破壞的情況。圖1.3是，與表1.1對應所描繪的
荷重，龜裂的成長以及應力強度因子的時間變化所示。圖的右上方所示
的試材，龜裂前端的K之值，龜裂長$2a$，寬W，標稱應力σ的函數，所有
此函數的關係皆已知。此試材在小規模降伏的狀態下是脆性破壞，隨著
標稱應力σ的增加，如圖1.3(a)所示幾乎是彈性的變化之後，在$\sigma = \sigma_c$的
荷重下會突然斷裂。此時的龜裂長度是最初的$2a_1$，如圖1.3(b)所示隨著
荷重的增加幾乎無變化，到破斷為止。應力強度因子K一般是與σ成比
例，如圖1.3(c)所示會增加，K達到某限界值K_c時會破斷。材質以及板厚
是相同的幾種試材，a_1與W若不相同時，σ_c雖然會隨著試材不同而表示
不同的數值，但是K_c的值幾乎是一定。因此，σ不足以表示力學環境的

參數，K可作為此參數來是使用，與此相對應的，並非是σ_c，K_c是作為此材料的強度特性值來使用。K_c採用一定值的理由之一是，試材在$K = K_c$時，若形成此現象，在其他試材的σ與a_1值即使不相同，K若採用相同值，龜裂前端附近的彈塑性應力－應變分布是完全相同的，相同現象所整理的條件。但是，此時，此試材是否形成想同的現象，之後K的變化方式與能量解放的消長，如後詳述。

　　此脆性破壞的範例如圖1.3所示，龜裂前端的狀態之發生所支配的現象，在同一材料K值相等的兩種龜裂，另外若形成某現象是在其他一方

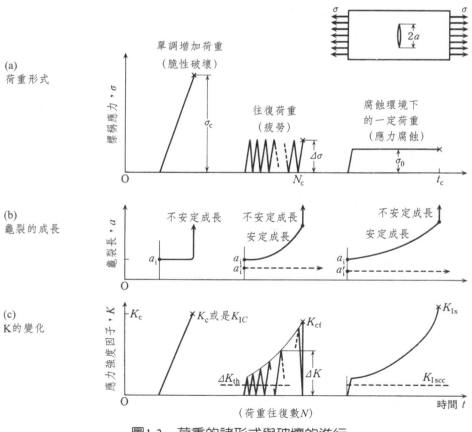

圖1.3　荷重的諸形式與破壞的進行

也會形成相同現象。因此，有關構造物中的龜裂由於外力所形成的*K*來
計算時，其他一方，材料的強度特性與這些現象相關，也是以*K*為參數
表示，構造物的強度與材料強度可相互結合。若此較前述的材料力學之
手法，力學的環境參數*K*（或是*G*）不同之處可被理解。

　　線彈性破壞力學，龜裂前端的應力－應變分布與對應關係的K所使
用的時機，與設計‧保守的工學手法，考慮是材料力學的一領域。與英
語的對應如下，

　　　　材料力學—strength of materials
　　　　破壞力學—fracture mechanics

日語也是與英語有相當廣泛的意味。但是，本書的範圍，如上述，材料
特性與任一構造強度結合的功能來注意，如何選取K_c與σ_{ys}值，材料強度
論的領域無法進入。

　　破壞力學的相似則之特殊性　如圖1.4(a)所示的試材，缺口底所形
成的最大應力$\sigma_{\max}$，α是應力集中係數如下式。

$$\sigma_{\max} = \alpha\sigma \tag{1.1}$$

如圖1.4(b)所示，尺寸*n*倍也是採用相同值，根據試材的形狀‧尺寸之比
值來決定。其他，龜裂的應力強度因子*K*，龜裂的尺寸以*a*表示，如後所
述以下式表示

$$K = \beta\sigma\sqrt{a} \tag{1.2}$$

β是以α相同尺寸來決定的無次元係數。從以上的事項，如圖(a)與(b)所
示兩個相似型的試材，$\sigma' = \sigma$時的缺口底之應力兩試材是相等，一般而
言，各種對應點的應力與應變是相等。與此相對應的，如圖(b)所示試材
的應力強度因子如下，

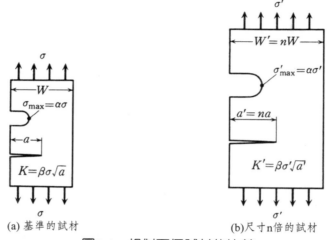

(a) 基準的試材　　　　　　　　(b)尺寸n倍的試材

圖1.4　相似兩個試材的比較

$$K' = \beta\sigma'\sqrt{a'} = \beta\sigma'\sqrt{na}$$

龜裂前端的力學環境為了要相等，$K = K'$亦即必須是$\sigma' = \sigma/\sqrt{n}$。這些整理如下。

$$\left.\begin{array}{ccc} \sigma' = \sigma & \sigma'_{max} = \sigma_{max} & K' = \sqrt{n}\,K \\ \sigma' = \sigma/\sqrt{n} & \sigma'_{max} = \sigma_{max}/\sqrt{n} & K' = K \end{array}\right\} \tag{1.3}$$

根據平均應力與最大應力來決定力學環境之現象，以及龜裂前端的應力－應變狀態所支配的現象，像這樣的相似法則是不同的。對於龜裂的破壞力學手法有必要的理由之一。在較高的標稱應力之下較小龜裂會形成的現象，在較大龜裂之下較低的標稱應力會形成。

　　線彈性破壞力學的應用例　滿足小規模降伏的條件時，K是力學環境參數的範例，如圖1.3與表1.1所示。圖1.3(a)所示脆性破壞、疲勞、應力腐蝕的標稱應力之時間變化。同圖(b)，初期值a_i長度的龜裂成長到破斷為止的過程所示。(c)是此時的應力強度因子之變化所示。有關脆性破壞已全部說明，K即使是時間性的變動之疲勞情況，K的變動在兩個完全相等龜裂前端處會形成相同，龜裂的進展速度da/dN是根據K的時間變

動來決定。例如，特別是應力變動幅$\Delta\sigma$是一定的脈動往復荷重，應力強度因子的變動幅ΔK是隨著a的增加而沒有急速的變化，K的時間變動以ΔK表示，每往復數N的龜裂進展速度如下式。

$$da/dN = f(\Delta K) \qquad (1.4)$$

此函數形的根據實驗可明確表示，實際構造物的龜裂成長行為與破壞為止的過程，可定量來採用。而且，龜裂長度如圖的a'_i是較小或是σ較小，ΔK值若比某一下限值還要低，龜裂的成長速度極緩慢，如圖1.3(b)的虛線所示。

應力腐蝕龜裂的龜裂時間t所對應的進展速度da/dt，龜裂成長會根據龜裂前端附近的材料行為，主要被支配，如表1.1中所示的形式。K_{Iscc}是還要小的K_1值，龜裂成長極緩慢的限界值。

脆性破壞，K或是G的某限界值K_c或是達到G_c時所形成的。此K_c，G_c稱為破壞韌性。此現象的形成條件是如下式。

$$K \geq K_c, \text{ or } G \geq G_c \qquad (1.5)$$

左邊是力學環境的參數，如式（1.2）所示，根據外力與龜裂長度而變化，右邊是材料強度的參數。例如，降伏條件是以$\sigma = \sigma_{ys}$對應。σ_{ys}不一定是材料係數，根據其他因子如：試驗片尺寸、試驗溫度、應變速度等等，已知其值會有若干變化。與這些同樣地，K_c當然也承受各種因子的影響。疲勞與應力腐蝕的成長龜裂若滿足上述的條件，由於脆性破壞會達到最終破斷。此時的K_c值，由於應力與應變的履歷、環境條件等等，分別採用不同的數值。因此，這些使用K_{cf}, K_x的記號來作區別。

不安定現象的脆性破壞 脆性破壞，首先發生龜裂，以極快的速度傳播，形成瞬間的破壞。此現象是有關能量不安定現象，Griffith的脆性破壞理論，是以破壞力學為出發點。如後詳述，在此為了與延性破壞為對比，簡單說明如下。龜裂面積（龜裂長度與板厚的乘積）增加，會移行到新的平衡狀態時，彈性體所貯存的應變能與外力的位能之合計，亦

即，此力學系的全能量已知會減少。亦即，多餘的能量會被解放，為了使新的龜裂成長的功，當作為龜裂以高速傳播所需運動能量的供給源。如第4章所述，能量解放率G，龜裂的單位面積增加時的解放能量，另外一方的G_c，與單位面積的龜裂成長所必要的能量會相當。因此，式（1.5）的脆性破壞開始的條件（$G = G_c$），被解放的能量，龜裂成長所必要的能量會相等。基於通常的境界條件，a增加時，K以及G的增加情況會較多。因此，龜裂開始成長時$G > G_c$，被解放的能量，龜裂成長所必要的能量作為供給，外力即使不增加，龜裂的進展也愈來愈加速。最後，其進行速度，鋼材的情況達到每秒數百公尺或是更快，即使是大型構造物瞬間也會破壞。脆性破壞的龜裂進展，是能量的不安定現象。

　　其他，對於拉伸試驗的延性破壞而言，稱為塑性不安定現象。試驗片的斷面積A，荷重P，真應力$\sigma = P/A$。標稱應變ε增加時，如圖1.5所示，由於加工硬化σ會增加，塑性變形幾乎是等體積變形，斷面積A，從初始值A_0保持$A = A_0/(1 + \varepsilon)$的關係而逐漸減少。因此，得到的支持荷重$P = A\sigma = A_0\sigma/(1 + \varepsilon)$，如圖示從點（$-1, 0$）連結到應力－應變曲線$\sigma = \sigma(\varepsilon)$切線的接點，應變$\varepsilon$較易達到最大值$P_{\max}$。此時的標稱應力$\sigma_B = P_{\max}/A_0$是抗拉（拉伸）強度。此點以後，應變愈增加，以小荷重來變形，為何如

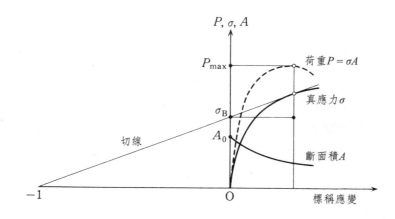

圖1.5　延性破壞的塑性不安定

此，在某斷面上形成較大的應變，此斷面會變形集中，通常頸縮形成而至最終破斷。根據加工硬化σ的增加時，由於變形A的減少平衡為了不成立，而形成塑性不安定現象。其中必須注意的是，σ_B是材料的應力－應變曲線形式，換言之，只會根據加工硬化特性來決定。

有關同一材料，上述的脆性破壞或延性破壞何者會形成？是根據σ_{ys}（或是σ_B）與K_c值以及龜裂的大小來決定。若對照上述的相似則來使用，σ_{ys}, σ_B以及龜裂的尺寸愈大，K_c會愈小，脆性破壞較易形成。而且，延性破壞與小規模降伏的脆性破壞之中間，龜裂前端的塑性域，與龜裂尺寸比較下不會較小，基於此情況下而形成脆性破壞，此是在線彈性破壞力學的範圍外，現在也活躍研究之中。

線彈性破壞力學所重視的背景　採用線彈性破壞力學是必要的，列舉工業上的背景之若干例。

(1) 構造物的大型化　構造物愈大型化，製造時會存在龜裂，或是，使用中由於疲勞與腐蝕等發生‧成長的龜裂，大尺寸的龜裂會存在。因此，脆性破壞較易形成。而且，板厚愈厚，K_c值減小的傾向愈顯著。即使未達到破壞，因為形成破損的被害很大，製造時以及使用期間的龜裂之非破壞檢查（超音波探傷，X線探傷等），此結果的評價具有非常重要。而且，由於疲勞與應力腐蝕造成龜裂安定成長的期間，愈大型化的構造物其龜裂長度會愈長，更必須要作材料解析。

(2) 熔接構造的發展　對於焊接部位，因熔渣（slag）捲入與龜裂狀缺陷的發生等會形成，試材愈大型化其傾向愈顯著。而且，在焊接部位會存在拉伸的殘留應力。焊接方法若是不適當，具熱影響區的焊接處會脆化，K_c值會減小。而且，若是鉚釘（rivet）構造，龜裂的不安定成長會在鉚釘的接合處終止，若是焊接構造，一旦發生不安定成長時，會超越焊接部位而進展。如圖1.1的郵輪之案例，導致底板的一部分會殘留，幾乎分成割成對半。

(3) 高張力材料的使用　各種的高張力材料被開發並提供實際應

用，較大拉伸強度σ_B的材料，一般會有K_c值減小的傾向。由前述可知，σ_B根據材料的應力－應變曲線來決定。σ_B或σ_{ys}愈大塑性變形愈難形成，龜裂的進展所需的功G_c，塑性變形愈小，所需的功較少。因此，如前述σ_B或σ_{ys}即使在極低荷重下，脆性破壞較易形成。而且，由於疲勞與腐蝕所成長的龜裂，脆性破壞也會形成。另外，高張力鋼的延遲破壞現象也會形成。

(4) 嚴苛的使用條件　由於工業的發展，材料愈來愈曝露在嚴苛的環境下。例如，在低溫下的使用或放射線的照射，K_c值會減少。而且，由於外力或熱應力、體積力等的往復作用，腐蝕性環境下的腐蝕或腐蝕疲勞之問題會形成。

基於以上的背景，採用具龜裂試材的強度有必要增加。遵循這個要求，發展後的破壞力學，首先，即使存在龜裂，選用高強度材料的試驗法（screening test）已被實用化，在成分與熱處理條件等的變化下，有助於材料的改善、新材料的開發。或是更進一步針對存在龜裂的構造物，以非破壞檢查檢測出龜裂的尺寸，或是，即使沒檢測出來，想像龜裂存在的最大尺寸，所考慮的新設計法已被發表。而且，這個手法，為了可以定量採用龜裂的成長，檢查期間的合理決定等等，有助於機械‧構造物的保守與點檢方面之改善。

1.3　本書的構成

本書中，作為此系列講座的第1卷，為了實現對其他各卷書籍等入門書之功能，有關線彈性破壞力學的基本事項來作解說。基於此精義，不僅是與線彈性破壞力學相關應用領域的基本事項被網羅在其中，基本的考量方法被明確化也是本書的目的。因此，解決實際的問題，希望讀者們能更進一步學習其他各卷書籍的具體事項。

本書的構成如下：

第2章是「龜裂前端附近的彈性變形狀態」。假設讀者們已經完全熟稔材料力學，從缺口的應力集中出發，無限小的缺口前端半徑之極限有龜裂存在，因此選用應力強度因子的說明方式。理論稍嫌迂迴曲折，考慮採用較易理解的思考方式。在此章中，採用應力強度因子的意義與其適用限界。

第3章是「應力強度因子的相關基本事項」。敘述疊合原理、相似則、漸近特性等等，應力強度因子解的擴張、應用時的便利事項也一併檢討。

第4章是「能量與變形」。主要敘述能量解放率的解說與其應用。而且，單一外力作用的情況，柔度（compliance）與變形的基本事項也作詳述。

第5章是「龜裂前端的小規模降伏」。在龜裂前端必然形成的非線性變形來作解說，也敘述可能適用線彈性破壞力學的理由，並且解說此適用限界。

第6章是「變形與靜不定問題」。擴張第4章的議論，針對存在龜裂的試材，探討多數荷重作用時的變形。變形若是明確，破壞力學的適用範圍不僅限制於單純的試片，對於一般的靜不定構造物中，龜裂行為的解析與其擴張也可作解說。

第7章是「線彈性破壞力學的工學應用」。本章作為本系列講座的其他各卷之入門，簡單解說基本的應用例。詳細請參照其他的各卷書籍。

本書採用的「破壞力學」是徹底將力學解說，材料假定是連續體，以數學方式作說明。相對地，破壞現象是複雜的物理現象，是否有數學手法的適用可能？此現象伴隨著支配的要因而異。本書中，為避免數學與物理的混同，第6章以前與第7章作切離，前者的部分解說視為重點。

線彈性破壞力學的基礎雖是彈性論，現狀上，對於龜裂的採用尚缺

乏適當的入門書。因此，本書末的附錄，附加以龜裂為焦點的彈性論入門。因為數學算式較多，若是具備有大學中級程度的數學知識，第2章之後緊接著學習此附錄部分，再進入第3章，線彈性破壞力學的本質與適用限界將可容易理解。

CHAPTER 2
龜裂前端附近的彈性變形狀態

>>>

　　本章中，主要探討龜裂前端附近的應力、應變以及位移的分布。特別是以未破斷為限，有關等方均質的線性彈性體，根據微小應變、微小位移的彈性論所顯示的解析結果。像這樣前提的認知是重要的，同時，從這個簡單的前提所得到的結果，前提不成立的範圍來作外插，有用的認知見解將會引人注目。

2.1　缺口的應力集中

　　一般而言，外力作用在具有缺口的試材時，缺口底附近會形成較大的應力，應力集中是廣為人知。應力集中的程度，缺口愈深，而且，缺口底的曲率半徑ρ愈小愈顯著。缺口的前端半徑非常小，在此採用的是理想的龜裂。缺口前端附近的應力分布之特性，圖2.1是橢圓孔的應力分布之概觀。

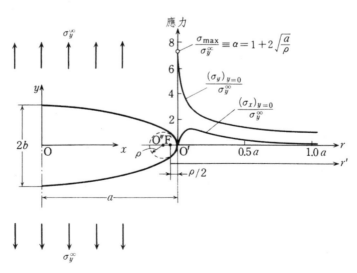

圖2.1　橢圓孔的應力集中（$\rho/a = 0.1$）

　　垂直於大板的貫通橢圓孔之長軸與短軸的長度，分別是$2a$，$2b$，長軸端O'的缺口前端半徑是$\rho = b^2/a$。焦點F與O'的距離$a\{1-(1-b^2/a^2)^{1/2}\}$是$b \ll a$時較接近$\rho/2$。距離孔非常遠之處，與長軸垂直的方向上，均一的應力σ_y^{∞}作用時，與應力分布相關的彈性解是廣為人知[1),2)]，如圖所示選取直角座標x, y，x軸上的應力$(\sigma_y)_{y=0}$以及$(\sigma_x)_{y=0}$的分布，$\rho/a = 0.1$。但是，$r \equiv x-a$是從橢圓孔的前端O'的距離。最大應力$\sigma_{\max}$缺口底的σ_y，

$$\sigma_{\max} = \sigma_y^{\infty}(1 + 2\sqrt{a/\rho}) = \alpha\,\sigma_y^{\infty} \tag{2.1}$$

其中

$$\alpha = 1 + 2\sqrt{a/\rho} \tag{2.2}$$

σ_y^{∞}作為基準應力的應力集中係數（stress concentration factor），或是稱為形狀係數。

　　缺口的形狀愈尖銳時，最大應力$\sigma_{\max}$會逐漸增大。$\rho \ll a$的情況，缺口前端附近的x軸上之應力分布，可近似地以下式表示[3)]。

$$\left.\begin{aligned}
\frac{(\sigma_y)_{y=0}}{\sigma_y^{\infty}} &= \sqrt{\frac{a}{2r+\rho}}\left(1+\frac{\rho}{2r+\rho}\right)+\left(\frac{\rho}{2r+\rho}\right) \\
\frac{(\sigma_x)_{y=0}}{\sigma_y^{\infty}} &= \sqrt{\frac{a}{2r+\rho}}\left(1-\frac{\rho}{2r+\rho}\right)
\end{aligned}\right\} \quad (0 \leqq r \ll a, \rho \ll a) \tag{2.3}$$

或是，離焦點的距離以$r' = r + \rho/2$簡單的表示，

$$\left.\begin{aligned}
\frac{(\sigma_y)_{y=0}}{\sigma_y^{\infty}} &= \sqrt{\frac{a}{2r'}}\left(1+\frac{\rho}{2r'}\right)+\left(\frac{\rho}{2r'}\right) \\
\frac{(\sigma_x)_{y=0}}{\sigma_y^{\infty}} &= \sqrt{\frac{a}{2r'}}\left(1-\frac{\rho}{2r'}\right)
\end{aligned}\right\} \quad (\rho/2 \leqq r' \ll a, \rho \ll a) \tag{2.3'}$$

$(\sigma_y)_{y=0}$，以$r = 0$採用式（2.1）的值，隨著r的增加會單調減少，收斂為σ_y^{∞}。$(\sigma_x)_{y=0}$是以$r = 0$代入若為0，之後，$r \fallingdotseq \rho$達到最大值後會收斂為0。

　　缺口前端若非常尖銳後會是龜裂，隨著ρ/a愈小，σ_y以及σ_x的最大值

都會非常大。式（2.3）中$\rho/a \ll 1$，

$$(\sigma_x)_{y=0} \fallingdotseq (\sigma_y)_{y=0} \fallingdotseq \frac{\sigma_y^\infty \sqrt{a}}{\sqrt{2r}} \quad (\rho \ll r \ll a) \tag{2.4}$$

亦即，龜裂前端附近的應力分布，(1)擁有$r^{-1/2}$的特異性，(2)其特異性的大小程度當然與外力σ_y^∞成比例，龜裂尺寸a的平方根成比例。此二個事實是線彈性破壞力學的基礎，如後詳述。

使用式（2.1）來取代式（2.4）來使用

$$(\sigma_x)_{y=0} \fallingdotseq (\sigma_y)_{y=0} \fallingdotseq \frac{\sigma_y^\infty a \sqrt{\rho}}{2\sqrt{2r}} = \frac{\sigma_{\max} \sqrt{\rho}}{2\sqrt{2r}} \quad (\rho \ll r \ll a) \tag{2.5}$$

上述(2)的特異性的程度以前端半徑與應力集中的程度來表現。在此式中，$\rho \to 0$的開口角是0，龜裂會收斂。對於任意的缺口，龜裂面與x軸對稱，如開口那樣的變形（後述的模式I的變形），一般會成立。此事項可容易想像。

其次，圖2.1的橢圓孔是$\rho = 0$，亦即，形成理想的龜裂。嚴密解，如附錄的式（A.77）所示。

$$\left.\begin{array}{l} \dfrac{(\sigma_y)_{y=0}}{\sigma_y^\infty} = \dfrac{|x|}{\sqrt{x^2 - a^2}} = \dfrac{a+r}{\sqrt{r(2a+r)}} \\[3mm] \dfrac{(\sigma_x)_{y=0}}{\sigma_y^\infty} = \dfrac{|x|}{\sqrt{x^2 - a^2}} - 1 = \dfrac{a+r}{\sqrt{r(2a+r)}} - 1 \end{array}\right\} \quad (|x| > a, y = 0) \tag{2.6}$$

此式以$r/a < 1$，若級數展開可得下式。

$$\left.\begin{array}{l} \dfrac{(\sigma_y)_{y=0}}{\sigma_y^\infty} = \sqrt{\dfrac{a}{2r}} + \dfrac{3}{4}\sqrt{\dfrac{r}{2a}} - \dfrac{5}{16}\left(\sqrt{\dfrac{r}{2a}}\right)^3 + \cdots \\[3mm] \dfrac{(\sigma_x)_{y=0}}{\sigma_y^\infty} = \sqrt{\dfrac{a}{2r}} - 1 + \dfrac{3}{4}\sqrt{\dfrac{r}{2a}} - \dfrac{5}{16}\left(\sqrt{\dfrac{r}{2a}}\right)^3 + \cdots \end{array}\right\} \quad (r < a) \tag{2.7}$$

當然第1項是與式（2.4）的近似式一致。而且，r比a還要大，

$$\frac{(\sigma_y)_{y=0}}{\sigma_y^\infty} \to 1 + \frac{1}{2}\left(\frac{a}{r}\right)^2, \frac{(\sigma_x)_{y=0}}{\sigma_y^\infty} \to \frac{1}{2}\left(\frac{a}{r}\right)^2 \quad (r \to \infty) \tag{2.8}$$

由於龜裂的存在應力的散亂，以a^2/r^2的級數減少。

　　圖2.2，x軸上的σ_y亦即$(\sigma_y)_{y=0}$，表示上述的結果。隨著ρ減小，龜裂的解近似式（2.6）。通過點（0.5, 1）的斜率是$-1/2$以虛線表示近似解（2.4），幾乎在$\rho/50 < r < \rho/5$的範圍內，以近似式來使用。有關$(\sigma_x)_{y=0}$，成為最大$r \doteqdot \rho$的點是$(\sigma_y)_{y=0}$的大約一半。而且，r增加時，愈接近a會急速減小，因此近似解（2.4）的適用可能範圍會變小。以上，也就是說近似解（2.4），r比ρ還要大，比a小的範圍可適用。

　　圖2.3，由於龜裂，嚴密解（2.6）與近似解（2.4）來比較[4]，甚至式（2.8）的漸近線也被記入。

　　線彈性破壞力學是，式（2.7）的級數第2項以下被省略後，以式（2.4）的形式之近似解近似，作為其基礎。因此，此適用與上述的嚴密解之比較是有必要的。

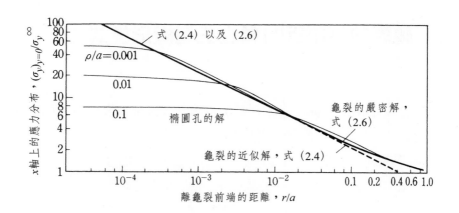

圖2.2　橢圓孔以及龜裂前端附近的$(\sigma_y)_{y=0}$的分布

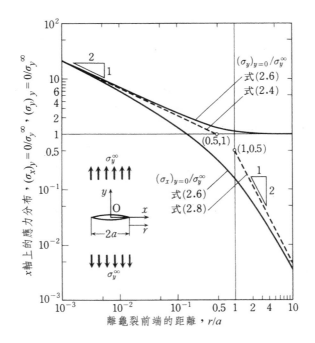

圖2.3　龜裂前端附近的應力分布

2.2　龜裂前端附近的獨立三個變形樣式

　　如圖2.4所示龜裂前緣的任意點0，在此近傍的龜裂是為平面狀，而且，龜裂前緣的曲線較圓滑。此時點0作為原點，包含龜裂的主法線是x軸，與龜裂面垂直的陪法線是y軸，切線是z軸，局部的直角座標系（x, y, z）是如圖所示，對於破壞力學而言，這些是通常的規範。而且，如圖所示也採用圓柱座標（r, θ, z）。點P的應力成分也被圖示。

　　圖2.5是，取出圖2.4的點0附近的微小部分來描繪。此微小部分，龜裂的尺寸以及前緣曲線的曲線半徑比較下，取用小部份，外力作用時形成x, y, z方向的位移u, v, w，二次元的位移場可明瞭表示。

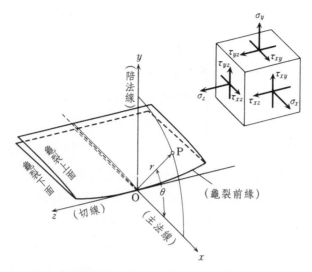

圖2.4　龜裂前端附近的局部座標系與應力成分

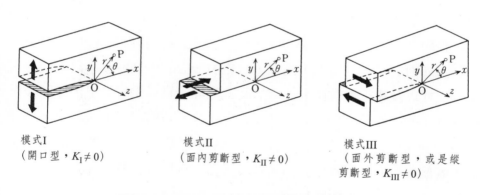

模式I
（開口型，$K_I \neq 0$）

模式II
（面內剪斷型，$K_{II} \neq 0$）

模式III
（面外剪斷型，或是縱
剪斷型，$K_{III} \neq 0$）

圖2.5　龜裂前端附近的三個獨立變形樣式

$$\left.\begin{array}{l} u = u(x, y),\, v = v(x, y) \\ w = w(x, y) + cz \end{array}\right\} \tag{2.9}$$

其中，cz項中的c是定數，是$\varepsilon_z = c$均一應變的已知項。彈性體的位移之
基礎方程式，因為是座標x, y, z的線性，所謂「疊合原理」的加算則會成
立。因此，上述的變形以下式的和來考慮即可。

(A)　　$u = u(x, y), v = v(x, y), w = 0$　　　　　　　　　　　　（2.10）

(B)　　$u = v = 0, w = w(x, y)$　　　　　　　　　　　　　　（2.11）

(C)　　$u = v = 0, w = cz$或是$\varepsilon_z = c$　　　　　　　　　　（2.12）

但是，(C)的均一應變，對於龜裂的前端附近，形成極大應變(A)以及(B)的情況可忽略。而且，(A)是平面應變狀態（$w = 0$）的二次元彈性論，(B)是根據扭轉的彈性論，可分別作解析。（其詳細如附錄所示）。甚至，(A)的變形狀態，與θ相關的對稱以及反對稱的位移之和來表示。因此，點0近傍的位移，如圖2.5所示獨立的三個位移成分之和。應力以及應變的分布，也對應此獨立的三個基本變形樣式（或是變形模式）的和。圖的箭頭，龜裂的上下面之相對位移所示，根據圖的順序個別的變形樣式，便利上稱為模式I，II，III。而且，分別稱為開口型變形，面內剪斷型變形以及面外剪斷型（或是縱剪斷型）變形等。面內、面外是以xy面為基準來稱呼。

　　龜裂前端近傍的變形狀態，作為上述二次元位移場的此前提是，龜裂前緣對於其他的境界，例如，與自由表面的相交點，早已不成立。龜裂尺寸以及龜裂前端與其他境界的距離等等尺寸相較之下，如同板厚極薄那樣的二次元問題，σ_z是與其他的應力分成相較之下還要小，根據一般化平面應力（generalized plane stress）狀態（或是平均平面應力狀態，或簡稱平面應力狀態）的彈性論，可求得出近似解。所得到應力、應變以及位移是，與板厚有關的平均值。

2.3　龜裂前端附近的應力以及位移的分布

　　龜裂前端附近的應力分布，如式（2.7）所示具有$r^{-1/2}$特異性的項，由此開始展開級數，此結論可以進一步作一般化。此前提是，(1)前述的

二次元位移場。

$$u = u(x, y), \quad v = v(x, y), \quad w = w(x, y) \tag{2.13}$$

例如，如圖2.6所示龜裂前緣與表面的交點A，前緣的折曲點B，前緣即使圓滑，龜裂面法線在不連續點C等等之下，此前提不成立。而且，(2)龜裂內面的前端附近，內面是否是自由表面，或是，r函數的分布力$T_y(r)$，$T_{xy}(r)$，$T_{yz}(r)$即使在上下面作用，在前端值$T_y(0)$，$T_{xy}(0)$，$T_{yz}(0)$為止連續的連結。但是，此符號形以生成應力的方向為正值。

$$\sigma_y = T_y(r), \quad \tau_{xy} = T_{xy}(r), \quad \tau_{yz} = T_{yz}(r) \quad (\theta = \pm \pi) \tag{2.14}$$

亦即，在前端作用的集中力並不存在。此時，由於任意的外力生成全部的應力成分σ_{ij}（例如，σ_x，τ_{xy}，σ_r，$\tau_{r\theta}$等等），在龜裂前端附近，前述的三個變形樣式可分別如下式所示以$r^{1/2}$的級數展開[5),6)]（詳細請參照附錄的式（A.91）以及（A.99））。

　　上式，a是龜裂尺寸或是代表適當的尺寸，$f_{ij,\,n}(\theta)$是由各變形樣式以及應力成分σ_{ij}所決定的已知函數，而且，A_n是根據試材與龜裂形狀尺寸而改變，而且是與外力成比例的係數。

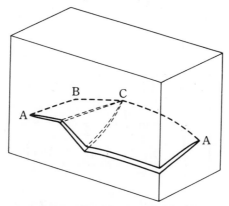

圖2.6　無法定義應力強度因子的點之範例

$$\sigma_{ij}(\gamma, \theta) = \sum_{n=-1}^{\infty} A_n \left(\sqrt{r/a}\right)^n f_{ij,n}(\theta) \quad (n = -1, 0, 1, 2, \cdots) \quad (2.15)$$

上式中，第一項具有 $r \to 0$ 且 $r^{-1/2}$ 的特異性，第2項以下則不具有特異性。因此，與龜裂的代表尺寸 a 比較下，在 r 非常小的範圍內，龜裂前端附近的應力分布在第1項可近似表示。而且，位移是由與應力成比例的應變之座標作積分所得，從第1項 $r^{1/2}$ 開始以同樣級數表示。

應力分布以及位移分布的第1項，可以分成三個變形樣式如下所示。上式的第1項包含 r 以及 θ，除去適當因子的係數，寫成 $K_{\mathrm{I}}, K_{\mathrm{II}}, K_{\mathrm{III}}$。

模式 I （開口型變形）

$$\begin{Bmatrix} \sigma_x \\ \sigma_y \\ \tau_{xy} \end{Bmatrix} = \frac{K_{\mathrm{I}}}{\sqrt{2\pi r}} \cos\frac{\theta}{2} \begin{Bmatrix} 1 - \sin\frac{\theta}{2}\sin\frac{3\theta}{2} \\ 1 + \sin\frac{\theta}{2}\sin\frac{3\theta}{2} \\ \sin\frac{\theta}{2}\cos\frac{3\theta}{2} \end{Bmatrix} \quad (2.16)$$

$$\begin{Bmatrix} u \\ v \end{Bmatrix} = \frac{K_{\mathrm{I}}}{2G} \sqrt{\frac{r}{2\pi}} \begin{Bmatrix} \cos\frac{\theta}{2}\left(\kappa - 1 + 2\sin^2\frac{\theta}{2}\right) \\ \sin\frac{\theta}{2}\left(\kappa + 1 - 2\cos^2\frac{\theta}{2}\right) \end{Bmatrix} \quad (2.17)$$

模式 II （面內剪斷型變形）

$$\begin{Bmatrix} \sigma_x \\ \sigma_y \\ \tau_{xy} \end{Bmatrix} = \frac{K_{\mathrm{II}}}{\sqrt{2\pi r}} \begin{Bmatrix} -\sin\frac{\theta}{2}\left(2 + \cos\frac{\theta}{2}\cos\frac{3\theta}{2}\right) \\ \sin\frac{\theta}{2}\cos\frac{\theta}{2}\cos\frac{3\theta}{2} \\ \cos\frac{\theta}{2}\left(1 - \sin\frac{\theta}{2}\sin\frac{3\theta}{2}\right) \end{Bmatrix} \quad (2.18)$$

$$\begin{Bmatrix} u \\ v \end{Bmatrix} = \frac{K_{\mathrm{II}}}{2G} \sqrt{\frac{r}{2\pi}} \begin{Bmatrix} \sin\frac{\theta}{2}\left(\kappa + 1 + 2\cos^2\frac{\theta}{2}\right) \\ -\cos\frac{\theta}{2}\left(\kappa - 1 - 2\sin^2\frac{\theta}{2}\right) \end{Bmatrix} \quad (2.19)$$

模式3（面外剪斷型，或是縱剪斷型變形）

$$\begin{Bmatrix} \tau_{xz} \\ \tau_{yz} \end{Bmatrix} = \frac{K_{\mathrm{III}}}{\sqrt{2\pi r}} \begin{Bmatrix} -\sin\dfrac{\theta}{2} \\ \cos\dfrac{\theta}{2} \end{Bmatrix} \tag{2.20}$$

$$w = \frac{2K_{\mathrm{III}}}{G}\sqrt{\frac{r}{2\pi}}\sin\frac{\theta}{2} \tag{2.21}$$

其中，ν 為蒲松比，G是剪斷彈性係數（剛性率），位移式的係數κ針對平面應變以及平面應力狀態，分別如下式。

$$\kappa = \begin{cases} 3-4\nu & \text{（平面應變狀態）} \\ (3-\nu)/(1+\nu) & \text{（平面應力狀態）} \end{cases} \tag{2.22}$$

而且，使用縱彈性係數（楊氏模數）E與ν以及G的關係式，

$$E = 2(1+\nu)G \tag{2.23}$$

G改寫成E的情況也有。上述以外的應力成分之特異項，平面應力狀態全部是0，平面應變狀態的模式1以及模式2，

$$\sigma_z = \nu(\sigma_x + \sigma_y)\text{（平面應變）} \tag{2.24}$$

殘留的成分是0。

　　龜裂前端近傍的應力場，上述的三個模式的和之形式[*]。

$$\sigma_{ij}(r,\theta) = \frac{1}{\sqrt{2\pi r}}\{K_{\mathrm{I}}\,f_{ij}^{\mathrm{I}}(\theta) + K_{\mathrm{II}}\,f_{ij}^{\mathrm{II}}(\theta) + K_{\mathrm{III}}\,f_{ij}^{\mathrm{III}}(\theta)\} + O(r^0) \tag{2.25}$$

其中，$f_{ij}^{\mathrm{I}}(\theta), f_{ij}^{\mathrm{II}}(\theta), f_{ij}^{\mathrm{III}}(\theta)$是以上述的諸式表示$\theta$的已知函數。位移也以前述諸式的和表示。

　　除了應力分布的特異項，級數展開第2項以下的部分，與θ無關，從

---

[*]$O(r^n)$是與r相關的次方，如r^n所示。

$$\begin{Bmatrix} \sigma_y \\ \tau_{xy} \\ \tau_{yz} \\ \sigma_x \\ \sigma_z \\ \tau_{xy} \end{Bmatrix} = \begin{Bmatrix} T_y(0) \\ T_{xy}(0) \\ T_{yz} \\ \sigma_{x0} \\ \sigma_{z0} \\ \tau_{xz0} \end{Bmatrix} + O(r^{1/2}) \quad （其中，第 2 項以下） \tag{2.26}$$

均一應力場的項開始（參照（附錄式（A.97））以及（A.100））。其中，σ_{x0}，σ_{z0}，τ_{xz0}是應力不形成特異項，與龜裂平行的均一應力成分，根據境界條件而決定。最初的三個應力成分，龜裂內部若是自由境界則稱為0。

2.4 應力強度因子

如前章節所示，K_I, K_{II}，以及K_{III}三個係數值被給與時，龜裂前端近傍的應力與位移，因此，應變也依循被決定。這些係數，在龜裂前端附近，分布的應力（stress）強度之程度（intensity）所示係數，分別稱為 I，II，III 的stress intensity factor。本書中，我國廣泛使用「應力強度因子」這個詞語。而且，stress field parameter around the tip of crack（龜裂應力場係數）等等，有各種的稱呼。作為應力強度因子，彈性論關係的論文也多使用。

$$k_I = K_I / \sqrt{\pi}, \ k_2 = K_{II} / \sqrt{\pi}, \ k_3 = K_{III} / \sqrt{\pi} \tag{2.27}$$

這個情況，以式（2.16）～（2.21）的諸式消去π可求解。例如，式（2.16）的第一行如下表示。

$$\sigma_x = \frac{k_{\mathrm{I}}}{\sqrt{2r}}\cos\frac{\theta}{2}\left(1-\sin\frac{\theta}{2}\sin\frac{3\theta}{2}\right)$$

特別必須注意，上述的k寫成K，同一研究者的論文根據發表時期也有不同的定義。π是如何被定義的，必須十分注意。

應力強度因子，與應力集中係數（stress concentration factor）不同，由式（2.16）等可知具有下式的次元。

$$〔應力〕\times〔\sqrt{長度}〕=〔力〕\times〔(長度)^{-3/2}〕$$

如書末的附表1，單位的換算表。

式（2.16），（2.18），（2.20）以及（2.24）的諸式和，在一般的應力狀態下，x軸上（$\theta=0$）的應力如下式。

$$\begin{Bmatrix}\sigma_x\\\sigma_y\\\sigma_z\\\tau_{xy}\\\tau_{yz}\\\tau_{xz}\end{Bmatrix}=\frac{K_{\mathrm{I}}}{\sqrt{2\pi r}}\begin{Bmatrix}1\\1\\2v\\0\\0\\0\end{Bmatrix}+\frac{K_{\mathrm{II}}}{\sqrt{2\pi r}}\begin{Bmatrix}0\\0\\0\\1\\0\\0\end{Bmatrix}+\frac{K_{\mathrm{III}}}{\sqrt{2\pi r}}\begin{Bmatrix}0\\0\\0\\0\\1\\0\end{Bmatrix}.$$

其中，關於σ_z，上述的值是表示平面應變的情況；若是平面應力，則$\sigma_z=0$。任意行重複，定義$K_{\mathrm{I}}, K_{\mathrm{II}}, K_{\mathrm{III}}$，而且也可計算。

$$\begin{Bmatrix}K_{\mathrm{I}}\\K_{\mathrm{II}}\\K_{\mathrm{III}}\end{Bmatrix}=\lim_{r\to0}\sqrt{2\pi r}\begin{Bmatrix}\sigma_y,\sigma_x\\\tau_{xy}\\\tau_{yz}\end{Bmatrix}_{\theta=0}\tag{2.28}$$

龜裂上下面的位移，根據式（2.17），（2.19），（2.21），

$$\left.\begin{aligned}u&=\pm\frac{4K_{\mathrm{II}}}{E'}\sqrt{\frac{r}{2\pi}},\ v=\pm\frac{4K_{\mathrm{I}}}{E'}\sqrt{\frac{r}{2\pi}}\\w&=\pm\frac{2K_{\mathrm{III}}}{G}\sqrt{\frac{r}{2\pi}}=\pm\frac{4(1+\nu)K_{\mathrm{III}}}{E}\sqrt{\frac{r}{2\pi}}\end{aligned}\right\}\ （其中，\theta=\pm\pi）\tag{2.29}$$

龜裂前端附近會變形為放物線狀。

$$E' = \begin{cases} E/(1-\nu^2) & （平面應變） \\ E & （平面應力） \end{cases} \qquad （2.30）$$

　　有關異方性彈性體，應力強度因子$K_{\mathrm{I}a}$, $K_{\mathrm{II}a}$, $K_{\mathrm{III}a}$被定義，龜裂前端的應力場，與式（2.25）同形式[7]。

$$\sigma_{ij}(r,\theta) = \frac{1}{\sqrt{2\pi r}}\{K_{\mathrm{I}a}f_{ij}^{\mathrm{I}}(\theta) + K_{\mathrm{II}a}f_{ij}^{\mathrm{II}}(\theta) + K_{\mathrm{III}a}f_{ij}^{\mathrm{III}}(\theta)\} + O(r^0) \qquad （2.25'）$$

其中，對於此情況而言，$f_{ij}^{\mathrm{I}}(\theta)$,… 之中，根據方向而有不同彈性係數的比，表示包含無次元的異方性參數。除了這個差異之外，等方體所得到的許多諸性質，異方性體也可成立。例如，後述的能量解放率，對於等方體而言也是同樣地，與各模式的應力強度因子的2階成比例。此比例係數根據彈性係數而有不同。彈性係數的異方性與顯著的結晶有關，討論原子面的劈開與差排的堆積群時，針對等方性體的解析結果可作有效的利用，即是根據此理由。

問題 1　有關模式 I 以及模式 II，龜裂前端近傍的應力分布，圓柱座標成分σ_r，σ_θ，$\tau_{r\theta}$如下所示。其中，應力成分的變換式如下。

$$\begin{Bmatrix} \sigma_r \\ \sigma_\theta \\ \tau_{r\theta} \end{Bmatrix} = \begin{Bmatrix} \sigma_x\cos^2\theta + \sigma_y\sin^2\theta + \tau_{xy}\sin 2\theta \\ \sigma_x\sin^2\theta + \sigma_y\cos 2\theta - \tau_{xy}\sin 2\theta \\ (-\sigma_x+\sigma_y)\sin\theta\cos\theta + \tau_{xy}\cos 2\theta \end{Bmatrix} \qquad （2.31）$$

解答　龜裂前端近傍的應力的圓柱座標成分

$$\begin{Bmatrix} \sigma_r \\ \sigma_\theta \\ \tau_{r\theta} \end{Bmatrix} = \frac{K_{\mathrm{I}}}{\sqrt{2\pi r}} \begin{Bmatrix} \dfrac{5}{4}\cos(\theta/2) - \dfrac{1}{4}\cos(3\theta/2) \\[2mm] \dfrac{3}{4}\cos(\theta/2) + \dfrac{1}{4}\cos(3\theta/2) \\[2mm] \dfrac{1}{4}\sin(\theta/2) + \dfrac{1}{4}\sin(3\theta/2) \end{Bmatrix}$$

$$+\frac{K_{\text{II}}}{\sqrt{2\pi r}}\left\{\begin{array}{c} -\dfrac{5}{4}\sin(\theta/2)+\dfrac{3}{4}\sin(3\theta/2) \\[2mm] -\dfrac{3}{4}\sin(\theta/2)-\dfrac{3}{4}\sin(3\theta/2) \\[2mm] \dfrac{1}{4}\cos(\theta/2)+\dfrac{3}{4}\cos(3\theta/2) \end{array}\right\}$$

$$(2.32)$$

問題 2 龜裂前端的應力分布如下表現。與前述的式（2.16），（2.18）相等，使用三角函數的公式來確認。

$$\left\{\begin{array}{c} \sigma_x \\ \sigma_y \\ \tau_{xy} \end{array}\right\}=\frac{K_{\text{I}}}{\sqrt{2\pi r}}\left\{\begin{array}{c} \dfrac{3}{4}\cos(\theta/2)+\dfrac{1}{4}\cos(5\theta/2) \\[2mm] \dfrac{5}{4}\cos(\theta/2)-\dfrac{1}{4}\cos(5\theta/2) \\[2mm] -\dfrac{1}{4}\sin(\theta/2)+\dfrac{1}{4}\sin(5\theta/2) \end{array}\right\}$$

$$+\frac{K_{\text{II}}}{\sqrt{2\pi r}}\left\{\begin{array}{c} -\dfrac{5}{4}\sin(\theta/2)-\dfrac{1}{4}\sin(5\theta/2) \\[2mm] -\dfrac{1}{4}\sin(\theta/2)+\dfrac{1}{4}\sin(5\theta/2) \\[2mm] \dfrac{3}{4}\cos(\theta/2)+\dfrac{1}{4}\cos(5\theta/2) \end{array}\right\}$$

$$(2.33)$$

問題 3 有關圖2.3的問題，試求解應力強度因子。

解答 由於對稱性，$K_{\text{II}}=K_{\text{III}}=0$。而且，式（2.4）與（2.28）比較，

$$K_{\text{I}}=\sigma_y^{\infty}\sqrt{\pi a}，K_{\text{II}}=K_{\text{III}}=0$$

$$(2.34)$$

2.5　應力集中與應力強度因子的關係

　　缺口前端半徑ρ非常小時，缺口的開口角是0，接近龜裂附近，考慮是為缺口。即是，ρ比切口的長度還要小，是為細長缺口。對於ρ→0的極限而言，龜裂前端附近的應力場，應力強度因子K_I, K_{II}，以及K_{III}，即使ρ是有限值，對於尖銳細長的缺口，假想相同長度的龜裂，應力強度因子與ρ的值，缺口底的應力分布可近似的表現。因此，相反地，當缺口底的應力已知時，由於ρ→0的極限可求解出應力強度因子。

　　此應力集中與應力強度因子的關係，龜裂前端的應力級數展開，第2項以下式（2.26）的影響可忽略，上述的議論可被決定。因此，此關係一般並非有必要求得。例如，有關橢圓孔的應力集中等之特定例子，從三個變形樣式來求解即可。

　　細長尖銳的缺口前端附近之應力分布　細長尖銳缺口的形狀，缺口底的曲率半徑ρ，且是平滑曲線，缺口底附近可近似為二次曲線（雙曲線，橢圓以及放射線），ρ比龜裂或是其他試材尺寸還要小時，如圖2.7(a)所示焦點F作為原點，使用極座標（r', θ'），可近似為放射線。

$$r' = \rho/(1 + \cos\theta') \qquad (2.35)$$

焦點的位置，離缺口底ρ/2的距離。如圖2.7(b)所示假想有相同長度的龜裂，使用應力強度因子K_I, K_{II}, K_{III}，缺口底附近的應力分布，$\rho/2 \leq r' < \rho$，$\theta \ll 1$的範圍，如下圖所示。有關橢圓孔的求解式[8]，一般可成立如下。

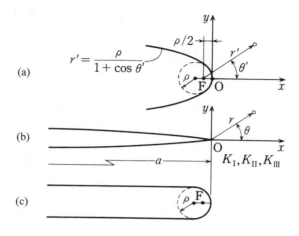

$$圖2.7　細長尖銳缺口與其對應的龜裂$$

模式I

$$\begin{Bmatrix} \sigma_x \\ \sigma_y \\ \tau_{xy} \end{Bmatrix} = \frac{K_{\mathrm{I}}}{\sqrt{2\pi r'}}\frac{\rho}{2r'} \begin{Bmatrix} -\cos\dfrac{3\theta'}{2} \\[2mm] \cos\dfrac{3\theta'}{2} \\[2mm] -\sin\dfrac{3\theta'}{2} \end{Bmatrix} + \frac{K_{\mathrm{I}}}{\sqrt{2\pi r'}}\cos\frac{\theta'}{2} \begin{Bmatrix} 1-\sin\dfrac{\theta'}{2}\sin\dfrac{3\theta'}{2} \\[2mm] 1+\sin\dfrac{\theta'}{2}\sin\dfrac{3\theta'}{2} \\[2mm] \sin\dfrac{\theta'}{2}\cos\dfrac{3\theta'}{2} \end{Bmatrix} + \cdots \quad (2.36)$$

模式 II

$$\begin{Bmatrix} \sigma_x \\ \sigma_y \\ \tau_{xy} \end{Bmatrix} = \frac{K_{\mathrm{II}}}{\sqrt{2\pi r'}}\frac{\rho}{2r'} \begin{Bmatrix} \sin\dfrac{3\theta'}{2} \\[2mm] -\sin\dfrac{3\theta'}{2} \\[2mm] -\cos\dfrac{3\theta'}{2} \end{Bmatrix} + \frac{K_{\mathrm{II}}}{\sqrt{2\pi r'}} \begin{Bmatrix} -\sin\dfrac{\theta'}{2}\left(2+\cos\dfrac{\theta'}{2}\cos\dfrac{3\theta'}{2}\right) \\[2mm] \sin\dfrac{\theta'}{2}\cos\dfrac{\theta'}{2}\cos\dfrac{3\theta'}{2} \\[2mm] \cos\dfrac{\theta'}{2}\left(1-\sin\dfrac{\theta'}{2}\sin\dfrac{3\theta'}{2}\right) \end{Bmatrix} + \cdots \quad (2.37)$$

模式 III

$$\begin{Bmatrix} \tau_{xz} \\ \tau_{yz} \end{Bmatrix} = \frac{K_{\mathrm{III}}}{\sqrt{2\pi r'}} \begin{Bmatrix} -\sin\dfrac{\theta'}{2} \\[2mm] \cos\dfrac{\theta'}{2} \end{Bmatrix} + \cdots \quad (2.38)$$

這些的結果，如圖2.7(c)所示的形狀，或是，龜裂前端有圓孔的形狀，當然也會近似成立。

　　從以上的結果，以任意的應力強度因子表示，模式I以及模式Ⅱ的情況，以$\rho/2r'$成比例的項式來附加，殘留的項式與龜裂的情況完全相同。另外，附加項式與ρ比較，r'愈大其值愈小，缺口底附近與殘留項式是同程度的數值。

　　應力集中與強度因子的關係　根據上式，缺口的應力集中，從應力強度因子近似來求解。模式I的情況，最大應力，根據式（2.36）在缺口底會形成σ_y，

$$\sigma_{\max} = (\sigma_y)_{r'=\rho/2, \theta'=0} \doteqdot 2K_{\mathrm{I}}/\sqrt{\pi\rho} \qquad (2.39)$$

此關係式，式（2.37）的第三項以下省略之誤差被包含，必須要注意。例如，圖2.1的橢圓孔在$r \to \infty$且承受$\sigma_x = \sigma_x^{\infty}$，$\sigma_y = \sigma_y^{\infty}$的均一應力（$\sigma_x^{\infty}$，$\sigma_y^{\infty}$是係數）時，在長軸端處形成的最大應力如下式。

$$\sigma_{\max} = \sigma_y^{\infty}(1 + 2\sqrt{a/\rho}) - \sigma_x^{\infty}$$

另外，長度$2a$的龜裂形成時，σ_x^{∞}在應力不會形成特異性，如前述，

$$K_{\mathrm{I}} = \sigma_y^{\infty}\sqrt{\pi a}$$

代入式（2.39）可得近似值如下。

$$\sigma_{\max} \doteqdot \sigma_y^{\infty} 2\sqrt{a/\rho}$$

$\sigma_y^{\infty} - \sigma_x^{\infty}$的誤差，若是$\rho/a \ll 1$則可忽略。特別是，$\sigma_y^{\infty} = \sigma_x^{\infty}$等方應力場的情況，式（2.39）與$\rho/a$的值無關（即使不是細長的橢圓孔），嚴密會成立。而且，由疊合原理，承受均一內壓p橢圓孔的應力集中，最大應力與此情況也是相同，上式是嚴密解。

　　另外模式Ⅲ的情況，同樣地可得下式。

$$\tau_{max} = (\tau_{yz})_{r'=\rho/2, \theta'=0} \fallingdotseq K_{\text{III}}/\sqrt{\pi\rho} \tag{2.40}$$

　　相反的，應力集中與缺口半徑ρ的關係若已知，作為$\rho \to 0$的極限，應力強度因子的嚴密解可求得[9]。亦即，若參照式（2.36）與（2.38），有關模式 I 以及模式 III 可得以下的結果。

$$\left. \begin{array}{l} K_{\text{I}} = \lim_{\rho \to 0} \dfrac{(\sigma_y)_{max}\sqrt{\pi\rho}}{2} \\[2mm] K_{\text{II}} = \lim_{\rho \to 0}(\sigma_t)_{max}\sqrt{\pi\rho} \\[2mm] K_{\text{III}} = \lim_{\rho \to 0}(\tau_{yz})_{max}\sqrt{\pi\rho} \end{array} \right\} \tag{2.41}$$

模式 II 的最大應力，離缺口底僅一些距離的位置處，在表面上會生成切線應力$(\sigma_t)_{max}$，在遠方處作用均一剪斷應力$\tau_{xy} = \tau_{xy}{}^{\infty}$的橢圓孔之解如下式，

$$(\sigma_t)_{max} = \tau_{xy}^{\infty}\sqrt{a/\rho}\,(1+\sqrt{\rho/a})^2$$

$\rho \to 0$，此發生位置，非常接近長軸端。另外，有關龜裂是。因此，上述的模式 II 的結果可得[10]。

　　從以前就有許多缺口的應力集中之研究，使用式（2.41）可求解應力強度因子。

問題 3　圖2.1具橢圓孔的板材，$r \to \infty$且承受$\tau_{yz} = \tau_{yz}{}^{\infty}$的均一剪斷應力時，在長軸端處形成最大應力$(\tau_{yz})_{max}$的應力集中因子$\alpha$如下式。

$$\alpha = (\sigma_{yz})_{max}/\tau_{yz}^{\infty} = 1 + \sqrt{a/\rho} \tag{2.42}$$

　　$\rho \to 0$的極限之龜裂，可求解應力強度因子。

解答　由於問題的對稱性，$K_{\text{I}} = K_{\text{II}} = 0$。或是，根據式（2.41）可得下式。

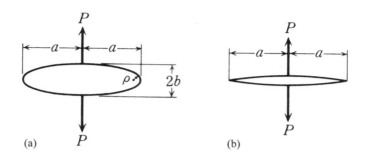

圖2.8　在中央處承受對抗2力的橢圓孔與龜裂

$$K_{\mathrm{III}} = \lim_{\rho \to 0} \tau_{yz}^{\infty} \alpha \sqrt{\pi\rho} = \tau_{yz}^{\infty} \sqrt{\pi a} \qquad (2.43)$$

問題 4　如圖2.8(a)所示，無限板中的橢圓孔之中央，每單位厚度P（kgf/mm）的力承受時的最大應力會在長軸端形成。

$$(\sigma_y)_{\max} = 2P/\pi b = 2P/\pi\sqrt{\rho a} \qquad (2.44)$$

　　如圖2.8(b)所示的龜裂，來求解應力強度因子。

解答　$K_{\mathrm{I}} = P/\sqrt{\pi a},\ K_{\mathrm{II}} = K_{\mathrm{III}} = 0$

問題 5　如圖2.9所示雙曲線缺口，每單位厚度的合力P，在遠方施加荷重時，最小斷面的標稱應力$\sigma_N = P/2b$所對應的應力集中係數如下式[11]。

$$\alpha \equiv \frac{(\sigma_y)_{\max}}{\sigma_{\mathrm{N}}} = \frac{2(b/\rho+1)\sqrt{b/\rho}}{(b/\rho+1)\arctan\sqrt{b/\rho}+\sqrt{b/\rho}} \qquad (2.46)$$

雙曲線，若b一定，ρ接近0時，開口角是0的龜裂，求解此時的應力強度因子。最小斷面σ_y的分布，以下式表示。式（2.36）是如何近似，試調查之。

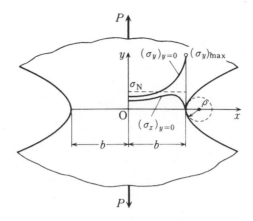

圖2.9　承受軸力的雙曲線缺口

$$\sigma_y = \frac{\alpha\sigma_N\{2+(b/\rho)(1-x^2/b^2)\}}{2\{1+(b/\rho)(1-x^2/b^2)\}^{3/2}} \tag{2.47}$$

解答　$K_I = P/\sqrt{\pi b}$ (2.48)

問題 6　圖2.10所示回轉雙曲面缺口，在遠方承受軸力P時，使用圓柱座標（r, θ, z），最大應力是缺口底的，最小斷面的標稱應力$\sigma_N = P/\pi b^2$，應力集中係數如下式[12]。

$$\alpha \equiv \frac{(\sigma_z)_{max}}{\sigma_N} = \frac{b/\rho\sqrt{b/\rho+1}+(0.5+\nu)\,b/\rho+(1+\nu)(\sqrt{b/\rho+1}+1)}{b/\rho+2\nu\sqrt{b/\rho+1}+2} \tag{2.49}$$

$\rho \to 0$所對應的龜裂之應力強度因子試求解？

解答　$K_I = P/2\sqrt{\pi}\,b^{3/2} = \sigma_N\sqrt{\pi b}/2$ (2.50)

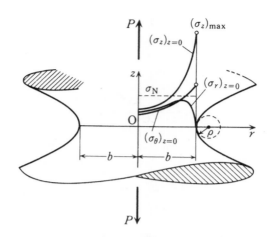

圖2.10　承受軸力的回轉雙曲面缺口

CHAPTER 3
應力強度因子相關的基本事項

>>

　　本章中，展示具龜裂試材的具體例，前一章與應力強度因子相關但未提及的事項來作敘述。

3.1　二次元問題的基本解析解

　　本書末尾的附表2，敘述二次元問題的解析解之代表例。有關應力強度因子，在本講座的第2卷會詳細論述。而且，請參照手冊[1]與著書[2),3]。理解這些文獻，應力強度因子不僅對於認識應力與位移，彈性論的初步理解也是便利的。因此，在本書末尾的附錄附加彈性論的入門。回顧本書末尾，因為有很多數式，本章先閱讀，或是最後再閱讀也無妨。在此，有關附錄的內容述如下先作說明。

　　複數應力函數的解法　由於眾所周知的Airy應力函數之彈性論解法，一般的解法是不方便的，使用$z \equiv x + iy$的複數變數之解析函數，Westergaard的應力函數與Goursat的應力函數等這些領域較多使用。此兩個解法在數學上是同等的，從一方到他方的推導之變換式也可表現。兩解法皆是從應力函數，不僅對於應力，位移也容易求解，與Airy的應力函數比較之下是優越的。其中，Goursat的解法，等角寫像是可方便利用的，也多適用在一般形狀的試材，Westergaard的解法，直線狀的龜裂在x軸上存在時，應力函數是簡單的且可被利用。附表2，表現Westergaard的應力函數，附表2的全部範例可考慮是彈性論的演習問題，讀者可自行計算應力與位移。

　　龜裂前端的應力與位移的一般解　前章2.3節所述線彈性破壞力學的基本式之證明。

　　應力函數與應力強度因子的關係　根據上述的一般解，從Westergaard或是Goursat的應力函數可求解出應力強度因子。

3.2 實用上重要的應力強度因子之範例

　　本書末尾的附表3，敘述實用上重要的應力強度因子之基本例。表中的近似式及其誤差評價，主要是根據多田的勞作[1]，是非常容易使用且合理的表示法。

　　介紹經常使用的試驗片及其通稱。No.18：CCT（center-cracked plate tension）一是最基本的。No.20：SECT（single edge-cracked tension）。No.23：DECT（double edge-cracked tension）。No.21以及No.22：SECB（single edge-cracked bending）一以小荷重求得較大的K值。No.25：CT（compact-tension）一可得試驗片材料較少的厚板試驗。表示的尺寸比是ASTM的規格標準尺寸法。在同種的形狀之下，取代其他的銷（pin），以螺絲螺栓（tap bolt）來測量位移，稱為WOL試驗片（wedge opening loading）。No.26的梯度$m = 0$即是H一定，$H \ll a$稱為DCB（double cantilever beam）試驗片。No.26：tapered（斜面）DCB一附加適當的斜面，P一定時，與a值無關，K值幾乎一定，實現a的範圍，以K為一定的基準，可作龜裂的進展實驗。更進一步為了廣泛達成這個目的，作$H = H(a)$適當的曲線，也可使用contoured DCB試驗片。

　　No.28～No.32的三次元問題，根據三次元彈性論來解析。在任意的情況下，在龜裂前端近傍的平面應變狀態可被證明。No.32即使是小試驗片也可實現平面應變狀態，龜裂前端的塑性域也是平面應變狀態。

　　No.30，包括試材的內部，討論三次元的龜裂行為，此為重要的解析。應力強度因子根據圖示的離心角φ來作變化，模式I的情況，在$\varphi = 0$的長軸端會最小，在$\varphi = \pi/2$的短軸端會最大。下節再作討論。No.31的應力強度因子，與上述相反，在長軸端會最大，在短軸端會最小。No.32因為是軸對稱，在龜裂前端生成的塑性域，因為最終可實現平面應變狀態，以小型試驗片可作平面應變的試驗。

3.3　橢圓板狀龜裂

3.3.1　內部龜裂

　　No.30，包括試材的內部，三次元龜裂的代表例，實用上是重要的。一般的龜裂，可考慮置換為等價橢圓。對於脆性破壞等而言，模式I是最重要的。均一應力場σ作用時，龜裂前緣上任一點A之應力強度因子，使用點A的離心角φ，根據表如下所示[4]。

$$K_I^A = \frac{\sigma\sqrt{\pi a}}{E(k)}(1 - k^2\cos^2\varphi)^{1/4} \tag{3.1}$$

其中，$k^2 = 1 - k'^2 = 1 - (a/c)^2$，或是，$E(k)$是以$k$為母數的第2種完全橢圓積分$E(k) = \int_0^{\pi/2}\sqrt{1 - k^2\sin^2\xi}\,d\xi$，因此$E(0) = \pi/2$，$E(1) = 1$。因此，$K_I$在短軸端及長軸端，分別採用以下的最大值與最小值。

$$\left.\begin{array}{ll} K_{I\max} = \dfrac{\sigma\sqrt{\pi a}}{E(k)} & (\varphi = \pi/2) \\[3mm] K_{I\min} = \dfrac{\sigma\sqrt{\pi a}}{E(k)}\sqrt{\dfrac{a}{c}} & (\varphi = 0) \end{array}\right\} \tag{3.2}$$

另外，補母數$k' \equiv a/c \to 0$，亦即，$k \to 1$時的K_I（$\varphi = \pi/2$），與二次元的板厚貫穿龜裂（No.1）相當，根據式（3.2）$K_I = \sigma\sqrt{\pi a}$。或是，$k = 0$的圓板狀如下式。

$$K_I = \sigma\sqrt{\pi a} \cdot (2/\pi) \quad (c = a) \tag{3.3}$$

與二次元的板厚貫穿龜裂比較之下，K_I的減少不超過2/3。或是，換算成二次元的等價龜裂長度，也可說是$a/(\pi/2)^2$。同樣地，一般具橢圓板狀龜裂的a/c值，在短軸端生成的最大值$K_{I\max}$，換算成二次元的等價龜裂長

度，以a/Q表示，與二次元板厚貫穿龜裂相同的下式表示，實用上是便利的。

$$K_{\mathrm{Imax}} = \sigma\sqrt{\pi(a/Q)} \quad (\varphi = \pi/2) \tag{3.4}$$

此時，龜裂形狀的補正係數（flow shape parameter），根據式（3.2），可得下式。

$$Q = \{E(k)\}^2 \tag{3.5}$$

作為補母數$k' = a/c$的函數，圖3.1以粗線表示，後述5.2節中塑性域的補正值如下式，

$$Q = \{E(k)\}^2 - 0.212(\sigma/\sigma_{ys})^2 \tag{3.6}$$

也以細線圖示。其中，σ_{ys}是材料的降伏點。

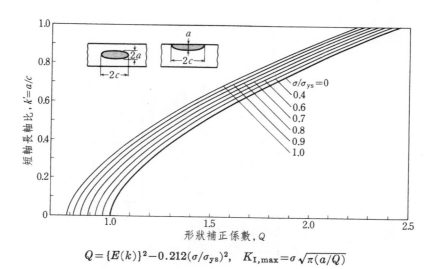

$$Q = \{E(k)\}^2 - 0.212(\sigma/\sigma_{\mathrm{ys}})^2, \quad K_{\mathrm{I,max}} = \sigma\sqrt{\pi(a/Q)}$$

圖3.1　橢圓板狀龜裂的形狀補正係數

3.3.2 表面龜裂

從表面進入的龜裂，如圖3.2所示大多可近似為半橢圓形。這個情況，若是$a/c \ll 1$，生成K_{Imax}的點b附近，如圖3.2(b)所示的二次元問題，亦即，附表3的No.20的W以B來置換，可得K_{Imax}。甚至若是$a/B \ll 1$，只加入No.15表面的補正，點B的應力強度因子可使用下式的近似值。

$$K_I^B = 1.1\sigma\sqrt{\pi(a/Q)} \quad (a/c \ll 1, \ a/W \ll 1) \tag{3.7}$$

其中，Q與式（3.6）相同。補正係數，$a/c = 0 \rightarrow 1$，會從1.12漸減，成為1.03或是1.05左右[5]。另外，不可忽略a/B的影響時，

$$K_I^B = 1.1M_k\sigma\sqrt{\pi(a/Q)} \tag{3.8}$$

使用補正係數$M_k = M_k(a/B, a/c)$[6]。另外，以No.20為基準，以a/c作為參數的補正係數，可求解拉伸[7]與彎曲[8]。

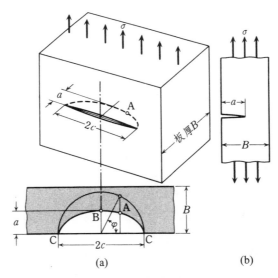

(a)   (b)

圖3.2 半橢圓形表面龜裂

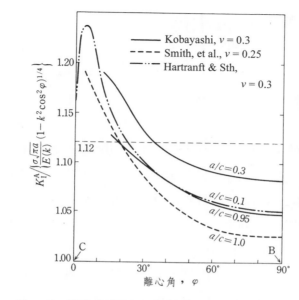

圖3.3　半橢圓形表面龜裂的K_I分佈（$a/B \ll 1$）

　　有關表面龜裂，根據應力強度因子K_I的離心角φ來作分布，還有尚未明瞭之處。a/c接近1時，K_{Imax}的發生位置，並非是$\varphi = \pi/2$的點B，而是靠近表面的附近。而且，表面的點$C(\varphi = 0)$，K_I如前述所示無法定義，由於$\varphi \rightarrow 0$，K_I會急速地變小。此狀態如圖3.3所示[8]。縱軸，對於無限體中的橢圓龜裂之應力強度因子（參照式（3.1））的比值所示。點$B(\varphi = \pi/2 = 90°)$之值，隨著a/c愈小，愈接近1.12。近似式（3.7）包含5%左右的誤差。

3.4　疊合原理及其應用

3.4.1　疊合原理

　　線性彈性體，如圖3.4所示，外力不作用時，應力不生成那樣的被支撐，或是無支撐。n個外力（分布力，集中力，集中力矩，慣性力等），$\overline{T}_1, \overline{T}_2, \overline{T}_3, \cdots \overline{T}_n$作用。對於位移很微小的情況，基於相同的支持條件，每一個外力$\overline{T}_k$作用時，生成任意點的應力成分$\sigma_{ij(k)}$、應變成分$\varepsilon_{ij(k)}$、位移成分$u_{i(k)}$，這些與成比例。

　　另外，這些外力同時作用時，此點的應力、應變、位移的各成分σ_{ij}、ε_{ij}, u_i，給予全部的和。亦即，如下式，

$$\sigma_{ij(k)} = a_k \overline{T}_k, \quad \varepsilon_{ij(k)} = b_k \overline{T}_k, \quad u_{i(k)} = c_k \overline{T}_k \tag{3.9}$$

a_k、b_k、c_k是常數，如下式所示。

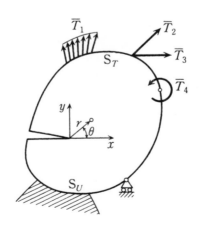

圖3.4　多處外力的疊合

$$\sigma_{ij} = \sum_{k=1}^{n} \sigma_{ij(k)} = \sum_{k=1}^{n} a_k \overline{T}_k, \ \varepsilon_{ij} = \sum_{k=1}^{n} \varepsilon_{ij(k)} = \sum_{k=1}^{n} b_k \overline{T}_k, \ u_i = \sum_{k=1}^{n} u_{i(k)} = \sum_{k=1}^{n} c_k \overline{T}_k$$

$$(3.10)$$

此稱為疊合原理。這是附錄中所示彈性學的基礎式，以全部線性的數式表示之由來。

應力強度因子根據式（2.28）或是式（2.29），以龜裂前端的應力或位移來定義，與應力和位移成比例。因此，應力強度因子的疊合原理也會成立。亦即，根據每一個外力所生成的應力強度因子以 $K_{\mathrm{I}k}$、$K_{\mathrm{II}k}$、$K_{\mathrm{III}k}$ 表示，根據所有的外力，應力強度因子如下式所示。

$$\left.\begin{aligned}
K_{\mathrm{I}} &= \sum_{k=1}^{n} d_{\mathrm{I}k} \overline{T}_k = \sum_{k=1}^{n} K_{\mathrm{I}k} = K_{\mathrm{I}1} + K_{\mathrm{I}2} + K_{\mathrm{I}3} + \cdots + K_{\mathrm{I}n} \\[4pt]
K_{\mathrm{II}} &= \sum_{k=1}^{n} d_{\mathrm{II}k} \overline{T}_k = \sum_{k=1}^{n} K_{\mathrm{II}k} = K_{\mathrm{II}1} + K_{\mathrm{II}2} + K_{\mathrm{II}3} + \cdots + K_{\mathrm{II}n} \\[4pt]
K_{\mathrm{III}} &= \sum_{k=1}^{n} d_{\mathrm{III}k} \overline{T}_k = \sum_{k=1}^{n} K_{\mathrm{III}k} = K_{\mathrm{III}1} + K_{\mathrm{III}2} + K_{\mathrm{III}3} + \cdots + K_{\mathrm{III}n}
\end{aligned}\right\} \quad (3.11)$$

其中，$d_{\mathrm{I}k}$、$d_{\mathrm{II}k}$、$d_{\mathrm{III}k}$ 是一定值。

更進一步來看一般的表現。彈性體的表面 S，位移 $\overline{u}$ 所指定的部分 S_U，以及外力 $\overline{T}$ 所指定的部分 S_T，兩者的和是 $S = S_U + S_T$。$\overline{T}$ 是 $\overline{T}_1$, $\overline{T}_2$, ..., $\overline{T}_n$ 的和，生成的應力與應力強度因子等，只根據 $\overline{u}$，以及 S_U 上的位移之境界條件 $\overline{u}$，再加上個別的 $\overline{T}_k$ 所生成的，最後疊合之數項。

根據活用疊合的原理，將所有已知解疊合，可推導出有用的解。與應力與位移成比例的應力函數，當然也可應用此原理。

例題 1　附表2的No.1，在遠方作用均一應力 $\sigma_x{}^{\infty}$, $\sigma_z{}^{\infty}$, $\tau_{xz}{}^{\infty}$，此應力場在龜裂位置也相同，龜裂的表面是自由的條件。亦即，在龜裂表面滿足 $\sigma_y = \tau_{xy} = \tau_{yz} = 0$。因此，龜裂存在與否，應力分布仍舊是相同，單就這個部分疊合即可。另外，在龜裂前端因為沒有應力的

特異性，不影響應力強度因子。附表2的No.2的情況，在傾斜遠方的單軸應力場σ，與龜裂相關座標系的三個應力成分之和若被考慮，如附錄A.7節的式（A.88）所示，可求得表中的結果。

例題 2 如圖3.5所示，距離c的荷重線上，每單位厚度P的集中力作用時，使用附表3的No.17的結果可得K_I值。亦即，作用在C的位置之力P，對應No.17，不形成迴轉變形的位置 $2b/\beta\sqrt{\pi^2-4}$ 的作用集中力，與$M=P(c-d)$的作用之和來考慮，使用No.17的結果，

$$K_\mathrm{I}=2\sqrt{\pi/(\pi^2-4)b}\,P+2\beta\sqrt{\pi/b^3}\,(c-2b/\beta\sqrt{\pi^2-4})P$$

因此，

$$K_\mathrm{I}=2\sqrt{\pi/(\pi^2-4)b}\{\beta\sqrt{\pi^2-4}\,(c/b)-1\}P \qquad (3.12)$$

其中，$\beta\fallingdotseq1.1215$，如No.15所示外側龜裂的補正係數。

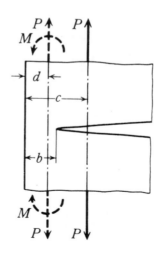

圖3.5　內側具龜裂的半無限板

3.4.2　根據集中力解的*Green*函數之應用

　　外力作用在指定的境界S_T之集中力，應力函數、應力、應變，或是位移等的解已知之情況，將這些作疊合，分布在此境界S_T上的分布力之應力函數、應力、應變或是位移等，可個別來求解。另外，有關應力強度因子的作法也相同。

　　如圖3.6(a)所示無限板中的長度$2a$之龜裂，在其上下面上（$y = \pm 0$），生成應力$\sigma_y = -\sigma_0^+(x)$以及$\sigma_y = -\sigma_0^-(x)$，所分布的壓力$\sigma_0^+(x)$和$\sigma_0^-(x)$之範例。這些，附表2的No.3或是附錄的式（A.104）以及（A.105）的結果來作疊合。亦即，作用在微小區間$x = \xi \sim \xi + d\xi$之間的力，是$P = \sigma_0^+(\xi)d\xi$, $P' = \sigma_0^-(\xi)d\xi$，b以ξ來置換。針對ξ，從$-a$到a加成。在內面上，形成$\tau_{xy} = -\tau_0^+(x)$，$-\tau_0^-(x)$方向的剪斷力作用也包括在內，$x = +a$的龜裂端之應力強度因子可得下式。

$$
\left.\begin{aligned}
(K_{\mathrm{I}})_{+a} &= \frac{1}{2\sqrt{\pi a}} \int_{-a}^{a} \sqrt{\frac{a+\xi}{a-\xi}} \{\sigma_0^+(\xi) + \sigma_0^-(\xi)\}\, d\xi \\
&+ \frac{1}{2\sqrt{\pi a}}\left(\frac{\kappa-1}{\kappa+1}\right) \int_{-a}^{a} \{\tau_0^+(\xi) - \tau_0^-(\xi)\}\, d\xi \\
(K_{\mathrm{II}})_{+a} &= \frac{1}{2\sqrt{\pi a}} \int_{-a}^{a} \sqrt{\frac{a+\xi}{a-\xi}} \{\tau_0^+(\xi) + \tau_0^-(\xi)\}\, d\xi \\
&- \frac{1}{2\sqrt{\pi a}}\left(\frac{\kappa-1}{\kappa+1}\right) \int_{-a}^{a} \{\sigma_0^+(\xi) - \sigma_0^-(\xi)\}\, d\xi
\end{aligned}\right\} \quad (3.13)
$$

其中較重要的，上式中作用在上下面的外力之總和是等值逆向，亦即如下式，

$$
\int_{-a}^{a} \sigma_0^+(\xi)\, d\xi = \int_{-a}^{a} \sigma_0^-(\xi)\, d\xi, \quad \int_{-a}^{a} \tau_0^+(\xi)\, d\xi = \int_{-a}^{a} \tau_0^-(\xi)\, d\xi
$$

式（3.13）的右邊第2項是0，應力強度因子，不受彈性係數κ或是蒲松比v的影響。另外，平面應力與平面應變也可得相同的結果。針對二次

元問題，貫通隧道狀孔與無龜裂時的此物體之佔有領域，稱為單連結領域，在此領域的境界上承受外力不受蒲松比的影響。像這樣隧道存在領域（複連結領域）的問題，通常會受到蒲松比的影響。但是，上述的結論可擴張到一般，即使內部龜裂的問題，作用在此表面上的作用力是自己平衡的情況，一般不受蒲松比的影響。施加力的境界條件之情況，結果也會不包含彈性係數。

作用在上下面的分布力是等值逆向，亦即，

$$\sigma_0^+(x) = \sigma_0^-(x) \equiv \sigma_0(x), \quad \tau_0^+(x) = \tau_0^-(x) \equiv \tau_0(x)$$

根據式（3.13），附表2的No.6的結果可得。更進一步，若是均一分布，可得No.5的結果。

例題 3　如圖3.6(b)所示，且承受均一壓力σ_0的應力強度因子，若實施積分可得下式。

$$K_{\mathrm{I}} = \frac{1}{\sqrt{\pi a}} \int_{-a}^{a} \sigma_0(\xi) \sqrt{\frac{a+\xi}{a-\xi}} \, d\xi = \frac{2\sqrt{\pi a}\,\sigma_0}{\pi} \int_{b}^{a} \frac{d\xi}{\sqrt{a^2 - \xi^2}} = \sigma_0 \sqrt{\pi a} \left(\frac{2}{\pi}\right) \arccos\left(\frac{b}{a}\right)$$

$$（3.14）$$

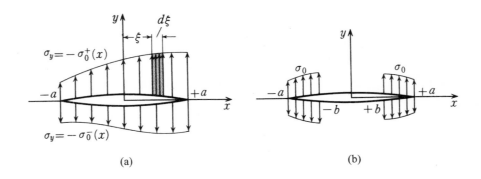

(a)　　　　　　　　　　　　(b)

圖3.6　龜裂內面承受分布力的無限板中之龜裂

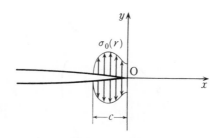

圖3.7　作用在龜裂前端近傍的内面之分布力

問題 1　龜裂前端附近的極狹窄部分，離前端距離r之函數，分布壓力$\sigma_0(r)$作用在下面時，可求解應力強度因子。另外，試求σ_0是一定值時的應力強度因子。

解答　與龜裂長比較，荷重的作用領域寬c若是非常小，使用附表2、No.8的半無限龜裂的解。若使用此結果，

$$K_{\mathrm{I}} = \frac{2}{\sqrt{2\pi}} \int_0^c \frac{\sigma_0(\xi)}{\sqrt{\xi}} d\xi \tag{3.15}$$

而且。$\sigma_0 = $ 一定時，上式的積分，如下式所示。

$$K_{\mathrm{I}} = 4\sigma_0 \sqrt{c/2\pi} \tag{3.16}$$

3.4.3　龜裂的有解與無解之疊合

　　如圖3.8(a)所示，彈性體V的表面S的一部分S_U上，不作用外力時不會生成應力那樣的被支持面，對於殘留的表面而言，S_T外力被指定。在特別的情況下，即使不被支持也可以（$S_U = 0$）。另外，S_T的一部分，在龜裂的上下面S_{Tc}上，$\bar{T} = 0$。基於這樣的境界條件，某彈性體形成的應力與變形，如圖3.8的(b)與(c)所示的疊合是相等的。亦即，圖(b)是龜裂不存在其它的境界條件與(a)相等，龜裂的某劈面上形成垂直應力與2

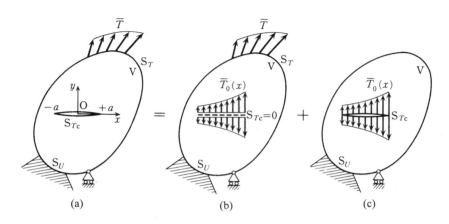

圖3.8　疊合原理

個剪斷應力$\overline{T}_0$表示，(a)的龜裂內面上給予這樣的3個應力，表面力若被作用，龜裂面是封閉的，在上下面3個位移成分是連續的，與無龜裂物體相同。因此，(c)的$\overline{T}_0$是等值逆符號的分布力$-\overline{T}_0$作用情況來求解，(b)的無龜裂情況的解來加成計算，(a)的解可得。利用此事實，利用(a)的解來求(c)的解，相反的從(c)也可求(a)。

　　有關應力強度因子也可以作疊合，(b)的應力特異性若不考慮，(a)以及(c)的應力強度因子，$K_{(a)}$以及$K_{(c)}$是相等的。

$$K_{(a)} = K_{(c)} \qquad\qquad (3.17)$$

此關係，(b)的$\overline{T}_0$並非是外力，由於殘留應力與熱應力或是體積力所形成的情況也會成立，根據這些來求解應力強度因子是便利的。而且，境界條件給予S_U上的強制位移時。上述的疊合依舊已依此情況不會成立，必須要注意。

例題 4　附表2的No.1是圖3.8(a)的情況，(b)對應下式。

$$\overline{T}_0 : \sigma_y^\infty, \ \tau_{xy}^\infty, \ \tau_{yz}^\infty$$

因此，與(c)相當的情況，

$$-\overline{T}_0 : -\sigma_y^\infty = \sigma_0,\ -\tau_{xy}^\infty = \tau_0,\ -\tau_{yz}^\infty = \tau_{0l}$$

等值逆向符號的分布力（例如，σ_y^∞是拉伸應力，$-\sigma_y^\infty = \sigma_0$是壓縮應力所形成的壓力），作用在龜裂面可得附表2的No.5。

例題 5　龜裂較小，而且離其他境界的距離非常大時，求解圖3.8(c)的應力強度因子，利用附表2的No.6與附表3的No.16的結果，可求解出相當於圖3.8(a)的應力強度因子。此情況，例如，根據No.6的無限板中之解所形成的應力，對於其它的境界$S-S_{Tc}$的位置是非常小。會有多少程度的影響，參考式（2.8）以及圖2.3。另外，根據附錄的式（A.72）等可作詳細調查，例如，模式I的情況，間隔r部分的應力成分σ_{ij}如下式所示非常小。

$$\sigma_{ij} \sim O\{mean(\sigma_0(x)) \cdot (a/r)^2\} \tag{3.18}$$

其中$mean(\sigma_0(x))$是$-a \leqq x \leqq a$的$\sigma_0(x)$的平均值。

例題 6　附表2的No.7，無龜裂時的龜裂位置上，P、Q、M所形成的應力T_0，根據附錄A.5節來求得。因此，若使用No.6，如表所示的應力強度因子可被求出。

例題 7　材料被焊接，如圖3.9所示，焊接線的附近形成非常大的拉伸殘留應力，距離焊接線的位置上，與此平衡的壓縮應力之分布，此殘留應力的分布是$\sigma_y^r(x)$。此應力場之中，與焊接線對稱形成長度$2a$之龜裂。此龜裂先端的應力強度因子$K_I(a)$，板是非常大時，使用附表2的No.6的結果，$-T_0(x) = \sigma_0(x)$以$\sigma_y^r(x)$置換可被求解。若是左右對稱，可得下式。

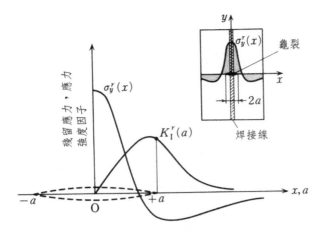

圖3.9 焊接殘留應力的應力強度因子

$$K_I^r(a) = \frac{1}{\sqrt{\pi a}} \int_0^a \sigma_y^r(\xi) \left[\sqrt{\frac{a+\xi}{a-\xi}} + \sqrt{\frac{a-\xi}{a+\xi}} \right] d\xi = \frac{2\sqrt{\pi a}}{\pi} \int_0^a \frac{\sigma_y^r(\xi)\, d\xi}{\sqrt{a^2-\xi^2}}$$

（3.19）

$K_I(a)$根據a的變化，在x軸上重合，如圖3.9的模型所示。殘留應力的最大值是降伏點程度的最高值，此殘留應力受到焊接構造物的強度之重大影響。

例題 8 製鋼用的鑄鋼製鑄型的內面等上，由於熱應力的反覆，微細龜裂會多數發生。像這樣的問題，如圖3.10(a)所示置換成二次元問題。此半無限體的表面部分比其他部分的溫度還要減少T，線膨脹係數α，縱彈性係數E，蒲松比ν，會生成下式的熱應力。

$$\sigma = E\alpha T/(1-\nu)$$

像這樣的應力狀態下生成龜裂的應力強度因子，a/H較小的情況，根據附表3的No.15，

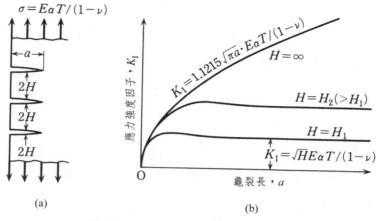

圖3.10　熱應力的應力強度因子

$$K_I = 1.1215\sqrt{\pi a}\, E\alpha T/(1 - \nu) \quad (a/H \ll 1) \tag{3.20}$$

而且，a/H較大的情況，根據附表3，No.24可得下式。

$$K_I = \sqrt{H}\, E\alpha T/(1 - \nu) \quad (a/H \gg 1) \tag{3.21}$$

在此途中的值，如圖3.10(b)所示，從式（3.20）的值可知會收斂到式（3.21）的值[9]。較感興趣的是，密生龜裂群等的K_I較小。同樣地，也可說是應力腐蝕龜裂會生成龜裂群。

例題 9　橢圓板上的三次元龜裂，由於延遲破壞氫氣會擴散且凝集，內壓p的應力強度因子，對於附表3的No.30之解，σ以p來置換。

3.5　龜裂與缺口相關的相似則

如圖3.11(a)所示作用在物體上的分布力$\bar{\sigma}$（kgf/mm^2），每單位厚度

的力P^*（kgf/mm），合力P（kgf），而且端面的位移。更進一步，如圖
3.11(b)所示，考慮尺寸n倍的相似形物體，所對應的量以 ' 附加表示，兩
個物體的彈性係數（E, G, ν）相等，此兩個物體的對應點之應力因為會
相等，如下式可明確表示。

$$\bar{\sigma} = \bar{\sigma}', \quad P^{*\prime} = nP^*, \quad P' = n^2P, \quad \bar{u}' = n\bar{u} \quad (\sigma_{ij}' = \sigma_{ij}) \qquad （3.22）$$

此時，龜裂前端的應力分布，因為與$1/\sqrt{r}$成比例，應力強度因子是
$K' = \sqrt{n}K$。因此，對應的龜裂前端之應力強度因子會相等，作為境界
條件以下的關係必須成立。

$$\bar{\sigma}' = \bar{\sigma}/\sqrt{n}, \quad P^{*\prime} = \sqrt{n}P^*, \quad P' = n\sqrt{n}P, \quad \bar{u}' = \sqrt{n}\bar{u} \quad (K' = K) \quad （3.23）$$

這兩個物體有缺口以及龜裂的情況，遵循式（3.22）的境界條件，兩物
體的缺口底之最大應力會相等，與其相對地，式（3.23）的境界條件
下，龜裂的應力強度因子會相等。亦即，缺口的最大應力與龜裂前端的
應力場相似則會不同，尺寸效果會不同。因此，根據強度會受到強烈的
影響，2物體的破壞現象之發生會不同，必須要留意。

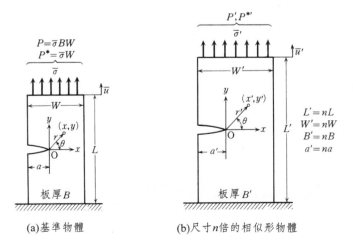

(a)基準物體　　　　(b)尺寸n倍的相似形物體

圖3.11　兩個相似物體的比較

　　如圖3.12所示，不作用外力則應力不會生成的彈性體，所作用的集中荷重是P（kgf），線狀力（例如二次元問題，每單位厚度的集中力也是歸屬此類）是P^*（kgf/mm），分布力是$\overline{T}$（kgf/mm²），集中彎曲力矩或是扭轉力矩是M（kgf · mm），線狀力矩（二次元問題的每單位厚度之集中力矩）是M^*（kgf）。如上式（3.23）所示，或是應力強度因子的次元以2.4節所示kgf · (mm)$^{-3/2}$，根據這些外力，龜裂前緣的任意點A之應力強度因子$K_{\mathrm{I}}{}^{A}$，$K_{\mathrm{II}}{}^{A}$，$K_{\mathrm{III}}{}^{A}$分別如下所示。

$$K^{A} = \overline{T}\sqrt{a}\,F_{\overline{T}} + \frac{P^*}{\sqrt{a}}F_{P^*} + \frac{P}{a\sqrt{a}}F_{P} + \frac{M^*}{a\sqrt{a}}F_{M^*} + \frac{M}{a^2\sqrt{a}}F_{M} \qquad （3.24）$$

其中，a是龜裂或是表示此彈性體的大小之任意尺寸，$F_{\overline{T}}$, F_{P^*}, F_{P},…是物體的形狀，荷重的作用點，與作用方向，點A的位置等等，規定此問題所必要的最小限之寸法比（$a_1/a, a_2/a,\cdots$）以及蒲松比v的無次元函數，不受到物體絕對尺寸的影響。不包含蒲松比情況的範例，前節已提及過。

$$K^{A} = \frac{E\overline{u}}{\sqrt{a}}F_{\overline{u}}$$

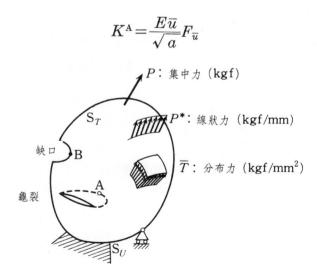

圖3.12　作用三次元物體的外力

境界條件對於境界的強制位移$\bar{u}$，如下式表示。

$$K^{\text{A}} = \frac{E\,\bar{u}}{\sqrt{a}}\,F_{\bar{u}} \tag{3.25}$$

另外，離心力與重力等的體積力或是熱應力等等的相似則，也容易被求得。而且，有關缺口的最大應力$\sigma_{\max}{}^{\text{B}}$之相似則，式（3.24）以及（3.25）以$\sqrt{a}$相除的形式表示。亦即，使用無次元函數$f_{T}, f_{P*}, \cdots$表示如下。

$$\sigma_{\max}^{B} = \overline{T}f_{\overline{T}} + \frac{P^{*}}{a}\,f_{P*} + \frac{P}{a^{2}}\,f_{P} + \frac{M^{*}}{a^{2}}\,f_{M*} + \frac{M}{a^{3}}\,f_{M} \tag{3.26}$$

這些的相似法則，以計算或實驗求解應力強度因子時，所表示的是非常有用的。若不知應力強度因子，也可以議論強度的相似則。

例題 1　附表2的No.1，$\sigma_{y}{}^{\infty}$的應力強度因子，相關尺寸是a，外力是$\overline{T} = \sigma_{y}{}^{\infty}$，

$$K = \sigma_{y}^{\infty}\sqrt{a}\,F_{\overline{T}}$$

而且$F_{\overline{T}}$是定數。以任意方法來決定的是$F_{\overline{T}} = \sqrt{\pi}$。另外，附表2的No.4之中$P$作用的情況，這個$P$，與式（3.24）的$P^{*}$相當。相關尺寸是$a$與$b$，如下式所示，

$$K = \frac{P}{\sqrt{a}}\,F_{P}\!\left(\frac{b}{a}\right)$$

表的結果也以這些表示。強制位移的範例若是附表3的No.24，尺寸是H，如下式所示。

$$K = \frac{Ev_{0}}{\sqrt{H}}\,f_{v0}\,(\nu)，或是\ \frac{Gv_{0}}{\sqrt{H}}\,f_{v0}\,(\nu)$$

附表2以及附表3的幾個範例，確認上述相似則即可。

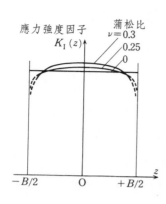
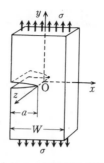

$$K_{\mathrm{I}}(z)=\sigma\sqrt{\pi a}\,F(a/W,\ a/B,\ z/B,\ \nu)$$

圖3.13　應力強度因子的板厚方向分布

例題 2　附表3的No.18所示二次元形狀的範例，若實施三次元的解析，板厚方向也會受到應力強度因子的變化，此模樣以圖3.13的模型來表示。

a作為代表尺寸，其他的尺寸比是a/W, a/B, z/B就已足夠，根據相似則，以下式所示。

$$K_{\mathrm{I}}\,(z)=\sigma\sqrt{\pi a}\,F\,(a/W,\ a/B,\ z/B,\ \nu) \tag{3.27}$$

表中的結果，假定是平面應力或是平面應變狀態所的二次元結果，a/B，z/B，ν 的影響會消失。實際上，已知的a/B，B/W的值，如圖所示會變化，可從其他的計算例[10), 11)]等來想像。若是 ν = 0與二次元的解析結果會一致，而且$z = \pm B/2$的外表面無法定義應力強度因子。接近這個表面的部分，隨著σ_z的值減少τ_{zx}等的應力成分會變大，根據實驗，從表面觀察可得此部分的相關知識，有關內部的資訊必須十分注意。

3.6 應力強度因子的漸近特性

　　龜裂變短與龜裂變長的兩極限，理論上，跨越龜裂長度的廣大範圍，以正確的應力強度因子表示。因此，精度較佳的漸近近似式可以求解出[9]。數值計算，接近此兩極限的精度會降低，以兩極限的理論可補足。

　　破壞力學的試驗片之最佳代表，附表3的No.18所示，具中央龜裂的帶板之拉伸範例，首先被列舉出。應力強度因子，根據前節的相似則，以下式所示。

$$K_{\mathrm{I}} = \sigma\sqrt{\pi a}\,F(2a/W) \qquad\qquad (3.28)$$

此補正係數F（$2a/W$），$\xi = 2a/W$比1還小的情況，附表2的No.1，無限板中的龜裂會相當。

$$F(0) = 1 \qquad\qquad (3.29)$$

ξ接近1的殘留斷面$W-2a$會變小，K_{I}會變成非常大。作為這樣的有限寬W的補正係數$F(2a/W)$的第1近似，從前就早已使用No.10的解[12]。

$$K_{\mathrm{I}} = \sigma\sqrt{\pi a}\,\sqrt{\frac{W}{\pi a}\tan\frac{\pi a}{W}} \qquad\qquad (3.30)$$

No.10的龜裂周期列是寬W，此切斷面僅僅只有垂直應力分布，自由邊的境界條件近似的滿足。上式，稱呼為正切（tangent）公式或是Westergaard的數式，$2a/W \leqq 0.5$且誤差是5%以下，$2a/W$接近1時，精度會降低。從以前的實驗數據，根據這個公式來整理，必須要注意。

　　這個問題，石田[13]實施嚴密的數值計算，非常近似此結果的近似式，採用以下的正割公式[14]，實際上可得足夠的精度。

$$K_{\mathrm{I}} = \sigma\sqrt{\pi a}\,\sqrt{\sec(\pi a/W)} \qquad\qquad (3.31)$$

$2a/W$接近1時的K_{I}之漸近特性，附表3的No.17，P以$\sigma W/2$來置換，b以

$W/2-a$來表示[9]。亦即，

$$\lim_{2a/W=\xi\to 1} K_{\mathrm{I}} = \sqrt{\frac{\pi}{(\pi^2-4)(W/2-a)}}\,\sigma W = \sigma\sqrt{\pi a}\,\frac{2}{\sqrt{\pi^2-4}}\,\frac{1}{\sqrt{\xi(1-\xi)}}\ ,$$

或是

$$\lim_{\xi\to 1} F(\xi) = \frac{2}{\sqrt{\pi^2-4}}\cdot\frac{1}{\sqrt{1-\xi}} \fallingdotseq \frac{0.826}{\sqrt{1-\xi}} \tag{3.32}$$

$(1-\xi)^{-1/2}$早已是無限大。其他，式（3.31）的漸近特性如下式，

$$\lim_{\xi\to 1}\sqrt{\sec(\xi\pi/2)} = \sqrt{\frac{2}{\pi}}\frac{1}{\sqrt{1-\xi}} \fallingdotseq \frac{0.798}{\sqrt{1-\xi}}\ . \tag{3.33}$$

與上式的係數因為不同，ξ接近1會有若干的誤差生成。

由數值計算的結果可得$F(\xi)$，對於原有的ξ若以圖上來表示，ξ接近1會有極度的變大，表示$F(\xi)$的圖形並非適當。因此，對於ξ，例如若描繪$\sqrt{1-\xi}\,F(\xi)$，此曲線，由式（3.29）以及（3.32）可知，從1.0變化到0.826的平滑曲面，橫跨$0\leqq\xi\leqq1$的全域是$\sqrt{1-\xi}\,F(\xi)$。因此，$F(\xi)$正確的讀取可得圖形。與此漸近特性一致的近似式可作成，可得精度較高之解[9]。例如，

$$\left.\begin{array}{l} F(\xi) \fallingdotseq (1-0.025\,\xi^2+0.06\,\xi^4)\sqrt{\sec(\pi\xi/2)} \\ F(\xi) \fallingdotseq (1-0.5\,\xi+0.370\,\xi^2-0.044\,\xi^3)/\sqrt{1-\xi} \end{array}\right\} \tag{3.34}$$

橫跨ξ的全域，誤差分別是0.1%以及0.3%程度[1]。附表3的許多情況，這樣的漸近特性，以及滿足補正係數的近似值。

其次作為代表例，附表3的No.20所示，具單側龜裂的帶板之均一拉伸為例。$a/W \ll 1$的情況，會成為No.15，a/W接近1時可利用No.17的結果。或是，3.4.1項的例2所示結果的式（3.12），可置換為$P=\sigma W$，$b=W-a$，$c=W/2$，$\xi=a/W\to 1$，

$$K_{\mathrm{I}} = \sigma\sqrt{\pi a}F(\xi) \rightarrow \sigma\sqrt{\pi a}\beta\xi(1-\xi)^{-3/2}$$

或是

$$F(0)=\beta \, , \, \lim_{\xi \to \mathrm{I}}F(\xi)=\beta(1-\xi)^{-3/2} \tag{3.35}$$

其中，$\beta \fallingdotseq 1.1215$是No.15的單側龜裂的補正係數，附表3之中，No.17，20，21，22，23等也呈現出重要的係數。

附表3的No.17，作用在無龜裂的半無限體的直線緣上，集中力的解若已知，在此水平對稱軸上，假想有限或是半無限的龜裂時，假想無龜裂情況的解，作用在龜裂面的力是0。因此，即使龜裂存在，此集中力P'，Q'，S'的應力強度因子是$K_{\mathrm{I}} = K_{\mathrm{II}} = K_{\mathrm{III}} = 0$。若利用此結果，No.22的3點彎曲之集中力$P$的影響，只作用彎曲力矩$M = PS/4$的漸近特性是相同，表中所示結果可得。

以上，利用單一龜裂的極限值之漸近特性，即使有多數的龜裂列，根據個別的龜裂，加算應力場的散亂影響，求解有效漸近近似式的方法可被利用[9]。

CHAPTER 4

能量與變形

到前章為止，專門討論龜裂前端附近的應力、應變以及位移的分布。本章中，從具有龜裂的彈性體為著眼，首先採用伴隨龜裂成長所形成的能量變化。這個能量變化的議論，根據Griffith脆性破壞的理論之擴張，以此理論為出發點，是破壞力學的重要一環。更進一步，能量變化是應力強度因子，與這個彈性體的變形會有怎樣的關係來作解說。有關變形的議論應用以及擴張，在第6章分別敘述。

4.1 應變能與位能

應變能與外力功　如圖4.1所示作用在彈性體的力P。根據此力所形成荷重點的位移，不一定與荷重方向平行，此荷重點位移的荷重方向成分是u。作為彈性體，荷重與位移的關係，如圖4.2(a)的粗線所示，作為1價的增加函數會有一對一對應關係，與荷重的增減履歷無關，沿著同一條曲線上。此時的龜裂面積是A，此關係如下式所示。

$$P = P(u, A)$$

龜裂面積從δA變大為$A + \delta A$時，因為容易變形，P與u的關係，以細線所示向右側移動。

另外，龜裂面積為A的情況，根據外力P，位移增加至u之間時，外力成為此彈性體V的功，亦即，外力功$\overline{U}_{ex}$如下式，

$$\overline{U}_{ex}(u, A) = \int_0^u P(u, A)\, du \qquad (4.1)$$

而且，此彈性體中以應變能$\overline{W}$來貯存。亦即，此彈性體具有的應變能，也以同樣式子來表示，

$$\overline{W}(u, A) = \overline{U}_{ex}(u, A) = \int_0^u P(u, A)\, du \qquad (4.2)$$

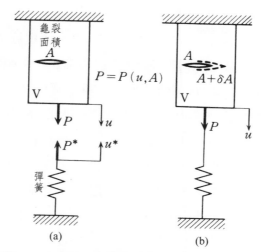

圖4.1 具龜裂彈性體與其施加荷重的作用系

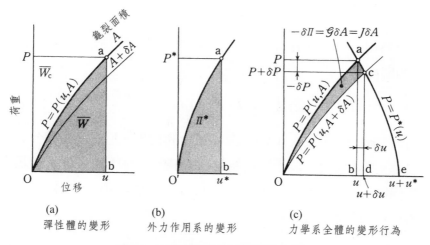

(a)
彈性體的變形

(b)
外力作用系的變形

(c)
力學系全體的變形行為

圖4.2 由於龜裂進展位能的解放

與圖4.2(a)的陰影部份面積相當。彈性體，荷重減少時，對於外界而言，相當於應變能減少部分的功，由於荷重的增減，能量不會散逸。應變能的引數（argument）如式（4.2）所示u與A（亦即，消去P），根據上式可知會有下式的關係。

$$P(u, A) = \partial \overline{W}(u, A) / \partial u \qquad (4.3)$$

位能　作用外力P的力學系是怎樣的形式，會根據情況而有不同。簡單而言，如圖4.1(a)所示彈簧，此變形u^*與荷重P^*的關係，如圖4.2(b)所示彈性的彈簧。如圖4.1(b)所示彈性體V與彈簧連結，拉伸到$u + u^*$值為止且固定後，平衡狀態是$P^* + P$，此狀態，圖4.2(b)的原點O'，(a)的水平軸上$u + u^*$的位置移動，且左右反轉，可得圖4.2(c)，平衡狀態是以兩曲線的交點a表示。此時，彈性體V與外力的作用系所形成的全力學系的能量，以Oab圍成的面積是彈性體的應變能，以bae圍成的的面積是彈簧所具有的的應變能之和。亦即，以Oae所圍成面積來表示。

外力的作用系即使不是彈簧，外力P是如位移u與$P = P^*(u)$所示，有一對一的對應關係，從某函數$\Pi^*(u)$推導出下式的關係時，

$$P = -d\Pi^*(u)/du \qquad (4.4)$$

此力是位勢力，其中，$\Pi^*(u)$稱為外力的作用系之位能。根據上式，可得以下的關係。

$$\Pi^*(u) = \int_u^{u_0} P^*(u)\, du = -\int_{u_0}^u P^*(u)\, du \qquad (4.5)$$

而且，以微分後的關係式（4.4）來作議論的對象，適當決定積分的限界u_0。上例的彈簧情況，u_0若被定為點e的應變，$+\Pi^*(u)$是彈簧所具有的應變能。而且，外力如呆荷重（dead load）那樣，與位移無關且是一定的情況時，一般選擇$u_0 = 0$。

$$\Pi^*(u) = -Pu \qquad (4.6)$$

例如，重量P的重錘吊在彈性體下，只下降u的位置時，由於重力，位能會減少Pu，從剛體的力學可明瞭，上式與這些敘述具有同樣的意義。

從以上所述的事項，包含外力的作用系，系全體的力學能量稱為位能，以Π表示。亦即如下式所示。

$$\Pi(u, A) = \overline{W}(u, A) + \Pi^*(u, A) \tag{4.7}$$

根據式（4.3）與（4.4），達到平衡狀態的某系如下式所示。

$$\partial\Pi(u, A)/\partial u = 0 \tag{4.8}$$

由於龜裂進展的位能解放　以圖4.1(b)的狀態為基礎，龜裂面積只增加$\delta A(> 0)$。例如，厚度B的二次元物體，龜裂長度a若只增大δa，$\delta A = B\delta a$。考慮此時的力學狀態變化。對於圖4.2(c)，最初龜裂長度是$A + \delta A$的荷重與位移之關係，圖中以$P = P(u, A + \delta A)$所示的曲線表示，在相同境界條件下，應該在圖的點c平衡。彈性體的位移與荷重之關係，（若與A相同）因為是一對一的對應關係，龜裂面積A從點a的狀態，面積會成為$A + \delta A$，平衡點是表示外力的特性，沿著曲線$P = P^*(u)$移動，達到點c時應該會平衡。在此狀態的位能，以Oce所圍成的面積。因此，在此境界條件下，龜裂長度變化時，位能只減少陰影部份的面積。亦即，由於龜裂面積的增加$\delta A(> 0)$，位能的變化如下式。

$$\delta\Pi(u, A)|_{\delta A} = \delta\overline{W} + \delta\Pi^* = -(\text{面積}Oac) < 0 \quad (\text{其中}\delta A > 0) \tag{4.9}$$

即使是一般的位勢力，以位能的定義，定數項會不同，與此變化部分相關的關係，是與上式完全相同。若是外力一定的境界條件ac會是水平，位移u是一定條件ac會成為垂直的。

以上是議論系全體的能量，改變看法，考慮注目的彈性體V的能量出入。以Oab, Ocd所圍成的面積，分別是A的變化前以及變化後的物體V之應變能$\overline{W}(u, A)$以及$\overline{W}(u + \delta u, A + \delta A)$，以$bacd$所圍成的面積$-\delta\Pi^*$，外力$P$在狀態變化之間形成彈性體$V$的功$\delta\overline{U}_{ex}$，此一部分若供給$\delta\overline{W}$，剩餘的如下式所示。

$$\delta\overline{U}_{ex} - \delta\overline{W} = -(\delta\Pi^* + \delta\overline{W}) = -\delta\Pi \tag{4.10}$$

亦即，從平衡狀態若施加微小變化，A只增加δA的位能變化$\delta\Pi$，應變能的變化$\delta\overline{W}$與外力功$\delta\overline{U}_{ex}$的差額來作解釋。

　　從以上所得到的重要結論，在已知境界條件之下，龜裂進展時，此力學系的位能，必定會減少。此解放後的能量，為了要龜裂進展的功，可使用到其他之處。因此，龜裂的每單位面積增加之位能解放量如下式，一定是正值。

$$-\partial \Pi(u, A)/\partial A > 0 \qquad\qquad (4.11)$$

4.2　柔度與能量解放率

　　特別是未破斷時，本節以下將討論線性彈性體的微小變形。此時，如圖4.2(a)所示彈性體的變形以直線表示。即是，荷重P與荷重點位移的荷重方向成分u之關係如下式，

$$u = \lambda P，其中 \lambda = \lambda(A) \qquad\qquad (4.12)$$

龜裂面積一定時，λ成為一定。此關係是無龜裂與有龜裂的情況所示，圖4.3的2條直線，λ是對此荷重軸的斜率，即是彈簧係數的倒數。稱為柔度（compliance）。龜裂愈大，彈性體愈容易變形，$\lambda = \lambda(A)$是龜裂面積A的增加函數，直線最後成為水平。荷重以P表示，無龜裂情況的柔度$\lambda(0)$以λ_0表示，由於龜裂的存在，柔度的增加是$\Delta\lambda$，因此位移的增分以Δu表示。

$$\lambda = \lambda_0 + \Delta\lambda, \quad u = u_0 + \Delta u \qquad\qquad (4.13)$$

其中

$$u_0 = \lambda_0 P, \quad \Delta u = \Delta\lambda P \qquad\qquad (4.14)$$

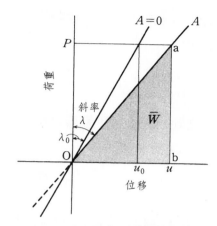

圖4.3　線性彈性體的變形與柔度

　　柔度λ，對於彎曲力矩與扭轉力矩等的力矩荷重M，以及著力點的M方向之角位移成分θ，同樣也可以下式表示。

$$\theta = \lambda M \tag{4.15}$$

即是，對於式（4.12）的P與u，此一乘積是如功所示，荷重成分與位移成分的對表示，一般化力與一般化位移的對表示，以下的議論會成立。

　　對於圖4.3而言，以點a表示的狀態，貯存在彈性體的應變能$\overline{W}$是陰影部份的面積，以各種的形式表示。

$$\overline{W} = Pu/2 = \lambda P^2/2 = u^2/2\lambda \tag{4.16}$$

另外，座標平面與平行的面所圍成彈性體的微小正方體$dxdydz$，作用在此側面的應力（$\sigma_x, \sigma_y, \dots$），對此作用方向的變形來計算功，每單位體積如下式。

$$W = \int_{(0, 0, \dots, 0)}^{(\varepsilon_x, \varepsilon_y, \dots \gamma_{zx})} (\sigma_x d\varepsilon_x + \sigma_y d\varepsilon_y + \sigma_z d\varepsilon_z$$
$$+ \tau_{xy} d\gamma_{xy} + \tau_{yz} d\gamma_{yz} + \tau_{zx} d\gamma_{zx}) \tag{4.17}$$

其中，積分是實施最後的變形狀態。對於式（4.16）的$\overline{W}$，W稱為應變

能密度，是每單位體積的應變能，線性彈性體的情況如下式，是眾所皆知的材料力學內容。

$$W = \frac{1}{2}(\sigma_x\varepsilon_x + \sigma_y\varepsilon_y + \sigma_z\varepsilon_z + \tau_{xy}\gamma_{xy} + \tau_{yz}\gamma_{yz} + \tau_{zx}\gamma_{zx}) \qquad (4.17')$$

或是，使用應力與應變之間的關係，應變若以引數表示，ν 是蒲松比，G 是剪斷彈性係數，以下式表示。

$$W = \frac{G\nu}{1-2\nu}(\varepsilon_\varepsilon + \varepsilon_y + \varepsilon_z)^2 + G(\varepsilon_x^2 + \varepsilon_y^2 + \varepsilon_z^2) + \frac{G}{2}(\gamma_{xy}^2 + \gamma_{yz}^2 + \gamma_{xz}^2) \quad (4.17'')$$

貯存在彈性體V的應變能$\overline{W}$，是積分全體積。即是如下式。

$$\overline{W} = \iiint_V W dx\, dy\, dz \qquad (4.18)$$

圖4.4，對於線性彈性體的龜裂面積之微小增加δA，有關位能的變化，對應圖4.2(c)的圖，位移一定，荷重一定，以及外力是一般的位勢力，有關此三個境界條件所示。位能的變化，根據端部的境界條件，分別如下所述。

(a)位移拘束（位移一定）的情況。$\delta\overline{U}_{ex} = -\delta\Pi^* = 0$。

$$\delta\Pi = \delta\overline{W} = -\triangle\text{Oac}' < 0 \qquad (u = 一定) \qquad (4.19)$$

即是，由於δA的變化，為了不作功外力的境界條件之某系統，位能的變化是與應變能變化相等。根據此變化$\delta A(>0)$，應變能會被解放。

(b)呆荷重（外力一定）的情況。$\delta\overline{W} = \triangle\text{Oc''d''} - \triangle\text{Oab} = \triangle\text{Oac''} > 0$，應變能會增加。但是，此時外力功因為是（$\delta\overline{U}_{ex} = \square\text{abd''c''} = 2\delta\overline{W}$，位能還是會減少。

$$\delta\Pi = \delta\overline{W} - \delta\overline{U}_{ex} = -\delta\overline{W} = -\triangle\text{Oac''} \qquad (P = 一定) \qquad (4.20)$$

(c)外力是一般的位勢力的情況。此時，也與上述兩個情況相同，位能會減少。

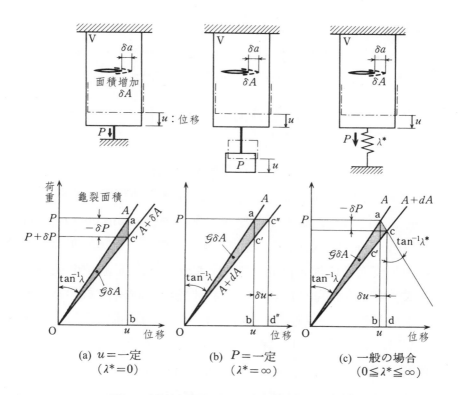

圖4.4 對於各種條件下的龜裂之微小進展

$$\delta\Pi = -\Delta Oac < 0 \qquad\qquad (4.21)$$

若龜裂面積的增加δA非常小，以上三個情況的解放量，亦即是，陰影部份的面積會收斂到相同值。即是，與圖(a)的$\Delta Oac' = -u\delta P/2$比較，圖(b)的$\Delta ac'c'' = -O\{\delta u \cdot \delta P\}$，圖(c)的$\Delta ac'c = -O\{\delta u \cdot \delta P\}$，是高次的微小量。線性彈性體的情況，若只增加龜裂的單位面積，會解放位能（或是系全體的能量）$\mathcal{G}$，稱為能量解放率（energy releaserate, available energy release rate）[1)]，如下式所示。

$$\mathcal{G} = -\lim_{\delta A \to 0}\frac{\delta\Pi}{\delta A} = -\frac{\partial\Pi}{\partial A} \qquad\qquad (4.22)$$

從上述的理由，此值乃是根據龜裂面積變化時的力學狀態而決定，與境

界條件無關。

　　特別地，境界條件若是位移一定以及荷重一定的情況，根據式（4.19）以及（4.20），使用應變能的變化，如下所示。

$$G = -\partial \overline{W}(u, A) / \partial A \text{（位移拘束的場合）}$$
$$G = +\partial \overline{W}(P, A) \partial A \quad \text{（外力一定的場合）}$$
$$\left.\right\} \tag{4.23}$$

而且，上式的$\overline{W}$分別是，A以及u，或是A以及P作為引數來記載。式（4.23），特別是位移拘束條件的基礎下，G會成為應變能的解放率。因此，G稱為，位移拘束條件下的應變能解放率（strain energy release rate）。但是，例如在荷重條件一定的基礎下，如式（4.20）所示，應變能不被解放，反而會增加，補充外力功，結果，相同量的位能被解放。因此，在本書中，位能的解放率G，不稱為應變能解放率，簡單稱為能量解放率。由於龜裂面積的微小增加δA，此力學系的能量之總和，只被解放$G\delta A$，為了形成龜裂面的功，龜裂的動態進行會成為運動能的供給源。

　　能量解放率G的單位是kgf．mm/mm^2 = kgf/mm。因此，對於龜裂前緣的長度（z方向，或是板厚方向）之單位長度，作用在此龜裂的進展之影響，也可求解一般化力。此意義，G稱為龜裂進展力（crack extension force）[1]。而且，kgf-mm單位系與1b-in單位系的換算如附表1所示。

　　對於任意的境界條件之基礎，龜裂面積增加δA的能量解放率，因為是圖4.4的陰影部份的面積$G\delta A$，G與柔度$\lambda = \lambda(A)$的關係可被求解。例如，外力一定的條件下，根據式（4.16），$\overline{W}(P, A) = P^2\lambda(A)/2$，若代入式（4.23）的第2式，可得下式。

$$G = \frac{P^2}{2} \frac{d\lambda(A)}{dA} \tag{4.24}$$

或是，在位移一定之下，根據（4.16），$\overline{W}(u, A) = u^2/2\lambda$，代入式（4.23）的第1式，

$$G = -\frac{u^2}{2}\frac{d}{dA}\left(\frac{1}{\lambda(A)}\right) = +\frac{u^2}{2\lambda^2}\frac{d\lambda(A)}{dA} = \frac{P^2}{2}\frac{d\lambda(A)}{dA} \qquad (4.24')$$

當然可得相同的結果。此關係如後述，從λ可求 G 與K，而且從 G 與 K 可求λ與變形，應用的用途很廣泛。

4.3　能量解放率與應力強度因子的關係

特別是，龜裂的延長線上龜裂會成長的情況，有能量解放率與應力強度因子之間的簡單關係。

由於龜裂面積的微小增加 δA，位能的解放，會伴隨著龜裂的進展，與龜裂前端附近的應力場變化有直接關係。為了簡單的考量，如圖4.4(a)所示，境界條件在位移被規定之下，伴隨著圖的點 a 到點 c' 的移動，位能的解放量 $G\delta A$，除了應變能的解放量之外不會形成。此狀態變化可區分為兩種過程。(1)首先，在龜裂前端切入 δA，在此新龜裂面上，作用之前的應力仍然保留，作用在此面的外力，新龜裂面會仍然封閉。(2)其次，作用在表面的力慢慢會減少為0，龜裂面被打開，形成自由表面。其中，(1)的過程，切斷原子間結合力等，為了形成新破面所必要的能量，此能量在別處討論。(1)的過程終了時，內面是與最初相同的應力狀態，應變能的變化不會產生。因此，求解應變能的變化，追不上(2)的過程變化。(2)的過程，列舉模式Ⅰ的情況。如圖4.5(a)所示龜裂成長前的狀態，形成新龜裂面作用在 y 面的應力，此時的應力強度因子是$K_{\mathrm{I}}(A)$，根據式（2.16），可得下式。

$$\sigma_y(x) = \frac{K_{\mathrm{I}}(A)}{\sqrt{2\pi x}} \qquad (4.25)$$

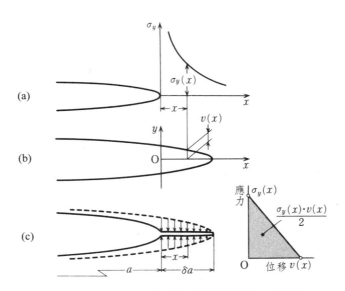

圖4.5　伴隨著龜裂成長的能量變化之計算

其次，如圖4.4(b)所示，z方向的厚度δB的部份，在x方向只進展δa，即是，$\delta A = \delta B \cdot \delta a$的面積增加生成之後的龜裂內面之位移，此時的應力強度因子$K_I(A + \delta A)$，式（2.17）根據$\theta = \pm\pi$，$r = \delta a - x$，可得下式。

$$v(x) = \pm\frac{\kappa+1}{2G}K_I(A+\delta A)\sqrt{\frac{\delta a - x}{2\pi}}$$

（±是上面以及下面）　　　（4.26）

因此，如圖4.5(c)所示，在(2)的過程中對於任意的x，$\sigma_y(x)$與$v(x)$的關係，持續保持直線關係直到最終狀態。而且，從外界的作用力$\sigma y(x)$的作用方向與位移$v(x)$的方向是逆向時，彈性體對於外界的功，換言之，應變能被解放*。或是從圖(b)的狀態，相反地回到圖(c)的狀態，一定是從外面的作功。

---

* 實際的龜裂成長是(1)，(2)的過程同時形成。(2)被解放的能量是為了要(1) 形成
　新破面，需要比必要能量還要大，從外界即使不作功，龜裂要成長是必要的，
　這是Griffith的脆性破壞的理論。

龜裂的上面以及下面的功若被計算，

$$\mathcal{G}\delta B\delta a = 2\int_0^{\delta a}\frac{\sigma_y v}{2}\delta B dx$$
$$= \frac{\kappa+1}{8G}\delta B\delta a K_{\mathrm{I}}(A)\cdot K_{\mathrm{I}}(A+\delta A)$$

若採用$\delta a\rightarrow 0$的極限

$$\mathcal{G}=\frac{\kappa+1}{8G}K_{\mathrm{I}}^2 \tag{4.27}$$

或是根據式（2.22）和（2.23）可得下式。

$$\mathcal{G}=\frac{1}{E'}K_{\mathrm{I}}^2 \text{，其中 } E'=\begin{cases} E & \text{（平面應力）} \\ E/(1-\nu^2) & \text{（平面應變）} \end{cases} \tag{4.28}$$

同樣地，一般三個變形樣式混在的情況，作用在y面的應力成分是$\sigma_y, \tau_{xy}, \tau_{yz}$，個別方向的位移成分是$v, u, w$，x方向的龜裂進展時的能量解放率如下。

$$\mathcal{G}=\lim_{\delta a\rightarrow 0}\frac{1}{\delta a}\int_0^{\delta a}(\sigma_y v+\tau_{xy}u+\tau_{yz}w)\,dx \tag{4.29}$$

從式（2.16）～（2.24）可得應力與應變，若代入上式可得下式。

$$\mathcal{G}=\frac{\kappa+1}{8G}(K_{\mathrm{I}}^2+K_{\mathrm{II}}^2)+\frac{1}{2G}K_{\mathrm{III}}^2$$
$$=\frac{1}{E'}(K_{\mathrm{I}}^2+K_{\mathrm{II}}^2)+\frac{1}{2G}K_{\mathrm{III}}^2 \tag{4.30}$$

或是，對應應力強度因子的三個成分如下式所示。

$$\mathcal{G}=\mathcal{G}_{\mathrm{I}}+\mathcal{G}_{\mathrm{II}}+\mathcal{G}_{\mathrm{III}} \tag{4.31}$$

其中，

$$\mathcal{G}_{\mathrm{I}}=K_{\mathrm{I}}^2/E', \ \mathcal{G}_{\mathrm{II}}=K_{\mathrm{II}}^2/E', \ \mathcal{G}_{\mathrm{III}}=K_{\mathrm{III}}^2/2\mathcal{G}=\{(1+\nu)/E\}K_{\mathrm{III}}^2$$

若是單一的變形模式，K與$\mathcal{G}$之間是一對一對應，與K是同樣地，$\mathcal{G}$也作

為龜裂前端的力學環境參數來使用。

　　以上，作為境界條件的位移拘束，外力功會等於應變能增加。如前節所述，上述的應變能變化，基於一般的境界條件下，因為位能的變化會相等，G 與 K_I，K_{II}，K_{III} 之間，與上述相同的關係一般會成立。從以上的計算，龜裂內面作為自由面，即使是內壓等作用的情況，$\delta a \to 0$ 時，在龜裂前端採用相當大的數值，與 σ_y, τ_{xy}, τ_{yz} 比較下，可忽略此作用，從上述的結果當然會成立。

　　(2) 的過程，作用力與龜裂面若是自由，位移經常是逆向，由於龜裂進展位能一定會減少。亦即是 $G > 0$。若根據式（4.24'），與下式是相同的意義。

$$d\lambda(A)/dA > 0 \qquad (4.32)$$

龜裂愈大，此彈性體愈容易變形。而且，根據同樣的議論，龜裂與缺口前端以藥品溶去，或是被削除，可被證明出位能必定會減少。

　　如 3.4.1 項所述，多數的外力 $\overline{T}_1$, $\overline{T}_2$, $\overline{T}_3$,… 作用在彈性體時，關於應力強度因子，式（3.11）的疊合原理會成立。因此，根據個別的外力，能量解放率如 G_{I1}, G_{II2},… 所示，疊合原理不成立，根據（4.31），全部外力的能量解放率如下式。

$$\left. \begin{aligned} G_I &= (\sqrt{G_{I1}} + \sqrt{G_{I2}} + \sqrt{G_{I3}} + \cdots)^2 \\ G_{II} &= (\sqrt{G_{II1}} + \sqrt{G_{II2}} + \sqrt{G_{II3}} + \cdots)^2 \\ G_{III} &= (\sqrt{G_{III1}} + \sqrt{G_{III2}} + \sqrt{G_{III3}} + \cdots)^2 \end{aligned} \right\} \qquad (4.33)$$

根據以上，λ, G, K 三者的關係可得，任何一個若已知則可求其他的數式。

例題 1　附表 3，No.24，高 $2H$ 的帶板在無應力狀態下附加在剛體，固定上下面 $v = \pm v_0$ 的位移。無龜裂時的應變能密度，根據式（4.17"），例如，平面應變（即是 $\varepsilon_z = 0$）的情況，更進一步拘束條件 $y = \pm H$ 且 $u = 0$（即是 $\varepsilon_x = 0$）如下式。

$$W = \frac{G(1-\nu)}{1-2\nu}\varepsilon_y^2 = \frac{E(1-\nu)}{2(1+\nu)(1-2\nu)}\left(\frac{v_0}{H}\right)^2$$

龜裂進展時,離龜裂後方的相當遠處,應力為0,由於龜裂面積 δA的進行,應力場只是平行移動,此時被解放的應變能$\overline{\delta W} = \delta A$ $\times 2WH$,即是如下式。

$$\mathcal{G}_{\mathrm{I}} = \frac{(1-\nu^2)}{E}K_{\mathrm{I}}^2 = \frac{E(1-\nu)}{(1+\nu)(1-2\nu)}\frac{v_0^2}{H}$$

更進一步,應力強度因子如下式,

$$K_{\mathrm{I}} = \frac{E}{(1+\nu)\sqrt{1-2\nu}}\frac{v_0}{\sqrt{H}} \tag{4.34}$$

與表中的結果一致。使用這樣的試片,即可龜裂進展可實現K_{I}一定的狀態。

例題 2 例如$y = \pm H$且$v = \pm v_0$以及$\tau_{xy} = 0$,即是橫方向位移u為了不被拘束,附加剛體的情況,由於v_0的位移形成的應力,若是平面應力問題狀態$\sigma_y = \varepsilon_y E$,$\varepsilon_y = v_0/H$,沒有其他成分的影響,因此,無龜裂時的應變能密度,根據式(4.17')可得下式,

$$W = \sigma_y\varepsilon_y/2 = E(v_0/H)^2/2$$

因此,與前述同樣,

$$\mathcal{G}_{\mathrm{I}} = \frac{1}{E}K_{\mathrm{I}}^2 = Ev_0^2/H$$

或是,

$$K_{\mathrm{I}} = Ev_0/\sqrt{H} \tag{4.35}$$

可得上述表中的結果。

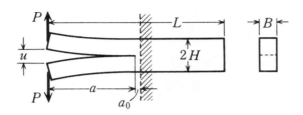

圖4.6　二重懸臂樑試片（DCB試片）

例題 3　如圖4.6所示DCB試片（double cantilever beam specimen）的荷重點位移u，高H，長度a的其他端被固定的懸臂樑（cantilever beam），考慮兩種，

根據材料力學的樑公式可求近似值。

$$u = 8a^3P/EBH^3 \tag{4.36}$$

因此，柔度如下式。

$$\lambda = u/P = 8a^3/EBH^3$$

若考慮$dA = Bda$，根據式（4.24）可得，

$$G_I = \frac{P^2}{2B}\frac{d\lambda}{da} = \frac{12}{EH^3}a^2\left(\frac{P}{B}\right)^2 \tag{4.37}$$

此例，$K_I = (EG_I)^{1/2}$在荷重一定的情況，與a呈比例增大。相對地，u以螺栓或楔子強制給與，若保持一定值，上式的P根據式（4.36）以u來置換，

$$G_I = 3EH^3u^2/16a^4 \tag{4.38}$$

隨著a的增加，K_I與a^2成反比例的減少。而且上述的位移之計算精度為了更高，懸臂樑在實際長度$a + a_0$的位置固定，由於剪斷變形，位移根據材料力學的公式可求解，以$\nu = 1/3$來加算，對應上述的式（4.37）可得下式[2]。

$$\mathcal{G}_{\mathrm{I}} = \frac{12}{EH}\left(\frac{P}{B}\right)^2\left\{\left(\frac{a+a_0}{H}\right)^2 + \frac{1}{3}\right\}\qquad\qquad(4.39)$$

若根據位移測定的實驗結果，採用a_0的$H/3$的程度較妥當。而且，上式的適用範圍龜裂長度是$a > 2H$，而且，殘留斷面的長度是$L-a > 2H$。

4.4　應力強度因子的實驗推定

4.4.1　柔度法

　　板厚B具有貫通龜裂的二次元狀試片，對於單一的變形模式，根據柔度$\lambda(a)$的測定，可推定出能量解放率$\mathcal{G}$或是應力強度因子K。

　　荷重P，與其著力點的位移P方向成分u，柔度$\lambda = u/P$，龜裂長a被變化，測定其函數關係$\lambda = \lambda(a)$。例如，模式I的情況，根據（4.24）以及（4.30），

$$\mathcal{G}_{\mathrm{I}} = \frac{K_{\mathrm{I}}^2}{E'} = \frac{P^2}{2B}\frac{d\lambda(a)}{da}\qquad（其中 dA = Bda）\qquad(4.40)$$

或是作為a的函數可以被求得。而且，彎曲力距M作用時，對於M的作用點，作用軸附近的回轉角以θ表示，以$\lambda = \theta/M$來定義柔度，同樣地下式可被成立。

$$\mathcal{G}_{\mathrm{I}} = \frac{K_{\mathrm{I}}^2}{E'} = \frac{M^2}{2B}\frac{d\lambda(a)}{da}\qquad（其中 dA = Bda）\qquad(4.40')$$

其中，u（或是θ）的一般化位移，一般化荷重P（或是M），對於適當地被支持的彈性體，單獨作用時的荷重點之位移成分。如圖4.6或是附表

3的No.20（$P = \sigma WB$）或No.21所示，相互平衡對抗兩力作用時，兩個力作用點間的相對位移，換言之，若兩點位移的和以u（或是θ）來定義柔度，式（4.40）可被成立，假想一端被固定的情況即可明瞭。

　　測定的步驟，首先，龜裂長a是a_1時，如圖4.7(a)所示，荷重P與u的關係可被求得，對此直線的荷重軸，從斜率到柔度$\lambda(a_1)$可被求得。其次，順次龜裂長如$a_2, a_3, \cdots$所示，一邊增加一邊作同樣的測定，如圖4.7(b)所示$\lambda(a)$可被求得。此曲線的切線斜率$d\lambda/da$可被求得，根據式（4.40）可求或。或是根據下式，

$$G_{\mathrm{I}} = \frac{K_{\mathrm{I}}^2}{E'} = \frac{M^2}{2B}\frac{d\lambda(a)}{da} \qquad （其中 dA = Bda）$$

u以及a的函數可被表示，

　　而且，應力強度因子如前述，從板厚方向的分布數值，可被求得的數值，G_{I}或是K_{I}^2的板厚平均值。而且，應力狀態是平面應變與平面應力的中間，從上式可求K_{I}，

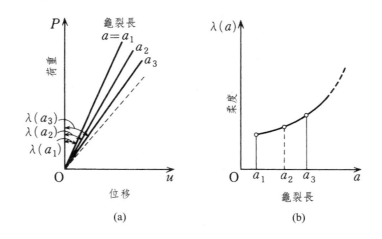

圖4.7　由柔度來測定應力強度因子

ASTM的K_{Ic}試驗法規格E-399，E'以E置換。因為平面應變的情況，式（4.40）如下式，

$$K_I = \sqrt{\frac{E}{2B(1-\nu^2)} \frac{d\lambda(a)}{da}} \cdot P \qquad (4.41)$$

而且，平面應力的情況上式以$\nu = 0$置換，若$\nu = 1/3$時，$\sqrt{1-\nu^2} = \sqrt{1-1/9} = 0.943$，只有6%程度之差距不會形成，實用上沒有問題。

式（4.41）形式上雖然包含E值，如3.5節所述，實際上柔度與E成反比，K_I不受E的影響，而且，大多數的二次元問題不受到蒲松比的影響。因此，降伏點或是耐力σ_{ys}與E之比σ_{ys}/E的較大材料，例如，使用高力鋁合金製作成相似形的模型來作測定。對於相同荷重的變形因為較大，位移測定的精度會提升，而且，龜裂前端的塑性域受到變形的影響較小。

龜裂長順次被變化時，製作理想的尖銳龜裂較困難，一般，龜裂前端半徑ρ在在某程度會較小，根據機械加工，尖銳龜裂狀的側溝（slit）製作較普通。此時所得的能量解放率，比實際的長度還要大，具有實效的龜裂長度a_{eff}所對應的龜裂可求得。此實效長度會根據龜裂種類而有差異。如下式，

$$a_{eff} = a\left(1 + k\frac{\rho}{a}\right)，\text{或是}，a_{eff} = a\left(1 + k'\sqrt{\frac{\rho}{a}}\right) \qquad (4.42)$$

k, k'是比1還要小的數值。因此，與a比較下ρ若取非常小（例如$\rho < a/4$），實用上可確保非常高的精度[3]。當然，誤差的主要原因是求解$d\lambda/da$的微分操作，$\lambda(a)$在適當a間隔之下的精度有必要注意。

如附表3的No.18與No.19，左右對稱的龜裂變化有必要時，$dA = 2Bda$有比要留意。即是，取代式（4.40），下式是必要的。

$$\mathcal{G}_I = \frac{K_I^2}{E'} = \frac{P^2}{4B}\frac{d\lambda(a)}{da} \qquad (4.43)$$

或是，兩個龜裂前端同時成長，由於個別的龜裂成長，柔度的影響只會有一半。

即使是三次元的形狀問題，如附表3的No.32等所示，軸對稱K是沿著龜裂前緣成為一定值，從柔度的測定可求解G或K。此例的P作用時，$-dA = 2\pi b \cdot db$可得下式。

$$G_I = \frac{1 - \nu^2}{E} K_I^2 = \frac{-P^2}{4\pi b} \frac{d\lambda(b)}{db} \qquad (4.44)$$

其中的$1 - \nu^2$，此問題本來就是平面應變狀態。有關測定的實例，請參照文獻[4]。

4.4.2 光彈性實驗法

二次元的應力狀態，與板面垂直的光透過後，光彈性等色線的條紋次數N，主應力差$\sigma_1 - \sigma_2$成比例，光彈性應力感度α，板厚B，可得下式。

$$N = \alpha B|\sigma_1 - \sigma_2| = \alpha B\sqrt{(\sigma_x - \sigma_y)^2 + 4\tau_{xy}^2} \qquad (4.45)$$

每當此值只變化1時，明暗的條紋模樣會被顯示。例如，所謂暗視野的裝置之設定狀態，連接應力分布滿足$N = 0, 1, 2, \cdots$條件的位置，顯示暗線，給予主應力差$|\sigma_1 - \sigma_2|$的等高線。

例如，模式I的情況，龜裂前端的應力場級數展開第1項，以式（2.16）表示，

$$(\sigma_x - \sigma_y)^2 + 4\tau_{xy}^2 = (K_I / \sqrt{2\pi r})^2 \{\sin^2\theta \sin^2(3\theta/2)$$

$$+ \sin^2\theta \cos^2(3\theta/2)\} = (K_I / \sqrt{2\pi r})^2 \sin^2\theta$$

條紋次數N的等色線之方程式，根據式（4.45）的下式

$$N = \frac{\alpha B K_I}{\sqrt{2\pi}} \cdot \frac{|\sin\theta|}{\sqrt{r}} \qquad (4.46)$$

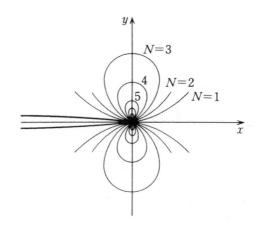

$$N=3$$
$$N=2$$
$$N=1$$

圖4.8 光彈性等色線（模式I）

此概略的形狀如圖4.8所示，愈接近龜裂前端，次數高的條紋愈綿密且合併。原理上，從此條紋的位置可求。此圖形的x軸及y軸是對稱，離龜裂前端，級數展開的第2項以下之影響表現出應力場，條紋是向y軸的右側或左側歪斜。根據情況不同，加入級數的第2項，製作條紋的方程式，這些與實驗所得的條紋來作比較，可決定K_I。上式成立是因為在龜裂前端近傍。

另外，製作前端半徑ρ的有限細缺口，也可作解析。其中一種方法，使用式（2.36）來決定K_I。此外，缺口底表面接近，從光彈性條紋可求得應變能量密度，保持ρ一定，增加缺口長度，假想從能量解放量的理論式，計算G的方法也有[3]。其他，有關各種的方法請參考文獻[4]。高速度下的龜裂進展之光彈性實驗也被實行[3,4]。

問題1 模式I以及模式II混合時，試求等色線的方程式。並求解等色線的最大張出方向的角度。

解答 $N = \dfrac{\alpha B}{\sqrt{2\pi r}}\{(K_I \sin\theta + 2K_{II}\cos\theta)^2 + (K_{II}\sin\theta)^2\}^{1/2}$ （4.47）

$N\sqrt{r}$ 愈大從右邊的 { } 中，以 θ 微分下式為0，

$$\left(\frac{K_{\mathrm{II}}}{K_{\mathrm{I}}}\right)^2 - \frac{4}{3}\left(\frac{K_{\mathrm{II}}}{K_{\mathrm{I}}}\right)\cot 2\theta - \frac{1}{3} = 0 \qquad (4.48)$$

滿足上式的 θ 值以 θ_m 表示。若測定 θ_m 可求 $K_{\mathrm{II}}/K_{\mathrm{I}}$，考慮式（4.47），$K_{\mathrm{I}}$ 與 K_{II} 皆可被求得[6]。從式（4.47）有關特定的 θ，如下式

$$N = \frac{\alpha B}{\sqrt{2\pi r}}(K_{\mathrm{I}}^2 + K_{\mathrm{II}}^2)^{1/2} \quad (\theta = \pm \pi/2)，$$

$$N = \frac{2\alpha B}{\sqrt{2\pi r}}K_{\mathrm{II}} \quad (\theta = 0) \qquad (4.47')$$

可參考另求解 $K_{\mathrm{II}}, K_{\mathrm{I}}$。

4.5 能量解放率的積分表示與J積分

龜裂面積的微小增加 δA，位能的變化 $\delta \Pi$ 再取用，應用上以便利形式表示。彈性體，是線性或是非線性，應力與應變是一價函數，

$$\left.\begin{array}{l} \sigma_x = \sigma_x(\varepsilon_x, \varepsilon_y, \varepsilon_z, \gamma_{yz}, \gamma_{zx}, \gamma_{xy}) \\ \sigma_y = \sigma_y(\varepsilon_x, \varepsilon_y, \cdots\cdots, \gamma_{xy}) \\ \cdots\cdots\cdots\cdots\cdots\cdots\cdots\cdots \\ \tau_{xy} = \tau_{xy}(\varepsilon_x, \varepsilon_y, \cdots\cdots, \gamma_{xy}) \end{array}\right\} \qquad (4.49)$$

每單位體積的應變能，即是，應變能密度 W 與負荷徑路無關的狀態量，如式（4.17）所示。因此，以表面 S 圍成的彈性體 V 的應變能 $\overline{W}$，微小體積要素 $dV = dxdydz$ 的應變能 WdV 環繞全體積 V 可得下式。

$$\overline{W} = \iiint_V W dV \qquad (4.50)$$

表面的微小要素dS，從外面作用的分布力向量以TdS表示，此點的位移向量以u表示，由於u的微小變化du，外力作用系的位能Π^*之變化，兩者純量積$-T \cdot dudS$，積分可得下式。

$$d\Pi^* = -\int^u T \cdot du\, dS \qquad (4.51)$$

或是，T的成分(T_x, T_y, T_z)，u的成分(u, v, w)，上述的純量積如下式。

$$T \cdot du = T_x du + T_y dv + T_z dw \qquad (4.52)$$

作用在此彈性體的功之外力，作用在表面S的T，外力的作用系之位能Π^*，橫跨全表面的式（4.51）作積分。

從以上的結果，彈性體V以及作用在此表面的力之系統所具有的位能，或是，全能量根據式（4.7），可表現如下式。

$$\Pi = \iiint_V W dV - \iint_S \left(\int^u T \cdot du \right) dS \qquad (4.53)$$

表面S，$u = 0$的位移固定的表面S_U與T的作用表面S_T被分割時，上式的面積分在S_U上是0，在S_T上積分即可。

其中，此彈性體中的龜裂面積只增加微小量δA，外力與位移、應力、應變等，為了保持新平衡狀態的微小量變化。此變化的比例，微分上式可求解如下。

$$\frac{\partial \Pi}{\partial A} = \iiint_V \frac{\partial W}{\partial A} dV - \iint_S T \cdot \frac{\partial u}{\partial A} dS \qquad (4.54)$$

此值經常是負值，改變此符號位能的解放率如下述。此物體內，不包含內部的龜裂進展，在任意的閉曲面S_0所圍成的領域V_0。龜裂面積的微小增加δA，對此領域的外力功全部以應變能來儲存，因為沒有能量的散逸，再次在S_0上從此外側的作用力與位移，以T，u表示，可成立下式的關係。

$$\iiint_{V0} \frac{\partial W}{\partial A} dV - \iint_{S0} T \cdot \frac{\partial u}{\partial A} dS = 0 \qquad (4.55)$$

取代A以座標來偏微分後的關係式,例如,可知會成立下式[†]。

$$\iiint_{V_0} \frac{\partial W}{\partial x} dV - \iint_{S_0} T \cdot \frac{\partial u}{\partial x} dS = 0 \qquad (4.56)$$

其次,包含進展龜裂的內部,在曲面S_1上圍成的領域V_1來定Π_1義位能的變化。

$$\frac{\partial \Pi_1}{\partial A} = \iiint_{V_1} \frac{\partial W}{\partial A} dV - \iint_{S_1} T \cdot \frac{\partial u}{\partial A} dS \qquad (4.57)$$

$V-V_1$的部份以V_0表示,對於V_0與V_1的境界面,作用在V_0的T與作用在V_1的T,因為等值逆向,Π以及Π_1的變化比例,此境界面上的面積分之影響會互相抵消。

$$\frac{\partial \Pi}{\partial A} - \frac{\partial \Pi_1}{\partial A} = \iiint_{V_0} \frac{\partial W}{\partial A} dV - \iint_{S_0} T \cdot \frac{\partial u}{\partial A} dS \qquad (4.58)$$

根據式(4.55)的關係,此值經常會成為0。因此,如下式所示。

$$\frac{\partial \Pi}{\partial A} = \frac{\partial \Pi_1}{\partial A} = \iiint_{V} \frac{\partial W}{\partial A} dV - \iint_{S} T \cdot \frac{\partial u}{\partial A} dS \qquad (4.59)$$

即是,對於內力與外力平衡狀態的龜裂進展,彈性體的位能變化,包含此龜裂前端部的任意領域V,與其表面S所定義的位能變化會相等。若考慮能量解放在龜裂前端部形成,是當然的結論。對於龜裂前端的能量解放,包圍此前端的任意曲面S可被評價,應用途非常廣泛。

以上的結果,從二次元位移場

$$u = u(x, y) \qquad (4.60)$$

具體來描述。二次元問題當然相當這個情況,即使是一般的三次元問題,若限定在龜裂前端近傍的領域,如前述所示是二次元位移場。

[†] 表面的T與內力平衡,V_0內的應力成分之平衡方程式被滿足時,體積積分與面積積分的關係根據Gauss的定理,可容易被證明。

領域V，如圖4.9所示以曲線$\varGamma$圍成厚度dz的部份，採用與龜裂平行的x軸，龜裂的內面處外力不作用。龜裂長的微小增加δa所以是$\delta A = dz\delta a$。右邊第2項的內外兩面之面積分是以等值逆符號來抵消，龜裂內面是$T = 0$，結果，從A到B所連結的曲線$\varGamma$所表示的側面之面積分。更進一步，右邊的積分在z方向實行。量測$\varGamma$上左迴轉的線素dc，$dS = dz \cdot dc$。

$$\frac{\partial \varPi}{\partial A} = \iint_{\Sigma} \frac{\partial W}{\partial a} dx\, dy - \oint_{\varGamma} T \cdot \frac{\partial u}{\partial a} dc \qquad (4.61)$$

其中，右邊第1項以$\varGamma$所圍成的部份面積之相關面積分，第2項的$\varGamma$是向圖的箭頭方向繞一周之線積分。上式的值，對於圖4.9，$\varGamma$如$\varGamma'$所示即使變化也不會更改。

有關龜裂的微小進展δa，若考慮$\varGamma$在龜裂前端近傍，應力與位移場平行移動，$\varGamma$內的任意點(x, y, z)，應力與位移等的龜裂進展後之值，龜裂進展前的$(x-\delta a, y, z)$其值會相等。

$$\frac{\partial u}{\partial a} = -\frac{\partial u}{\partial x}, \quad \iint_{\Sigma} \frac{\partial W}{\partial a} dx\, dy = -\iint_{\Sigma} \frac{\partial W}{\partial x} dx\, dy = -\int (W^{**} - W^{*})\, dy$$

其中，W^{**}以及W^{*}，是x方向積分時的右端與左端，$\varGamma$上的W值。但是，領域$\sum$是單連結的。結果，改變式（4.61）的符號是沿$\varGamma$線積分所示。

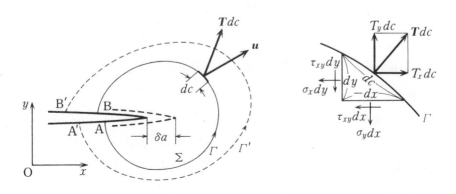

圖4.9　龜裂前端所圍成的積分路線

$$-\frac{\partial \Pi}{\partial A} = \oint_\Gamma \left[W dy - T \cdot \frac{\partial u}{\partial x} dc \right] \qquad (4.62)$$

此右邊的積分稱為 J 積分[7]，使用通常的記號來變換上式。參照圖 4.9，與內力平衡的表面力成份如下所示。

$$\begin{Bmatrix} T_x \\ T_y \\ T_z \end{Bmatrix} dc = \begin{Bmatrix} \sigma_x \\ \tau_{xy} \\ \tau_{xz} \end{Bmatrix} dy - \begin{Bmatrix} \tau_{xy} \\ \sigma_y \\ \tau_{yz} \end{Bmatrix} dx \qquad (4.63)$$

因此，J 積分如下所示。

$$\begin{aligned} J &\equiv \oint_\Gamma \left[W dy - T \cdot \frac{\partial u}{\partial x} dc \right] \\ &= \oint_\Gamma \left[\left\{ W - \left(\sigma_x \frac{\partial u}{\partial x} + \tau_{xy} \frac{\partial v}{\partial x} + \tau_{xz} \frac{\partial w}{\partial x} \right) \right\} dy + \right. \\ &\quad \left. \left\{ \tau_{xy} \frac{\partial u}{\partial x} + \sigma_y \frac{\partial v}{\partial x} + \tau_{yz} \frac{\partial w}{\partial x} \right\} dx \right] \end{aligned} \qquad (4.64)$$

但是，積分是在龜裂下面開始，圍繞龜裂到上面終止的積分路徑是一周積分。

有關 J 積分，已知有以下的性質。

(1) 以 Γ 所圍成領域 V 若是彈性體，J 積分是位能的解放率，特別是，線性彈性體的情況，根據式（4.22）如下式。

$$J = -\partial \Pi_1 / \partial A = G \qquad (4.65)$$

而且，根據全應變理論的彈塑性體，無除荷時的非線性彈性體與本質無變化，應變能作為狀態函數會存在，上式的關係當然會成立。

(2) 以 Γ 所圍成的領域 V 內，塑性變形會形成，而且，破壞的複雜過程會進行，有關能量的散逸與殘留之資料尚未明瞭，此領域 V 的位能無法定義。因此，J 稱為能量解放率。但是即使此情況，圖4.9從 Γ 到 Γ'，在彈性領域內的積分路徑即使變更，J 值也不會變化。此意味著，J 積分稱為路徑獨立積分或路徑不變積分（path-independent integral）。為何如

此，如圖4.9所示，Γ與Γ'以及AA', BB'所圍成的領域V_0若是彈性體，此部份的位能經常保持一定，形式上的包含此積分路徑選擇$A'B'BAA'$，若積分式（4.64），

$$J = J_{A'B'} + J_{B'B} + J_{BA} + J_{AA'} = 0$$

而且，$J_{B'B} = J_{A'A'} = 0, J_{A'B'} \equiv J_{\Gamma'}, J_{BA} = -J_{AB} \equiv -J_{\Gamma}$。因此，如下式所示。

$$J_{\Gamma'} = J_{\Gamma} \tag{4.66}$$

（3）對於圖4.2(c)的荷重－位移曲線，同一形狀的龜裂面積是A以及$A + \delta A$的二個物體，分別連到點a及c的狀態時，陰影部份的面積是$J\delta A$。其中，δA是微小的。因此，從荷重－位移曲線來求實驗的J積分，龜裂面積是使用A及$A + \delta A$兩根試驗片，達到所要的P或是u時的陰影部份面積[8]。陰影部份的面積$J\delta A$，龜裂面積是A物體的荷重－位移曲線所示，

$$u = u(P, A)，或是 P = P(u, A) \tag{4.67}$$

此二曲線的間隔$\delta u = (\partial u / \partial A)\delta A$或是$-\delta P = -(\partial P / \partial A)\delta A$，以荷重或是位移來積分。是此面積，因此，下式會成立。

$$J = \int_0^P \frac{\partial u(P, A)}{\partial A} dP，或是 J = -\int_0^u \frac{\partial P(u, A)}{\partial A} du \tag{4.68}$$

若微分下式，

$$\frac{\partial J(P, A)}{\partial P} = \frac{\partial u(P, A)}{\partial A}，\frac{\partial J(u, A)}{\partial u} = -\frac{\partial P(u, A)}{\partial A} \tag{4.69}$$

此關係一般對於非線性彈性體會成立。而且，更進一步若積分可得下式。

$$u(P, A) = u_0 + \Delta u = u_0 + \int_0^A \frac{\partial J(P, A)}{\partial P} dA \left.\vphantom{\int_0^A}\right\}$$

$$P(u, A) = P_0 + \Delta P = P_0 - \int_0^A \frac{\partial J(u, A)}{\partial u} dA \left.\vphantom{\int_0^A}\right\} \tag{4.70}$$

其中，$u_0 = u(P, 0)$以及$P_0 = P(u, 0)$是無龜裂的位移與荷重，$\Delta u(> 0)$以

及$\Delta P(<0)$是龜裂存在的變化部分。龜裂前端是m個$A = A^{(1)} + A^{(2)} + \cdots + A^{(m)}$，上式的積分針對各龜裂前端的面積增加來$dA^{(1)}, dA^{(2)}, \cdots, dA^{(m)}$實行，例如，位移如下式所示。

$$u\,(P, A) = u_0 + \sum_{k=1}^{n} \int_0^{A^{(k)}} \frac{\partial J^{(k)}(P, A)}{\partial P}\, dA^{(k)} \tag{4.71}$$

其中$u(P, A)$是$u(P, A^{(1)}, A^{(2)}, \cdots, A^{(m)})$的略記，$J^{(k)}(P, A)$也是同樣的。此時，各龜裂在最終狀態所成長的路徑若取任意也可。$J^{(k)}$是第k號的龜裂前端之J積分，各龜裂前端與圖4.9相同採用局所座標系，根據式（4.64）來計算。根據這些的關係式，具龜裂試材的變形可被採用。

因為是J積分的路徑獨立性，彈性體的情況，G是根據適當的積分來計算較便利。而且，有關龜裂前端的破壞即使是非彈性領域，在此外側的路徑獨立性會成立，進行此破壞領域的力學環境特性，作為此參數也可使用J。J積分或是擴張的式（4.56）與（4.59）的應用範圍非常廣泛。具有各種的構成方程式，也可實施路徑獨立積分的擴張[9]。

例題 1　如圖4.10所示，與4.3節的例2相同，以虛線表示$ABCDEF$的積分路徑Γ，上下邊BC以及DE，$dy = 0$以及$\tau_{xy} = \tau_{yz} = 0$，根據$\partial u/\partial x$

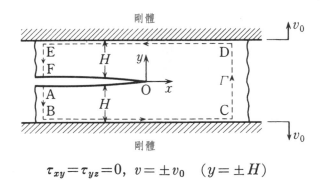

$$\tau_{xy} = \tau_{yz} = 0, \ v = \pm v_0 \quad (y = \pm H)$$

圖4.10　以剛體夾帶板中的半無限龜裂

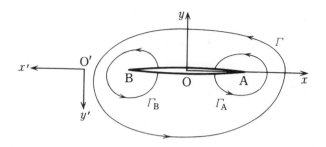

圖4.11 包圍龜裂的積分路徑

= 0，沒有對*J*的影響。*AB*以及*EF*上的應力若是0，*W* = *T* = 0。因此，影響*J*的是*CD*上的線積分，$dx = 0$, $\sigma_x = \tau_{xy} = \tau_{xz} = 0$，此應力是$\sigma_y$，如前述所示$W = E(v_0/H)^2/2$，因此，如下式所示。

$$J = \mathcal{G} = -\frac{\partial \Pi}{\partial A} = \int_{-H}^{H} W dy = 2HW = Ev_0^2 / H \qquad (4.72)$$

與前述同樣，當然可求應力強度因子之值。

問題 1 如圖4.11所示，與*x*軸平行的龜裂兩端*A*以及*B*的能量解放率是$\mathcal{G}^A$, $\mathcal{G}^B$。包圍此龜裂積分路徑*Γ*，相當於式（4.64）的*J*，若計算線積分*J**，其值為何？

解答 沿Γ_A的線積分與沿Γ_B的線積分之和。但是，在*B*端的能量解放率$\mathcal{G}^B$，在龜裂成長的方向上，採用其他*x*′*y*′的座標系的線積分。換言之，*xy*座標系的Γ_B上逆迴轉積分，Γ_B上的積分是等值逆符號。因此如下式。

$$J^* = \mathcal{G}^A - \mathcal{G}^B$$

問題 2 龜裂前端的應力與位移，K_I, K_II, K_III作為參數，以式（2.16）～（2.24）來使用，龜裂前端為中心，半徑*r*的圓*Γ*來計算*J*積分，

K_I, K_{II}, K_{III} 與 G 的關係式（4.30）試推導之[7]。

暗示 $x = r\cos\theta$, $y = r\sin\theta$，J 積分的式（4.64）如下所示。

$dx = -r\sin\theta d\theta$, $dy = r\cos\theta d\theta$

而且，使用下式的關係，

$$\frac{\partial}{\partial x} = \frac{\partial r}{\partial x}\frac{\partial}{\partial r} + \frac{\partial \theta}{\partial x}\frac{\partial}{\partial \theta} = \cos\theta\frac{\partial}{\partial r} - \sin\theta\frac{\partial}{r\partial \theta}$$

r 一定，與 θ 相關，從 $-\pi$ 到 π 來積分即可。

CHAPTER 5
龜裂前端的小規模降伏

>>

　　至前章為止，應力與應變成比例的線性彈性體為主要探討之對象。龜裂前端的應力與應變，材料若保持彈性，因為會有極高的數值，對於實際的材料而言，龜裂前端附近兩者的關係並非是線性，由於降伏等緣故，會出現非線性變形領域。此領域的大小，龜裂長度與殘留斷面尺寸等比較下，仍是非常小的情況，稱為小規模降伏（small scale yielding）的狀態。對於此狀態而言，以彈性論為基礎的線彈性破壞力學，若作若干的修正仍可適用。在此，有關龜裂前端的塑性變形來作說明。

5.1　小規模降伏狀態的線彈性破壞力學之適用

　　材料假定是線性彈性體的情況，在龜裂前端近傍，其應力與位移以K_I, K_{II}, K_{III}來表示，而且，應力具有與$r^{-1/2}$成比例的領域。此領域稱為Ω_e。此領域中的r若愈小，假定彈性時的應力會無限大，實際上，在某領域Ω_p會形成塑性變形。此塑性域的外圍形狀·尺寸$r = r_p(\theta)$，依據材料的不同，假定彈性而求解出的K_I, K_{II}, K_{III}值也會不同，至今仍尚未明瞭。但是，與Ω_e的尺寸比較之下，Ω_p的尺寸是非常小，亦即，小規模降伏的情況，基於彈性論的線彈性破壞力學之諸因子，龜裂前端的力學環境是一對一的對應，以下再作說明。

　　現在，同樣的均質材料作成相同板厚的試材，兩材料存在的龜裂K_I, K_{II}, K_{III}會相等。此時，Ω_e的大小即使不同，Ω_p的大小若非常小，由於在此生成塑性變形，脫離應力分布之彈性論，Ω_e之外幾乎不受影響。因此，兩材料或是雙方的龜裂前端，Ω_p內以及此周邊的彈塑性位移與應力、應力之分布，基於相同周邊條件下所形成的，簡直是同一個。因此，假定彈性求解出的K值若相同，可實現出相同的彈塑性狀態。此事項，K若隨時間變動，或是龜裂即使由於疲勞等的進展是相同的，同一

的時間變動，受到K的雙方之龜裂前端，力學的狀態會是相同的。亦即是，即使是小規模降伏的情況，假定彈性求解出的K以及$\mathcal{G}$，作為力學環境參數的意義並不會消失。

塑性域Ω_p的尺寸，若是比結晶粒、滑移帶、其他不均質的微細組織尺寸還要大，巨觀的應力與應變等，根據連續體力學可作記述。此時，彈塑性力學的基礎方程式，全應變理論，應變增分理論，以與座標相關的線性方程式來作記述。因此，應力強度因子K的龜裂與nK的龜裂比較時，前者對於點(r, θ)的彈塑性應力以及應變之值，後者對於點(n^2r, θ)的值會相等。這當然是彈性的情況，具有相同性質在Ω_e的內部會形成塑性區域。有關此小規模降伏所成立的相似則，例如，考察疲勞龜裂進展其他的連續體力學模型，Ω_p內的應力與應變相關資訊即便不知，也是有力的証據。反言之，此相似則不成立的現象也較多，此現象根據若干連續體力學，即使計算也是無意義。

上述的相似則若成立，彈塑性境界的形狀$r = r_p(\theta)$如下式的形式，

$$r_p(\theta) = K^2 f(\theta) \tag{5.1}$$

塑性區域的形式以K^2成比例的相似形。其中，函數f之中，材料的彈塑性變形之特性所表示的彈性率、蒲松比、降伏點、加工硬化指數等也包含在內。完全彈塑性體在模式I的情況，降伏點是，使用次元解析的考量方法σ_{ys}，

$$r_p(\theta) = \left(\frac{K}{\sigma_{ys}}\right)^2 f(\theta) \tag{5.2}$$

$f(\theta)$包含蒲松比的無次元函數，幾乎已明瞭。模式 I 的情況，如圖5.1所示，在龜裂前端形成開口位移（crack opening displacement簡稱COD）ϕ的變形，即使有關此COD，與位移相關的相似則，小規模降伏如下所示。

$$\phi \propto K^2$$

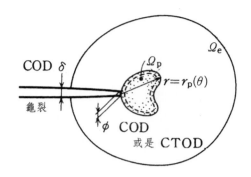

圖5.1　龜裂前端的小規模降伏與開口位移

　　如圖所示注意點的開口位移δ，區分有所謂的COD，與ϕ的龜裂前端開口位移（crack tip opening displacement, CTOD）。

5.2　龜裂前端塑性域的修正

　　為求了解龜裂前端塑性域的概略尺寸，首先，有關彈性應力分布，滿足von Mises的降伏條件點的軌跡可求解如下式。

$$(\sigma_x-\sigma_y)^2 + (\sigma_y-\sigma_z)^2 + (\sigma_z-\sigma_x)^2 + 6(\tau_{yz}^2 + \tau_{zx}^2 + \tau_{xy}^2) = 6\tau_{ys}^2 \qquad （5.3）$$

其中，σ_{ys}單軸拉伸的降伏點，τ_{ys}單純剪斷的降伏點，有的關係。其中，彈性的情況考慮如下，

$$\sigma_z = \begin{cases} 0 & （平面應力） \\ v(\sigma_x+\sigma_y) & （平面應變） \end{cases} \qquad （5.4）$$

變形的各模式I, II, III，分別代入式（2.16）,（2.18）,（2.20），滿足此式的點軌跡來作描繪，如圖5.2的實線所示[1]。其中，座標對於各模式已

作標準化。

$$\frac{r}{\frac{1}{\pi}\left(\frac{K_{\mathrm{I}}}{\sigma_{ys}}\right)^2}, \quad \frac{r}{\frac{1}{\pi}\left(\frac{K_{\mathrm{II}}}{\tau_{ys}}\right)^2}, \quad \frac{r}{\frac{1}{\pi}\left(\frac{K_{\mathrm{III}}}{\tau_{ys}}\right)^2}$$

上述軌跡的x軸上之領域以r_p表示，扣除模式 I 的平面應變狀態，

$$r_p = \frac{1}{2\pi}\left(\frac{K_{\mathrm{I}}}{\sigma_{ys}}\right)^2 \quad \text{（模式 I，平面應力）}$$

$$r_p = \frac{1}{2\pi}\left(\frac{K_{\mathrm{II}}}{\tau_{ys}}\right)^2 \quad \text{（模式 II）} \tag{5.5}$$

$$r_p = \frac{1}{2\pi}\left(\frac{K_{\mathrm{III}}}{\tau_{ys}}\right)^2 \quad \text{（模式 III）}$$

此是塑性域尺寸的標準。實際的材料並非是完全彈塑性體，為了便利起見大多使用0.2%耐力作為σ_{ys}。

　　實際的塑性域Ω_p之尺寸‧形狀，是與此不同之物，為了瞭解材料的變形特性，必須要經由有限要素法來計算[2]。其中，有關模式 III 的完全彈性體，解析解是已知[3]。此結果，如圖5.2的虛線所示，r_p中心移動到右方，半徑r_p的圓是塑性域，其外側$\Omega_e - \Omega_p$的部份之彈性應力分布，前端是此圓的中心，龜裂值尺寸比實際值a還要大r_p，與$a^* = a + r_p$的假設龜裂的彈性應力分布式（2.20）會完全相同。因此，基於已知的境界條件，對於長度（或是在兩端處有前端時的半長）a的龜裂，假定彈性的應力強度因子$K_{\mathrm{III}}(a)$，$a^* = a + r_p$的假想彈性龜裂以$K_{\mathrm{III}}^*(a)$表示，$\Omega_e - \Omega_p$的部份彈性應力，$K_{\mathrm{III}}^*(a)$代入式（2.20），可得近似值，$K_{\mathrm{III}}(a)$函數形若已知，

$$-K_{\mathrm{III}}^*(a) = K_{\mathrm{III}}(a + r_p), \text{ 其中 } r_p = \frac{1}{2\pi}\left\{\frac{K_{\mathrm{III}}^*(a)}{\tau_{ys}}\right\}^2 \tag{5.6}$$

的關係，針對$K_{\mathrm{III}}^*(a)$來求解可得[4]。亦即是，

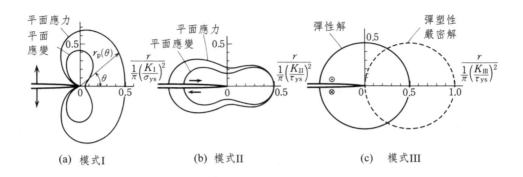

(a) 模式I　　　　　(b) 模式II　　　　　(c) 模式III

圖5.2　滿足Von Mises降伏條件的點之軌跡
（其中，彈性應力分布，$\nu = 1/3$）

$$a \longrightarrow a + r_p \tag{5.7}$$

置換後的假想龜裂來考慮即可。例如，無限板中的長度$2a$之龜裂，在遠方承受均一應力τ_{yz}^{∞}時，根據附表2的No.1，

$$K_{\text{III}}(a) = \tau_{yz}^{\infty} \sqrt{\pi a}$$

$$K_{\text{III}}^{*} = \tau_{yz}^{\infty} \sqrt{(a + r_p)}, \quad r_p = \frac{1}{2\pi} \left(\frac{K_{\text{III}}^{*}}{\tau_{ys}} \right)^2 \tag{5.8}$$

從上式消去r_p，求解K_{III}^{*}，實效的應力強度因子如下式所示。

$$K_{\text{III}}^{*} = \frac{\tau_{yz}^{\infty} \sqrt{\pi a}}{\sqrt{1 - (\tau_{yz}^{\infty} / \tau_{ys})^2 / 2}} \tag{5.9}$$

在領域$\Omega_e - \Omega_p$內，取積分路徑Γ，若計算J積分，應力場以K_{III}^{*}表示，實效的能量解放率G^{*}如下式。

$$J = G^{*} = \frac{K_{\text{III}}^{*2}}{2G} \tag{5.10}$$

亦即是，有關G塑性域補正也是相同，G^{*}與K_{III}^{*}之間，與彈性情況會成

立相同的關係。

　　模式 I 以及模式 II 的情況，如上述的關係嚴密而言並不會成立，與式（5.7）同樣置換的塑性域補正，可求實效的 K^* 與 G^*，由此整理的實驗結果較多實行。有關實用上重要的模式 I 來作說明。x 軸上的應力 σ_y，若假定是彈性體，如圖5.3以虛線表示。完全彈塑性體在平面應力狀態（ σ_z = 0）時的塑性域內，近似的 $\sigma_y = \sigma_{ys}{}^*$，滿足此值的 r 值 r_p 是以式的第1式表示。由於降伏所減少的陰影部份 A 面積相當，荷重負擔部份會與外力平衡，B 部份的面積為了與 A 相同，塑性域尺寸 ω 比 r_p 還要大，而且，Ω_p 的外側 $\Omega_e - \Omega_p$ 的塑性域內之的應力分布，某長度 a^* 的假想彈性龜裂之應力分布以 $\sigma_y = K_{\mathrm{I}}{}^* / \sqrt{2\pi r'}$ 來近似，簡單計算如下式。

$$a^* = a + r_p \quad \omega = 2r_p = \frac{1}{\pi}\left(\frac{K_{\mathrm{I}}{}^*}{\sigma_{ys}}\right)^2 \quad （平面應力） \tag{5.11}$$

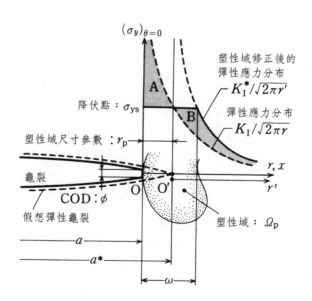

圖5.3　平面應力狀態的小規模降伏（模式 I）

---

*　若是Tresca的降伏條件，嚴密而言是 $\sigma_y = \sigma_{ys}$。

其中，r'如圖所示從假想龜裂前端的距離。結果，對於以上計算的諸假定，若被認定是近似的成立，有關模式Ⅲ所述，相同塑性域補正可求解。龜裂前端的開口位移ϕ之標準，對於假想彈性龜裂的點O，可求解開口位移，式（2.29）的r以r_p來置換，例如，

$$\phi \sim 2 \, (v)_{x=0} = \frac{4K_{\mathrm{I}}^2}{\pi E' \sigma_{ys}} \text{，或是，} \frac{4K_{\mathrm{I}}^{*2}}{\pi E' \sigma_{ys}} \tag{5.12}$$

模式Ⅰ的情況可得。

平面應變狀態（$\varepsilon_z = 0$）的場合，x軸上的應力成份σ_y以及σ_x皆為正，由於z方向的位移拘束，所以σ_z也為正。因此，例如，滿足式（5.3）的降伏條件的σ_y值，如圖5.4的模式所示，比降伏點σ_{ys}還要高，同時，塑性域尺寸ω'比平面應力的情況還要小且作動著。由於塑性域補正，便利上以下式r_p來使用[5]，

$$r_p = \frac{1}{4\sqrt{2}\,\pi} \left(\frac{K_{\mathrm{I}}}{\sigma_{ys}} \right)^2 \text{（平面應變）} \tag{5.13}$$

而且，係數簡單以下式表示。

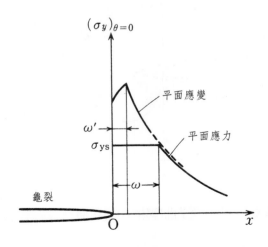

圖5.4　平面應力以及平面應變狀態的塑性域之差異

$$r_p = \frac{1}{6\pi}\left(\frac{K_{\mathrm{I}}}{\sigma_{ys}}\right)^2 \quad (\text{平面應變}) \tag{5.13'}$$

此式的係數，如附表3的No.32所示平面應變狀態的拉伸試驗，脆性破壞發生時的K_{I}或是$\mathcal{G}_{\mathrm{I}}$值（後述的破壞韌性，是指K_{Ic}，$\mathcal{G}_{Ic}$）的實驗結果，為了不影響尺寸效果的補正，所決定的事項[1]，r_p，與其稱之為塑性域尺寸，稱為破壞韌性的塑性域補正係數較佳。若根據平面應變的滑移線場理論，對於剛塑性體的龜裂前端之塑性域，x軸上的應力，與剛體槌的押入[6]是相同的，若使用von Mises的降伏條件，

$$\sigma_y = 2\left(1+\frac{\pi}{2}\right)\tau_{ys} = \frac{2}{\sqrt{3}}\left(1+\frac{\pi}{2}\right)\sigma_{ys} \approx 3\sigma_{ys} \tag{5.14}$$

到上式的程度為止會上昇。相對地，式（5.13）或是（5.13'），分別是$\sigma_y = \sqrt{2\sqrt{2}}\,\sigma_{ys} = 1.68\sigma_{ys}$或是$\sigma_y = \sqrt{3}\,\sigma_{ys} = 1.73\sigma_{ys}$的程度之塑性拘束會相當。而且，平面應變的塑性域補正係數r_p，式（5.5）的σ_{ys}，使用比單軸降伏點還要高的實效降伏點更可瞭解。

　　3.3節的橢圓板狀龜裂，根據式（5.13）可修正。短軸端的實效應力強度因子K_{I}^{*}是考慮式（3.4）以及（3.5）。

$$K_{\mathrm{I}}^{*} = \sigma\sqrt{\pi(a+r_p)}/E(k) = \sigma\sqrt{\pi a/Q}$$

即是，Q是包含塑性域修正的橢圓形狀之修正係數，根據式（5.13）的塑性域修正式，

$$r_p = \frac{1}{4\sqrt{2}\,\pi}\left(\frac{K_{\mathrm{I}}^{*}}{\sigma_{ys}}\right)^2$$

代入上式，可求解K_{I}^{*}。

$$K_{\mathrm{I}}^{*} = \sigma\sqrt{\pi a/Q} = \sigma\sqrt{\pi a}/\sqrt{\{E(k)\}^2 - 0.212(\sigma/\sigma_{ys})^2} \tag{5.15}$$

即是[5]，Q是以式（3.6）代入求解，而且根據σ/σ_{ys}的值，從圖3.1此值可

直接讀取。

r_p若是比龜裂長度a或殘留斷面尺寸（例如，附表的No.20、21、22的$W-a$）等的其他尺寸還要小，則是小規模降伏。r_p若還要再小，K以及G的塑性域不必要修正，此程度是從式（5.9）、（5.15），或是圖（3.1）等可被理解。

有關塑性域的實際形狀‧尺寸，已有許多實驗與解析的研究，龜裂前端的塑性變形，伴隨著滑移帶的發生與傳播是一種不安定，或是，由於伴隨著不連續的現象，使用連續體力學解析並不足夠[7]。上述所言使用次元解析是便利的手法。

5.3　塑性域的平面應力以及平面應變狀態

圖5.5，模式Ⅰ的龜裂前端塑性域大小之模式圖[8]。在表面附近接近$\sigma_z = 0$的平面應力狀態，而且，在板厚中央部由於z方向的伸縮拘束，接近平面應變狀態。因此，如前節所述，在板厚中央部的塑性域大小，如圖所示，在表面附近較小。在板厚中央部由於三軸拉伸狀態，剪斷應力成份較小，y方向的垂直應力較高，滑動變形會被拘束，容易形成所謂的分離形破壞。相對地，在表面的附近，與y軸以及z軸幾乎成45°的最大剪斷應力面，由於滑移較易形成大變形，因此也會發生板厚的減少（頸縮）。

應力強度因子K_1若相同，與塑性域尺寸的參數r_p比較，板厚B愈大，平面應變狀態的部份會愈多。因此，平面應變狀態被實現的程度，兩者比是成比例的參數，此值愈小會愈高。

$$\beta = \frac{1}{B} \frac{K_1^2}{\sigma_{ys}^2} \tag{5.16}$$

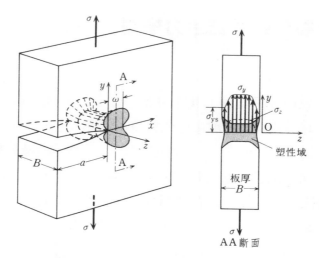

圖5.5　厚板的表面與內部之塑性域（模式 I）

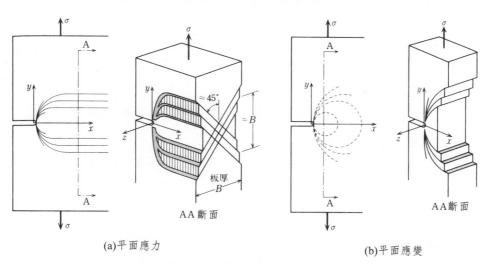

(a)平面應力　　　　　　　　　　　(b)平面應變

圖5.6　塑性域內的變形（模式 I 型的外力）

　　圖5.6[9](a)，薄板的變形樣相之模式所示，模式 I 形式的外力即使作用，塑性變形不會成為模式 I，具有板厚B的寬如圖5.7(a)所示，較多形成細長的塑性域。此時，塑性域內的x軸上，成為$\sigma_y \approx \sigma_{ys}$的應力狀態。而且，厚板的板厚中心附近之變形狀態，以連續體力學的意義，如圖5.6(b)所示可被推定。

5.4　龜裂前端的結合力模型

　　如圖5.7(a)所示平面應力狀態的塑性域，若是完全彈塑性體$\sigma_y = \sigma_{ys}$的應力是彈性域。實際上，愈接近龜裂前端附近，愈會形成較大的塑性變形，此應力並非是均一，實效的數值是σ_{ys}。受到彈性域影響的σ_x成分，會帶給塑性域的細長，以及龜裂的變形等的大影響，在此可被忽略。龜裂因為是細長且淺薄，討論彈性領域的變形等，如圖5.7(b)所示，長度$a + \omega$的彈性龜裂的內面$a < | x | < a + \omega$的領域，形成$\sigma_y = \sigma_{ys}$龜裂面間的結合力所作用的模型[10]。

　　更進一步一般而言，如圖5.7(c)所示，結合力，x的函數$\sigma^*(x)$，或是，龜裂面間的距離如下式，

$$\delta = \delta(x) = v^+(x, 0^+) - v^-(x, 0^-) \qquad （5.17）$$

可考慮作為函數$\sigma^*(\delta)$分布的模型[11]。沿著結晶面的劈開，塑性變形幾乎不形成，$\sigma^*(\delta)$是結晶力，δ是從原子面的平衡位移是與位移相當，此模型在此附近狀態被實現。

　　像這樣作用在彈性龜裂的內面之結合力，採用龜裂前端的非線性現象，結合力模型（cohesive force model），或是稱為Dugdale-Barenblatt模型。這些可採用線彈性破壞力學。

　　圖5.7(c)的情況，有關結合力不作用的長度$2c$龜裂，由於外力的應力強度因子K_σ，由於結合力的應力強度因子K_σ，以此龜裂前端（$|x| = c$），應力因為有限，$O\{r^{-1/2}\}$的特異性必須互相抵消，下式的條件是必要的。

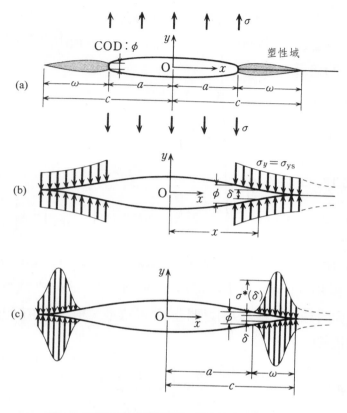

圖5.7　龜裂前端的結合力模型（模型I）
　　　　(a)在薄板上形成細長的塑性域
　　　　(b)Dugdale模型
　　　　(c)Barenblatt模型

$$K_\sigma + K_\sigma^* = 0 \qquad\qquad (5.18)$$

但是，根據式（2.26）式，$O\{r^0\}$的項，對於外力而言是0，對於結合力而言是σ^*（$x = c$），結果，兩者的和是以$x = c$而成為σ^*。亦即是，式（5.18）的條件，對於$x = c$而言，也成為應力的連續條件，例如，x軸上的$\sigma_y(x)$是圖5.7的(b), (c)以虛線所示的連續。式（5.18）的條件，長度$2c$的龜裂前端是$K = 0$，龜裂內面的形狀，如圖(b), (c)所示，上下面在此連接。

無限板中的龜裂，如圖5.7(a)所示，在遠方承受均一的應力σ，形成$\sigma^* = \sigma_{ys}(a \leqq |x| \leqq c)$的圖5.7(b)（Dugdale模型），若使用附表2的No.1以及式（3.14）的結果，

$$\left.\begin{aligned} K_\sigma &= \sigma\sqrt{\pi c} \\ K_\sigma{}^* &= -\frac{2\sigma_{ys}\sqrt{\pi c}}{\pi}\arccos\left(\frac{a}{c}\right) \end{aligned}\right\} \qquad (5.19)$$

根據式（5.18）的條件，

$$c = a + \omega = a\sec\left(\frac{\pi\sigma}{2\sigma_{ys}}\right)，或是，\omega = a\left[\sec\left(\frac{\pi}{2}\frac{\sigma}{\sigma_{ys}}\right) - 1\right] \qquad (5.20)$$

實際龜裂的長度$2a$已知時，此式的塑性域之大小ω已知。$|x| = a$的開口位移，根據卷末的附錄，外力σ的開口位移　$4\sqrt{c^2 - a^2}\,\sigma/E'$　（式（A.83）參照），與附錄的位移A.9節之問題4是同樣地，根據被求解出的結合力σ_{ys}，開口位移的和，

$$\phi = \frac{8\sigma_{ys}a}{\pi E'}\log\left[\frac{c}{a}\right] = \frac{8\sigma_{ys}a}{\pi E'}\log\left[\sec\left(\frac{\pi}{2}\frac{\sigma}{\sigma_{ys}}\right)\right] \qquad (5.21)$$

較容易瞭解。其中，E'是由式（2.30）所提供的，而且，σ_{ys}對於平面應變的情況，若採用實效的數值較佳。像這樣根據線性彈性論的手法，有關各種的問題，ω與ϕ 可被求解。以上的採用，因為不限制是小規模降伏，形成細長降伏域的塑性域尺寸ω，大多與實驗值有廣大範圍一致[10]。有關開口位移ϕ，與實際的塑性域一致是有所期待的，作為次元解析的參數意義，上記的數值乘上適當的無次元係數，若考慮實際的開口位移，各種現象的理解是有用的功能。結合力模型，線彈性破壞力學超越小規模降伏的範圍，可考慮外插的第一近似。

小規模降伏的情況，作為$\sigma/\sigma_{ys} \ll 1$的式（5.20）以及（5.21）級數展開，取其第1項，分別如下式，

$$\omega = \frac{\pi^2 \sigma^2 a}{8\sigma_{ys}^2} = \frac{\pi}{8} \frac{K_I^2}{\sigma_{ys}^2} \tag{5.22}$$

$$\phi = \frac{\pi \sigma^2 a}{E' \sigma_{ys}} = \frac{K_I^2}{E' \sigma_{ys}} = \frac{G_I}{\sigma_{ys}} \tag{5.23}$$

其中K_I，G_I，是在長度$2a$的彈性龜裂處，σ作用的數值。式（5.11）的ω與式（5.12）的ϕ比較時，可知幾乎是同程度的數值。

　　圖5.8，是式（5.20）以及（5.21）的ω與ϕ，對於σ/σ_{ys}的無次元表示，小規模降伏的式（5.22）以及（5.23），ω與ϕ的任一是相同的曲線，

$$\frac{\omega}{a} = \frac{\pi^2}{8}\left(\frac{\sigma}{\sigma_{ys}}\right)^2 \ , \ \frac{\pi E'}{8\sigma_{ys}}\left(\frac{\phi}{a}\right) = \frac{\pi^2}{8}\left(\frac{\sigma}{\sigma_{ys}}\right)^2 \tag{5.24}$$

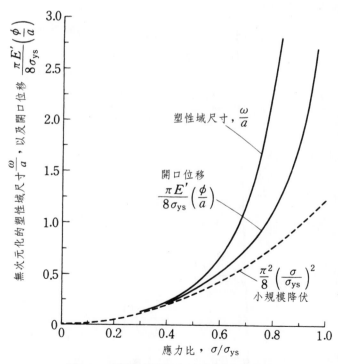

圖5.8　塑性域尺寸ω以及開口位移ϕ

以圖的虛線表示。由此比較可知，有關小規模降伏的考量之適用限界，大約的刻度。

如附表2的No.1與No.6可知，應力函數或是應力強度因子，全部的變形模式I, II, III是相同形式。因此，對於此種龜裂的結合力模型之結果，對於剪斷應力若可以σ與σ_{ys}來置換，模式II, III也可成立。其中，從式（2.29），（4.30）可知，與位移相關的E'，模式III的情況若以$2G$置換也可。模式II與模式III的開口位移，分別對於$|x| = a$是表示$2|u|$以及$2|\omega|$。

問題 1 附表3的No.27的圓板狀龜裂，承受模式 I 的外力，Dugdale的模型，即是形成$\sigma^* = \sigma_{ys}$塑性域領域的外周半徑c，試求解。其中，從此問題的對稱性，必定是平面應變狀態的變形，σ_{ys}採用比單軸拉伸的降伏點還要高的實效數值。

解答 No.27以及No.29的結果，半徑c的圓板狀龜裂若可適用，$\sigma_0 = -\sigma_{ys}$（其中$a \leqq r \leqq c$），可得下式。

$$K_\sigma = \frac{2\,\sigma\sqrt{\pi c}}{\pi}\, , \; K_\sigma^* = -\frac{2\sigma_{ys}}{\sqrt{\pi c}}\int_a^c \frac{r\,dr}{\sqrt{c^2 - r^2}} = -\frac{2\sigma_{ys}\sqrt{c^2 - a^2}}{\sqrt{\pi c}} \quad (5.25)$$

若代入式（5.18），

$$c = a/\sqrt{1 - (\sigma/\sigma_{ys})^2} \qquad (5.26)$$

此情況的開口位移，如下式可知[12]。

$$\phi = \frac{8(1-\nu^2)\sigma_{ys}a}{\pi E}\left\{1 - \frac{a}{c}\right\}$$
$$= \frac{8(1-\nu^2)\sigma_{ys}a}{\pi E}\left\{1 - \sqrt{1 - \left(\frac{\sigma}{\sigma_{ys}}\right)^2}\right\} \qquad (5.27)$$

若是小規模降伏，$\omega = c - a$，ϕ的任一項，當然也與前述的結果一致。

5.5 結合力模型的能量解放率

J積分與破面形成所需的功 結合力作為龜裂的面間距離δ之函數，如下式所示。

$$\sigma^* = \sigma^*(\delta)$$

J積分是與路徑獨立，環繞龜裂前端的塑性域之中，無限小，如圖5.9所示，採用積分路徑Γ可簡單計算。在龜裂的上面、下面$v^+(x, 0^+)$，與$v^-(x, 0^-)$是等值逆符號。而且，在積分路徑上dx符號是逆轉，根據式（4.64）可得下式。

$$J = \oint_\Gamma \sigma^* \frac{\partial v}{\partial x} dx = \int_a^c \sigma^* \left(\frac{\partial v^-(x, 0^-)}{\partial x} - \frac{\partial v^+(x, 0^+)}{\partial x} \right) dx$$

$$= -\int_a^c \sigma^*(\delta) \frac{\partial \delta}{\partial x} dx = +\int_0^\phi \sigma^*(\delta) d\delta \quad （5.28）$$

特別是如圖5.9(a)所示，$\sigma^* = \sigma_{ys}$如下式所示。

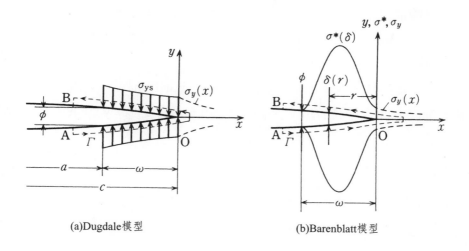

(a)Dugdale模型　　　　(b)Barenblatt模型

圖5.9　*J*積分的路徑

$$J = \sigma_{ys} \int_0^\phi d\delta = \sigma_{ys}\phi \qquad (5.29)$$

這些的關係，對於任意形狀的龜裂可成立，而且，若非小規模降伏，其應用範圍會很廣泛[13]。

　　外力逐漸增大時，與外力平衡的狀態，J，ω，ϕ，$\delta(x)$等會變化。達到臨界狀態時，結合力無法支持外力，龜裂不成長，此時的數值，分別是J_c，ω_c，ϕ_c，$\delta_c(x)$，

$$J_c = \int_0^{\phi_c} \sigma^*(\delta)\, d\delta \qquad (5.30)$$

或是，特別是$\sigma^* = \sigma_{ys}$的情況，如下式所示。

$$J_c = \sigma_{ys}\phi_c \qquad (5.31)$$

亦即是此模型，可知可使用龜裂成長開始的參數J_c與ϕ_c。由式（5.28），可改寫為下式。

$$J_c = -\int_a^c \sigma^*(x)\frac{\partial \delta_c(x)}{\partial x}\, dx \qquad (5.31')$$

從積分路徑Γ的外側所供給的能量，全都是破面形成來使用，此式以與外力平衡狀態的龜裂進行時，J_c是每單位面積進行時所需要的功會相等。式（5.30）也有相同的意義。例如，對於結晶性物質的原子面之劈開破壞，式（5.30）的J_e，單位面積的原子面在原子間結合力σ^*對抗，所必要分離的功相等。因此，假定彈性所得Griffith脆性破壞的理論的結論，Barenblatt模型也會成立。例如，圖5.6(a)的變形，y方向的平均的塑性應變$\bar{\varepsilon}_p$，近似如下式所示。

$$\bar{\varepsilon}_p = \delta/B \qquad (5.32)$$

因此，伴隨塑性變形的脆性破壞，加工硬化與板厚減少（頸縮）所包含的標稱應力－應變曲線$\sigma^* = \sigma^*(\bar{\varepsilon}_p)$，式（5.30）考慮$d\delta = Bd\bar{\varepsilon}_p$可如下式[14]所示。

$$J_c = B \int_0^{\phi_c/B} \sigma^* (\bar{\varepsilon}_p) \, d\bar{\varepsilon}_p \tag{5.33}$$

小規模降伏的能量平衡　降伏領域，或是$\sigma^*(\delta)$與δ的關係是非線性領域的尺寸，除了板厚之外，比其他的尺寸（a，W，$a-W$等）還要小，亦即是，是所謂的小規模降伏狀態，從龜裂前端的距離r，比ω還要大，在Ω_e內的領域之應力分布，適當長度a^*的等價龜裂附近之彈性應力場，近似地相等。例如，模式 I 的情況，採取圖5.9(a)龜裂前端的圓點O，在已給予的境界條件下，由於外力的應力強度因子K_σ，Westergaard的應力函數，$\omega \ll \Gamma \ll a$如下式所示（參照附錄，式（A.102））。

$$Z_\sigma(z) = K_\sigma/(2\pi z)^{1/2} \quad （其中，z = x+iy，i = \sqrt{-1}） \tag{5.34}$$

其他，根據$\sigma^* = \sigma_{ys}$的應力函數，重合附表2的No.8半無限龜裂的結果，

$$Z_\sigma^*(z) = \int_0^\omega \frac{-\sigma_{ys}}{\pi(z+\xi)} \left(\frac{\xi}{z}\right)^{1/2} d\xi$$

$$= -\frac{2\sigma_{ys}}{\pi} \left\{ \left(\frac{\omega}{z}\right)^{1/2} - \arctan\left(\frac{\omega}{z}\right)^{1/2} \right\} \tag{5.35}$$

而且，應力強度因子K_σ^*如下式。

$$K_\sigma^* = \int_0^\omega \frac{2}{\sqrt{2\pi\xi}} (-\sigma_{ys}) \, d\xi = -\frac{2\sigma_{ys}}{\pi} \sqrt{2\pi\omega} \tag{5.36}$$

從式（5.18）的條件，與$-K_\sigma$相當，

$$\omega = \pi K_\sigma^2 / 8\sigma_{ys}^2 \tag{5.37}$$

當然與式（5.22）有相同的結果。但是，由於外力與σ^*兩者的應力場之應力函數$Z(z)$，從已知的式（5.34）、（5.35）的和，使用式（5.37）可得下式。

$$Z(z) = Z_\sigma(z) + Z_\sigma^*(z) = \frac{2\sigma_{ys}}{\pi} \arctan\left(\frac{\omega}{z}\right)^{1/2}$$

$$= \frac{2\sigma_{ys}}{\pi}\arctan\left(\frac{\pi}{8}\frac{K_\sigma^2}{\sigma_{ys}^2} \cdot \frac{1}{z}\right)^{1/2} \tag{5.38}$$

若是$|z| = r \gg \omega$，上式可改寫下式。

$$Z(z) \doteqdot K_\sigma/(2\pi z)^{1/2} \tag{5.39}$$

也就是說，在十分遠方處，作為第1近似，給予與式（5.34）相同的應力場。此結論，幾乎可明瞭會成立，限定是小規模降伏，且並不限定結合力模型。

　　從以上所述，一般與彈性體有相同的下式關係，此情況已知也會成立。

$$J = \mathcal{G} \quad（小規模降伏） \tag{5.40}$$

　　外力逐漸增加，若是$J < J_c$，由於龜裂進展被解放的位能，比龜裂進展所需的功J_c還要小。但是，J若成為J_c以上，位能的解放量會超越所必要的功，考慮能量的平衡，在給予的境界條件下，使用彈性所具有的能量，龜裂會進展。打破能量平衡的條件如下式，

$$\mathcal{G}_c = J_c \tag{5.41}$$

使用參數$\mathcal{G}_c$，可求得下式。

$$\mathcal{G} \geqq \mathcal{G}_c，或是，J \geqq J_c$$

而且，$\mathcal{G}$與K之間有式（4.30）的關係式，$\mathcal{G}_c$所對應的K值以K_c表示，上述的條件以下式表示。

$$K \geqq K_c \tag{5.42}$$

這些條件並不限定結合力模型，小規模降伏的情況下一般會成立。

　　小規模降伏的塑性域補正　　前項中，式（5.38）如式（5.39）所示，實施第1次近似之後，其中，與a比較，再也沒有比忽略w還要小，5.2節的修正的妥當性來作調查。

　　圖5.7(b)的Dugdale模型，根據式（5.20），（5.21），（5.29）如下式，

$$J = \frac{8\sigma_{ys}^2 a}{\pi E'} \log\left(\frac{a+\omega}{a}\right) \tag{5.43}$$

與此相同的能量解放率如下式，

$$\mathcal{G}^* = J \tag{5.44}$$

給予等價的彈性龜裂長度量$2a^*$。

$$\mathcal{G}^* = \frac{\sigma^2 \pi a^*}{E'} \tag{5.45}$$

因此，式（5.43）與（5.45）若等置，如下式所示。

$$\begin{aligned}
\frac{a^*}{a} &= \log\left(\frac{a+\omega}{a}\right) \bigg/ \frac{1}{2}\left(\frac{\pi}{2}\frac{\sigma}{\sigma_{ys}}\right)^2 \\
&= \log\left(\frac{a+\omega}{a}\right) \bigg/ \frac{1}{2}\left\{\arccos\left(\frac{a}{a+\omega}\right)\right\}^2
\end{aligned} \tag{5.46}$$

$\omega/a < 1$，若級數展開

$$\frac{a^*}{a} = 1 + \frac{1}{2}\left(\frac{\omega}{a}\right) + O\left\{\left(\frac{\omega}{a}\right)^2\right\}$$

採用到第2項為止，改寫為下式。

$$a^* = a + \omega/2 \tag{5.47}$$

即是，$\omega/a \ll 1$的情況在5.2節的塑性域修正，可得同一結果。另外，離塑性域相當遠處，而且，比a還要接近的領域，以$\Omega_e - \Omega_p$的J積分值也與$\mathcal{G}^*$相等，在此領域的應力分布，長度$2a^*$的等價彈性龜裂相等。

問題 1　式（5.32）的模型，直線硬化材

$$\sigma^*(\bar{\varepsilon}_p) = \sigma_{ys} + E_t \bar{\varepsilon}_p \tag{5.48}$$

的應力強度因子K_I與開口位移ϕ的關係，小規模降伏的情況以下式表示[14]。

$$\phi = \frac{\sigma_{ys}B}{E_t}\left[\sqrt{1 + \frac{2E_t}{E}\frac{K_I^2}{B\sigma_{ys}^2}} - 1\right] \tag{5.49}$$

其中，σ_{ys}是降伏點，E_t是切線係數（tangent modulus）。

提示　式（5.33）即使$\phi \neq \phi_c$成立，有關ϕ可被求解出。

$$J = \frac{K_I^2}{E} = B\int_0^{\phi/B}\sigma^*\,(\overline{\varepsilon}_p)\,d\overline{\varepsilon}_p$$

$$= B\left[\sigma_{ys}\left(\frac{\phi}{B}\right) + \frac{E_t}{2}\left(\frac{\phi}{B}\right)^2\right] \tag{5.50}$$

CHAPTER **6**
變形與靜不定問題

>>>

在第4章，對物體作用單一荷重來討論其變形。在本章中，多數荷重作用的情況，擴張此議論，而且，列舉變形的具體例。變形的議論，從前，只適用於單純的試驗片；現在擴張破壞力學的適用範圍等等，才是有用的作用。

6.1　多數外力作用的彈性體之變形與能量

如圖6.1(a)所示，支持點固定或是無摩擦的回轉支點與滑動支點，支點反作用力為了不作功，考慮被支持的彈性體。而且，在此作用n個的集中外力P_1, P_2, $\cdots$, P_n的個別，彈性體是安定地被支持著。即是，為了保持平衡，這些的荷重之間並無從屬關係，互相獨立改變其數值。例如，圖6.1(c)的情況是P_1與P_2並非獨立。

柔度的一般化[1,2]　外力P_i的作用點之位移，一般與P_i的作用方向平行，此P_i方向成分是u_i（參照圖6.1(a)）。對於線性彈性體的微小變形，位移與荷重成比例，因為疊合原理會成立，此情況若改寫式（3.10）的第3式，荷重點位移的荷重方向成分如下式所示。

$$u_i = \sum_{j=1}^{n} \lambda_{ij}P_j = \lambda_{i1}P_1 + \lambda_{i2}P_2 + \cdots + \lambda_{in}P_n \quad (i = 1, 2, \cdots, n) \tag{6.1}$$

其中，n^2個的係數λ_{ij}，對於獨立變化的荷重組，以上式來定義，物體的形狀尺寸、荷重的作用點與作用方向，根據支持方法所決定的係數，不隨荷重值而改變。此也稱為影響係數（influence coefficient），在此，一般化的柔度，或是，簡單稱為柔度。例如，獨立的外力只有P_i的情況（$n = 1$），

$$u_1 = \lambda_{11}P_1 \tag{6.2}$$

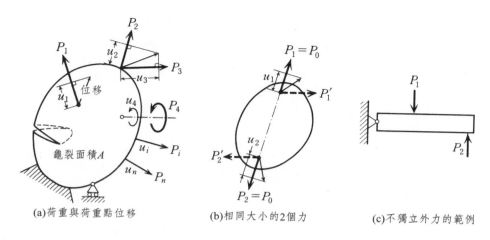

(a)荷重與荷重點位移　　　(b)相同大小的2個力　　　(c)不獨立外力的範例

圖6.1 多數外力作用的彈性體

λ_{11}是前述普通的柔度，P_1單位荷重作用時的荷重點位移u_1。即是，λ_{ii}是P_i與u_i有相關的柔度。而且，外力是P_1與P_2的情況（$n=2$），

$$u_1 = \lambda_{11}P_1 + \lambda_{12}P_2, \quad u_2 = \lambda_{21}P_1 + \lambda_{22}P_2 \tag{6.3}$$

例如，λ_{12}是單位量P_2作用時，P_1的作用點位移u_1之貢獻部分。一般，λ_{ij}是根據荷重P_j，P_i作用點位移之貢獻部分。從這些的事項，λ_{ii}是自己柔度，λ_{ij}（其中$i \neq j$）稱為相互柔度。

P_i, u_i，其乘積是與功相當的一般化力與一般化位移之組合，P_i若是力矩荷重（彎曲力矩或是扭轉力矩），u_i是其作用軸附近的角位移（參照圖6.1(a)的P_4）。

負荷以及支持方式被決定的情況，具龜裂的特定物體之變形，根據龜裂的形狀・尺寸來變化，λ_{ij}是龜裂的形狀・尺寸之函數，與荷重值無關。使用龜裂的面積A，形式上以下式表示。

$$\lambda_{ij} = \lambda_{ij}(A) \quad (i, j = 1, 2, \cdots, n) \tag{6.4}$$

Maxwell的相反定理 外力從$(0, 0, \cdots, 0)$到$(P_1, P_2, \cdots, P_n)$變化時，在此彈性體所儲存的應變能量$\overline{W}$，對於此過程不作功是相等的。因

此，荷重的微小變化$dP_1, dP_2, \cdots, dP_n$的應變能量變化$d\overline{W}$，經歷此負荷過程若作積分，可得$\overline{W}$。龜裂的形狀‧尺寸無變化時，由於荷重的微小變化，位移的變化，根據式（6.1），可得下式

$$du_i = \sum_{j=1}^{n} \lambda_{ij} dP_j = \lambda_{i1} dP_1 + \lambda_{i2} dP_2 + \cdots + \lambda_{in} dP_n$$

應變能量的變化如下式所示。

$$d\overline{W} = \sum_{i=1}^{n} P_i du_i = \sum_{i=1}^{n} P_i \left\{ \sum_{j=1}^{n} \lambda_{ij} dP_j \right\}$$

$$= \sum_{i=1}^{n} P_i \lambda_{i1} dP_1 + \sum_{i=1}^{n} P_i \lambda_{i2} dP_2 + \cdots + \sum_{i=1}^{n} P_i \lambda_{in} dP_n \qquad (a)$$

另外，應變能量，$P_1, P_2, \cdots, P_n$以及A作為引數，$\overline{W} = \overline{W}(P_1, P_2, \cdots, P_n, A)$所表示的，因為是連續函數可如下式所示。

$$d\overline{W} = \sum_{j=1}^{n} \frac{\partial \overline{W}}{\partial P_j} dP_j = \frac{\partial \overline{W}}{\partial P_1} dP_1 + \frac{\partial \overline{W}}{\partial P_2} dP_2 + \cdots + \frac{\partial \overline{W}}{\partial P_n} dP_n \qquad (b)$$

(a), (b)兩式等置來整理，可成立下式。

$$\sum_{j=1}^{n} \left\{ \frac{\partial \overline{W}}{\partial P_j} - \sum_{i=1}^{n} P_i \lambda_{ij} \right\} dP_j$$

$$= \left\{ \frac{\partial \overline{W}}{\partial P_1} - \sum_{i=1}^{n} P_i \lambda_{i1} \right\} dP_1 + \left\{ \frac{\partial \overline{W}}{\partial P_2} - \sum_{i=1}^{n} P_i \lambda_{i2} \right\} dP_2 +$$

$$\cdots + \left\{ \frac{\partial \overline{W}}{\partial P_n} - \sum_{i=1}^{n} P_i \lambda_{in} \right\} dP_n = 0 \qquad (6.5)$$

n個外力若獨立，任意的$dP_1, dP_2, \cdots, dP_n$，上式應該會成立，上式中的括弧中分別等於0。即是，$\overline{W}(P_1, P_2, \cdots, P_n, A)$以$\overline{W}(P, A)$來略記，可成立下式。

$$\frac{\partial \overline{W}(P, A)}{\partial P_j} = \sum_{i=1}^{n} \lambda_{ij} P_i \quad (j = 1, 2, \cdots, n) \qquad (c)$$

或是，i與j交換也可得相同的內容。

$$\frac{\partial \overline{W}(P,A)}{\partial P_i} = \sum_{j=1}^{n} \lambda_{ji} P_j \quad (i = 1, 2, \cdots, n) \tag{d}$$

式(c)若以P_i微分，柔度與應變能的關係可得下式。

$$\lambda_{ij}(A) = \partial^2 \overline{W}(P,A)/\partial P_i \partial P_j \tag{6.6}$$

連續函數的微分因為不依照此順序，上式，式(d)以P_j來微分是相等的。即是，下式會成立。

$$\lambda_{ij} = \lambda_{ji} \quad (i, j = 1, 2, \cdots, n) \tag{6.7}$$

此稱為Maxwell的相反定理。即是，P_i受到u_j的影響，是與P_j受到u_i影響的效果相等。

Castigliano定理　式（6.7）代入式(d)之後，若與式（6.1）比較，可得下式。

$$u_i = \sum_{j=1}^{n} \lambda_{ij} P_j = \frac{\partial \overline{W}(P,A)}{\partial P_i} \quad (i = 1, 2, \cdots, n) \tag{6.8}$$

這是荷重與位移成比例的Castigliano定理。

Clapeyron定理　對於式(a)，總和記號的i, j因為是採用總和所使用的指標，使用任意的記號都可以，例如，即使i與j交換，其結果也不變。或是，i, j的任一個先計算可以。因此，

$$d\overline{W} = \sum_{i=1}^{n} \sum_{j=1}^{n} \lambda_{ij} P_i dP_j$$

i與j交換，使用相反定理，可得下式。

$$d\overline{W} = \sum_{i=1}^{n} \sum_{j=1}^{n} \lambda_{ij} P_j dP_i$$

取上記2式的平均，可得下式。

$$d\overline{W} = \frac{1}{2}\sum_{i=1}^{n}\sum_{j=1}^{n}\lambda_{ij}(P_i\,dP_j + P_j\,dP_i) = \frac{1}{2}\sum_{i=1}^{n}\sum_{j=1}^{n}\lambda_{ij}\,d(P_iP_j)$$

因此，若積分，應變能可得下式。

$$\overline{W}(P,A) = \frac{1}{2}\sum_{i=1}^{n}\sum_{j=1}^{n}\lambda_{ij}P_iP_j \tag{6.9}$$

根據式（6.1），可改寫成下式。

$$\overline{W} = \frac{1}{2}\sum_{i=1}^{n}u_iP_i = \frac{1}{2}(u_1P_1 + u_2P_2 + \cdots + u_nP_n) \tag{6.10}$$

此稱為Clapeyron的定理。應變能根據最終狀態而定，與負荷路徑無關。

　　不獨立的二力　到目前為止，全部的荷重互相獨立變化。有關不獨立的情況，上記的諸定理也可擴張[3]。為了以後根據的應用，此二力P_1以及P_2大小相等的情況來作敘述（參照圖6.1(b)）。

　　式（6.5），因為$dP_1 = dP_2$，互相不獨立，式(d)是$3 \leqq i \leqq n$，式（6.7）的相反定理也針對$3 \leqq i \leqq n,\ 3 \leqq j \leqq n$會成立。因此，根據式（6.5）的第1項與第2項，無法滿足保證下式會成立。

$$\frac{\partial\overline{W}}{\partial P_1} + \frac{\partial\overline{W}}{\partial P_2} = \sum_{i=1}^{n}\{\lambda_{i1} + \lambda_{i2}\}P_i \tag{e}$$

因此，修改P_1, P_2，以P_0表示，$\overline{W}$考慮是獨立荷重$\overline{P}_0, \overline{P}_3, \cdots P_n$的函數。

$$P_0 \equiv P_1 = P_2$$

$$\frac{\partial\overline{W}}{\partial P_0} = \frac{\partial\overline{W}}{\partial P_1}\frac{dP_1}{dP_0} + \frac{\partial\overline{W}}{\partial P_2}\frac{dP_2}{dP_0} = \frac{\partial\overline{W}}{\partial P_1} + \frac{\partial\overline{W}}{\partial P_2}$$

式(e)的左邊會相等。另外，對於$3 \leqq i \leqq n$，根據式(e)的P_i偏微分，與根據式(d)的P_1, P_2的偏微分，比較之下可得$\lambda_{i1} + \lambda_{i2} = \lambda_{1i} + \lambda_{2i}$，可改寫式(d)的右邊為下式。

$$\sum_{j=1}^{n} \{\lambda_{1i} + \lambda_{2i}\}P_i + (\lambda_{12}-\lambda_{21})P_1 + (\lambda_{21}-\lambda_{12})P_2 = u_1 + u_2 + (\lambda_{12}-\lambda_{21})(P_1-P_2)$$

$$= u_1 + u_2$$

因此，若下式成立，

$$u_1 + u_2 = u_0 \qquad\qquad (6.11)$$

從式(e)可得下式。

$$\partial \overline{W}(P, A)/\partial \overline{P}_0 = u_0 \qquad\qquad (6.12)$$

取代P_1, P_2，考慮P_0是獨立的荷重，與此對應的位移，若以式（6.11）的u_0，$n-1$個的獨立荷重作用的彈性體問題可作置換。在此回顧式（6.1），改寫柔度λ_{ij}來作定義，上記的諸定理可知會成立（其中，獨立的荷重數n只減少1）。

式（6.11）的u_0，例如，以圖6.1(b)的實線所示自己平衡的對抗2力，兩荷重的著力點間之相對的伸長位移，或是P_1, P_2互相平衡的力矩荷重，u_0是相對角位移。如圖6.1(b)的P_1, P_2所示，若是水平方向的逆向力，u_0是二個荷重點的相對位移之水平方向成分。

6.2　伴隨龜裂進展的能量變化[1)2)]

前節，龜裂面積A是一定的，因此，柔度$\lambda_{ij}(A)$是一定值。在此，根據龜裂面積（A）的微小增加dA，來探討能量的變化。此時，柔度當然也會因應荷重與境界條件而變化。例如，P_i是強制位移，或是，由於其他彈性體介在的強制位移所形成荷重的情況（參照圖4.4），由於龜裂進展荷重會變化。

對於dA形成變化的應變能之變化，採用式（6.9）的全微分，若使

用式（6.7）的相反定理，可得下式。

$$d\overline{W}=\frac{1}{2}\sum_{i=1}^{n}\sum_{j=1}^{n}(P_iP_jd\lambda_{ij}+\lambda_{ij}P_idP_j+\lambda_{ij}P_jdP_i)$$

$$=\frac{1}{2}\sum_{i=1}^{n}\sum_{j=1}^{n}P_iP_jd\lambda_{ij}+\sum_{i=1}^{n}\sum_{j=1}^{n}\lambda_{ij}P_idP_j \qquad\qquad (f)$$

u_i的變化，根據式（6.1），

$$du_i=\sum_{j=1}^{n}(P_jd\lambda_{ij}+\lambda_{ij}dP_j)$$

外力的位能減少部份如下式。

$$-d\Pi^*=\sum_{i=1}^{n}P_idu_i=\sum_{i=1}^{n}\sum_{j=1}^{n}(P_iP_jd\lambda_{ij}+\lambda_{ij}P_idP_j)$$

因此，位能的變化$d\Pi=d\overline{W}+d\Pi^*$如下式。

$$d\Pi=-\frac{1}{2}\sum_{i=1}^{n}\sum_{j=1}^{n}P_iP_jd\lambda_{ij} \qquad\qquad (g)$$

亦即是，基於任意的境界條件下，能量解放率如下式。

$$G\equiv-\frac{\partial\Pi}{\partial A}=\frac{1}{2}\sum_{i=1}^{n}\sum_{j=1}^{n}P_iP_j\frac{d\lambda_{ij}}{dA}$$

$$=\frac{1}{E'}(K_I{}^2+K_{II}{}^2)+\frac{1}{2G}K_{III}{}^2 \qquad\qquad (6.13)$$

其中，推導最右邊，根據式（4.20），（4.22）可得關係式（4.30），即是使用下式。

$$G=\frac{1}{E'}(K_I{}^2+K_{II}{}^2)+\frac{1}{2G}K_{III}{}^2$$

$$其中，E'=\begin{cases}E & （平面應力）\\ E/(1-\nu^2) & （平面應變）\end{cases} \qquad\qquad (6.14)$$

根據已知的境界條件，龜裂面積從0到A成長，荷重是$P_1, P_2, \cdots, P_n$

達到最終狀態時，在此狀態的應變能與位移，彈性體的情況因為不受途中的徑路而影響，從最初到最終狀態施加同樣的一定荷重條件，龜裂會進展，達到A的應變能與位移應該相等。因此，施加最終狀態的荷重，狀態$A = 0$的應變能是$\overline{W}_0$，位移是u_{io}，根據龜裂的存在，增加部分分別是$\Delta\overline{W}_0, \Delta u_{i0}$。而且，柔度與荷重值無關，龜裂不存在的情況是$\lambda_{ij0}$，龜裂存在的增加部分是$\Delta\lambda_{ij}$。即是如下式。

$$\left.\begin{aligned}\overline{W} &= \overline{W}_0 + \Delta\overline{W} \\ u_i &= u_{i0} + \Delta u_i \\ \lambda_{ij} &= \lambda_{ij0} + \Delta\lambda_{ij}\end{aligned}\right\} \tag{6.15}$$

有關增分，根據式（6.10）以及式（6.1）可得下式。

$$\Delta\overline{W} = \frac{1}{2}\sum_{i=1}^{n} P_i \Delta du_i, \quad \Delta u_i = \sum_{i=1}^{n} P_i \Delta\lambda_{ij} \tag{6.16}$$

這些的增分，除去$\Delta\lambda_{ij}$，在同一外力下，比較龜裂的有無而會有差值，必須要注意。由於龜裂的進展，外力變化的靜不定問題另外再予以討論。

根據式（4.23），或是(f), (g)兩式的比較，外力一定的條件下如下式。

$$\partial\overline{W}(P, A)/\partial A = G$$

若積分，可得下式。

$$\overline{W}(P, A) = \overline{W}_0 + \int_0^A G dA，其中，\overline{W}_0 = \overline{W}(P, 0) \tag{h}$$

荷重一定條件下的應變能之增分，上式的右邊第2項如下式。

$$\Delta\overline{W} = \int_0^A G(P, A) dA = \int_0^A \left\{\frac{1}{E'}(K_{\mathrm{I}}^2 + K_{\mathrm{II}}^2) + \frac{1}{2G}K_{\mathrm{III}}^2\right\} dA \tag{6.17}$$

或是，式(f)的積分或是式（6.9）的變化部分如下式。

$$\Delta\overline{W} = \frac{1}{2}\sum_{i=1}^{n}\sum_{j=1}^{n} P_i P_j \Delta d\lambda_{ij} \tag{6.18}$$

此式若以P_i作偏微分，使用式（6.16），

$$\frac{\partial \Delta \overline{W}(P,A)}{\partial P_i} = \sum_{j=1}^{n} P_j \Delta \lambda_{ij} = \Delta u_i$$

更進一步，若以P_j作偏微分，

$$\frac{\partial^2 \Delta \overline{W}(P,A)}{\partial P_i \partial P_j} = \Delta \lambda_{ij}$$

使用式（6.17），積分與微分的順序變化來表示，可得下式。

$$\Delta u_i = \frac{\partial \Delta \overline{W}(P,A)}{\partial P_i} = \int_0^A \frac{\partial G(P,A)}{\partial P_i} dA \tag{6.19}$$

$$\Delta \lambda_{ij} = \frac{\partial^2 \Delta \overline{W}(P,A)}{\partial P_i \partial P_j} = \frac{\partial \Delta u_i}{\partial P_j} = \int_0^A \frac{\partial^2 G(P,A)}{\partial P_i \partial P_j} dA \tag{6.20}$$

有關這些關係式的應用，留待下節再討論。

問題 1　承受均一應力的無限板中，長度$2a$之龜裂（附表2的No.1），
試求$\Delta \overline{W}$。其中板厚是B。

解答　龜裂的長度2ξ到$2(\xi + d\xi)$的微小變化。考慮$dA = 2Bd\xi$，若積分ξ
從0到a成長的式（6.17），可得下式。

$$\Delta \overline{W} = \int_0^a \left\{ \frac{(\sigma_y^\infty)^2 + (\tau_{xy}^\infty)^2}{E'} + \frac{(\tau_{yz}^\infty)^2}{2G} \right\} (\sqrt{\pi \xi})^2 (2Bd\xi)$$

$$= \left\{ \frac{(\sigma_y^\infty)^2 + (\tau_{xy}^\infty)^2}{E'} + \frac{(\tau_{yz}^\infty)^2}{2G} \right\} \pi a^2 B \tag{6.21}$$

問題 2　承受均一應力的無限體，半徑a的圓板狀龜裂（附表3的No.27），
試求$\Delta \overline{W}$。

提示　半徑$a \sim a + da$，角度$\theta \sim \theta + d\theta$的部分微小面積是$dA = ada d\theta$，因
為是平面應變狀態，$E' = E/(1 - \nu^2)$，

$$G = \frac{1-\nu^2}{E} \left\{ \frac{4\sigma^2 a}{\pi} + \frac{16\cos^2\theta_i{}^2 a}{\pi(2-\nu)^2} \right\} + \frac{1}{2G} \left\{ \frac{16(1-\nu)^2 \sin^2\theta\,\tau^2 a}{\pi(2-\nu)^2} \right\} ,$$

$$E = 2G(1+\nu)$$

$$\Delta \overline{W} = \frac{8(1-\nu^2)\,a^3}{3E} \left(\sigma^2 + \frac{2}{2-\nu}\tau^2 \right) \tag{6.22}$$

6.3　由於龜裂的存在造成變形的增加

龜裂前端的應力強度因子，已知可作為外力以及龜裂尺寸的函數，具龜裂試材的變形，如下述可被計算。

由於龜裂造成位移的增加　龜裂存在或是進展，包含此龜裂試材的位移在同一荷重下會增加。荷重P_i的作用點之荷重方向位移u_i，根據式（6.8）的Castigliano的定理與前節的式（h），可得下式。

$$u_i = \frac{\partial \overline{W}(P,A)}{\partial P_i} = \frac{\partial \overline{W}_0}{\partial P_i} + \frac{\partial \Delta \overline{W}(P,A)}{\partial P_i}$$

$$= u_{i0} + \int_0^A \frac{\partial\,G(P,A)}{\partial P_i}\,dA \tag{6.23}$$

右邊的第1項是u_{i0}，第2項是Δu_i。即是，由於龜裂的存在，位移的增加部分如下式。

$$\Delta u_i = \frac{\partial \Delta \overline{W}(P,A)}{\partial P_i} = \int_0^A \frac{\partial\,G(P,A)}{\partial P_i}\,dA \tag{6.24}$$

這些有關線性彈性的情況，式（4.70）擴張為多數荷重。或是，使用應力強度因子改寫上式。應力強度因子的引數是荷重P_1, P_2, …與龜裂面積A，有關式（6.14）的荷重P_i之偏微分，若代入式（6.24）可得下式。

$$\Delta u_i = \int_0^A \left\{ \frac{2}{E'} \left(K_{\text{I}} \frac{\partial K_{\text{I}}}{\partial P_i} + K_{\text{II}} \frac{\partial K_{\text{II}}}{\partial P_i} \right) + \frac{1}{G} K_{\text{III}} \frac{\partial K_{\text{III}}}{\partial P_i} \right\} dA \qquad (6.24')$$

或是,外力P_i的應力強度因子之影響部份$K_{\text{I}i}, K_{\text{II}i}, K_{\text{III}i}$,疊合原理會成立,

$$K_{\text{I}} = \sum_{i=1}^{n} K_{\text{I}i}, \quad K_{\text{II}} = \sum_{i=1}^{n} K_{\text{II}i}, \quad K_{\text{III}} = \sum_{i=1}^{n} K_{\text{III}i}$$

上式可寫成下式[4]。

$$\Delta u_i = \int_0^A \left[\frac{2}{E'} \left\{ K_{\text{I}} \left(\frac{K_{\text{I}i}}{P_i} \right) + K_{\text{II}} \left(\frac{K_{\text{II}i}}{P_i} \right) \right\} + \frac{1}{G} K_{\text{III}} \left(\frac{K_{\text{III}i}}{P_i} \right) \right] dA \quad (6.24'')$$

關於Δu_i的上述諸式,除去P_i,其他荷重的全部或是一部分是分布荷重的情況也會成立。考慮分布力是集中力的集合,根據疊合原理可明瞭。

由於龜裂造成柔度的增加　關於P_i與P_j的柔度λ_{ij},或是,由於此龜裂的存在之增加部分$\Delta\lambda_{ij}$,位移的引數是$P_1, P_2, \cdots, P_n$以及A,其定義如下式。

$$\lambda_{ij} = \frac{\partial u_i}{\partial P_j} = \frac{\partial u_j}{\partial P_i}, \quad \Delta\lambda_{ij} = \frac{\partial \Delta u_i}{\partial P_j} = \frac{\partial \Delta u_j}{\partial P_i} \qquad (6.25)$$

因此,式(6.23),(6.24)以P_j作偏微分,可得下式的關係。

$$\lambda_{ij} = \frac{\partial^2 \overline{W}(P, A)}{\partial P_i \partial P_j}, \quad \Delta\lambda_{ij} = \frac{\partial^2 \Delta \overline{W}(P, A)}{\partial P_i \partial P_j} = \int_0^A \frac{\partial^2 \mathcal{G}(P, A)}{\partial P_i \partial P_j} dA \quad (6.26)$$

或是以應力強度因子來表示,從式(6.24')或是(6.24''),

$$\Delta\lambda_{ij} = \int_0^A \left\{ \frac{2}{E'} \left(\frac{\partial K_{\text{I}}}{\partial P_i} \frac{\partial K_{\text{I}}}{\partial P_j} + \frac{\partial K_{\text{II}}}{\partial P_i} \frac{\partial K_{\text{II}}}{\partial P_j} \right) + \right.$$
$$\left. \frac{1}{G} \frac{\partial K_{\text{III}}}{\partial P_i} \frac{\partial K_{\text{III}}}{\partial P_j} \right\} dA \qquad (6.27)$$

或是

$$\Delta\lambda_{ij} = \int_0^A \left[\frac{2}{E'} \left\{ \left(\frac{K_{\text{I}i}}{P_i} \right) \left(\frac{K_{\text{I}j}}{P_j} \right) + \left(\frac{K_{\text{II}i}}{P_i} \right) \left(\frac{K_{\text{II}j}}{P_j} \right) \right\} + \right.$$
$$\left. \frac{1}{G} \left(\frac{K_{\text{III}i}}{P_i} \right) \left(\frac{K_{\text{III}j}}{P_j} \right) \right] dA \qquad (6.27')$$

可得以上的關係。應力強度因子因為與荷重成比例，$K_{\mathrm{I}i}/P_i,\ K_{\mathrm{I}j}/P_j$等不包含荷重。因此，上式的右邊與荷重無關，而是形狀・尺寸的函數。特別是$i=j$的情況，即是自己柔度，根據上式可改寫成下式。

$$\Delta\lambda_{ij}=\int_0^A\left[\frac{2}{E'}\left\{\left(\frac{K_{\mathrm{I}i}}{P_i}\right)^2+\left(\frac{K_{\mathrm{II}i}}{P_i}\right)^2\right\}+\frac{1}{G}\left(\frac{K_{\mathrm{III}i}}{P_i}\right)^2\right]dA \qquad (6.28)$$

以上的關係，以A微分後的形式，$d\Delta\lambda_{ij}/dA=d\lambda_{ij}/dA$會成立

$$\begin{aligned}\frac{P_iP_j}{2}\frac{d\lambda_{ij}}{dA}&=\frac{P_iP_j}{2}\frac{\partial^2\,\mathcal{G}(P,A)}{\partial P_i\,\partial P_j}\\&=\frac{1}{E'}\,(K_{\mathrm{I}i}K_{\mathrm{I}j}+K_{\mathrm{II}i}K_{\mathrm{II}j})+\frac{1}{2G}K_{\mathrm{III}i}K_{\mathrm{III}j}\end{aligned} \qquad (6.29)$$

特別是$i=j$的情況如下式

$$\begin{aligned}\frac{P_i^2}{2}\frac{d\lambda_{ij}}{dA}&=\frac{P_i^2}{2}\frac{\partial^2\,\mathcal{G}(P,A)}{\partial P_i^2}\\&=\frac{1}{E'}\,(K_{\mathrm{I}i}^2+K_{\mathrm{II}i}^2)+\frac{1}{2G}K_{\mathrm{III}i}^2\end{aligned} \qquad (6.30)$$

龜裂前端是多數的變形　龜裂前端是多數的情況，龜裂面積A分散在個別處，有關A的積分，選擇A從0到最終狀態的任意徑路來作積分。例如，各龜裂是比例成長的，或是，順次成長的，對於此成長過程，各龜裂前端的應力強度因子之變化過程，個別會有差異，但是因為是彈性體，最終結果會相同。

現在有m個的龜裂前端，第k個龜裂前端的面積增加是$dA^{(k)}$，能量解放率是$\mathcal{G}^{(k)}$，應力強度因子是$K_{\mathrm{I}}^{(k)}$，如下式所示。

$$\Delta\overline{W}=\sum_{k=1}^m\int_0^{A(k)}\mathcal{G}^{(k)}\,(P,A)\,dA^{(k)} \qquad (6.31)$$

其中

$$\mathcal{G}^{(k)}\,(P,A)=\frac{1}{E'}\{(K_{\mathrm{I}}^{(k)})^2+\ (K_{\mathrm{II}}^{(k)})^2\}+\frac{1}{2G}\,(K_{\mathrm{III}}^{(k)})^2 \qquad (6.32)$$

或是

$$
\begin{aligned}
\Delta u_i &= \sum_{k=1}^{m} \int_0^{A(k)} \frac{\partial \,\mathcal{G}^{(k)}}{\partial P_i} \, dA^{(k)} \\
&= \sum_{k=1}^{m} \int_0^{A(k)} \left\{ \frac{2}{E'} \left(K_{\mathrm{I}}{}^{(k)} \frac{K_{\mathrm{I}\,i}{}^{(k)}}{P_i} + K_{\mathrm{II}}{}^{(k)} \frac{K_{\mathrm{II}\,i}{}^{(k)}}{P_i} \right) + \right. \\
&\qquad\qquad \left. \frac{1}{G} K_{\mathrm{III}}{}^{(k)} \frac{K_{\mathrm{III}\,i}{}^{(k)}}{P_i} \right\} dA^{(k)} \tag{6.33}
\end{aligned}
$$

$$
\begin{aligned}
\lambda_{ij} &= \sum_{k=1}^{m} \int_0^{A(k)} \frac{\partial \,\mathcal{G}^{(k)}}{\partial P_i} \, dA^{(k)} \\
&= \sum_{k=1}^{m} \int_0^{A(k)} \left\{ \frac{2}{E'} \left(\frac{K_{\mathrm{I}\,i}{}^{(k)}}{P_i} \right) \left(\frac{K_{\mathrm{I}\,j}{}^{(k)}}{P_j} \right) + \left(\frac{K_{\mathrm{II}\,i}{}^{(k)}}{P_i} \right) \left(\frac{K_{\mathrm{II}\,j}{}^{(k)}}{P_j} \right) \right. \\
&\qquad \left. + \frac{1}{G} \left(\frac{K_{\mathrm{III}\,i}{}^{(k)}}{P_i} \right) \left(\frac{K_{\mathrm{III}\,j}{}^{(k)}}{P_j} \right) \right\} dA^{(k)} \tag{6.34}
\end{aligned}
$$

即使只有一個龜裂，沿著龜裂前緣$\mathcal{G}$分佈的情況，考慮$\mathcal{G}$一定，劃分為微小要（元）素來積分dA。例如，沿著前緣弧的座標s，與此垂直量測龜裂的進展量n，$dA = dsdn$，例如，如下式所示。

$$
\int \mathcal{G} \, dA = \int_0^n \int_0^s \mathcal{G} \, ds dn \tag{6.35}
$$

6.4　具龜裂試材的變形例題

前節的議論，作簡單的應用例表示，特別是不破斷的情況，如圖6.2(a)所示外側具龜裂的帶板（厚度B），軸力P以及彎曲力矩M作用，試材下端的延長u以及撓度角θ來論說。

荷重端部的位移　由於軸力所形成的伸長柔度λ_P，由於彎曲力矩所形成的撓度角λ_M。而且，由於軸力所形成的撓度角λ_{PM}。根據Maxwell的

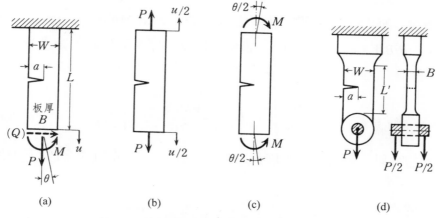

圖6.2　承受軸力與彎曲的單側龜裂之帶板

相反定律（6.7），由於彎曲力矩所形成的伸長之柔度λ_{MP}會相等，以下不作區別一律以λ_{PM}表示。微小變形的情況，根據式（6.1），可得下式。

$$u = \lambda_P P + \lambda_{PM} M, \quad \theta = \lambda_{PM} P + \lambda_M M \tag{6.36}$$

　　無龜裂情況的柔度來作說明，從材料力學的公式，在端面上P分布均一，而且，M與單純樑相同，若已知正負的垂直應力之三角形分布，使用圖6.2的記號。

$$\lambda_{P0} = L/EBW, \quad \lambda_{M0} = 12L/EBW^3, \quad \lambda_{PM0} = 0 \tag{6.37}$$

例如，根據P的分布用途λ_{P0}會有差異，P愈是集中在中央線上的一點，由於端部附近的局部變形，與λ_{P0}會愈大。因應情況而不同，為了計算λ_{P0}來作實測即可。龜裂前端附近的應力分布，根據已知的聖維南（St. Venant）原理，離荷重端的距離，與荷重的分布方式無關，受到具龜裂的某斷面，外力的合力P以及合力矩M來決定。因此，應力強度因子與柔度的增加部分，如圖6.2的(b)以及(c)所示，此二個情況的解來疊合計算，而且，L比W還要大時，可使用L會無限大的應力強度因子之解。而且，如圖6.2(d)所示，有關試材的應力強度因子與柔度的增加部分，L比

W還要大，龜裂若接近斷面形狀的不連續部，與圖6.2(a)的情況相同。

　　柔度　應力強度因子，附表3的No.20以及No.21的疊合所示。亦即是，$\sigma = P/BW$，$\sigma_0 = 6M/BW^2$（表示，每單位厚度的彎曲力矩是M，以M/B來置換）。

$$K_{\mathrm{I}} \equiv K_P + K_M = \frac{P\sqrt{\pi a}}{BW} F_P\left(\frac{a}{W}\right) + \frac{6M\sqrt{\pi a}}{BW^2} F_M\left(\frac{a}{W}\right) \qquad (6.38)$$

其中。拉伸以及彎曲的有限修正係數$F（a/W）$，分別以添字P以及M來區別。

　　根據式（6.27'）柔度的增加部分，考慮$dA = Bda$，

$$\left.\begin{aligned}
\Delta\lambda_P &= \frac{2}{E'} \int_0^A \left(\frac{K_P}{P}\right)^2 dA = \frac{2}{E'B} G_P\left(\frac{a}{W}\right) \\
\Delta\lambda_{PM} &= \frac{2}{E'} \int_0^A \left(\frac{K_P}{P}\frac{K_M}{M}\right) dA = \frac{2}{E'B}\left(\frac{6}{W}\right) G_{PM}\left(\frac{a}{W}\right) \\
\Delta\lambda_M &= \frac{2}{E'} \int_0^A \left(\frac{K_M}{M}\right)^2 dA = \frac{2}{E'B}\left(\frac{6}{W}\right)^2 G_M\left(\frac{a}{W}\right)
\end{aligned}\right\} \qquad (6.39)$$

根據以上可計算，$\xi = a/W$的無次元函數G_P，G_{PM}，G_M可被求得。其中，這些的函數是F_P，F_M有以下的關係。

$$\left.\begin{aligned}
G_P(\xi) &\equiv \pi \int_0^\xi \xi F_P^2(\xi) \, d\xi = \frac{\pi\beta^2}{2}[\xi^2 \sim (1-\xi)^{-2}] \\
G_{PM}(\xi) &\equiv \pi \int_0^\xi \xi F_P(\xi) F_M(\xi) \, d\xi = \frac{\pi\beta^2}{2}\left[\xi^2 \sim \frac{(1-\xi)^{-2}}{3}\right] \\
G_M(\xi) &\equiv \pi \int_0^\xi \xi F_M^2(\xi) \, d\xi = \frac{\pi\beta^2}{2}\left[\xi^2 \sim \frac{(1-\xi)^{-2}}{9}\right]
\end{aligned}\right\} \xi=[0\sim 1] \qquad (6.40)$$

其中，最右邊是$a/W = \xi$在0～1變化的情況，在此區間的兩端所表示的漸近特性，使用3.6節的結果容易求得，而且，β是附表3的No.15，表面龜裂的修正係數是1.1215。

柔度的計算結果如文獻[5),2)]所示，任一個a/W接近1時，上式所示不僅與$(1-a/W)^{-2}$成比例會變大，在a/W的大範圍內所示的數值較困難。因此，考慮漸近特性，如圖6.3所示在兩端是1的曲線上，結果所示是較便利[6)]。

龜裂不存在時，在$\lambda_{PM0} = 0$沒有拉伸與彎曲的相互作用，龜裂存在時，$\Delta\lambda_{PM}$與$\Delta\lambda_M$，$\Delta\lambda_P$比較必須考慮有同程度的量。靜不定構造物中的試材，對於在某種的試材端部拘束條件下的龜裂成長解析，此點必須要非常注意。

現在，以上的議論，圖6.2(a)的試材下端，沒有考慮水平方向的位移。包含這些議論的情況，如圖所示由於剪斷力Q，必須知道應力強度因子。但是，此試材的L/W較大的情況，基於Q所形成的彎曲力矩M，應力強度因子的影響，比剪斷力的影響部分較大，使用上述的$\Delta\lambda_{PM}$可近似計算。

龜裂面的開閉與柔度 龜裂是無限寬的狹窄微裂痕之情況，P與M皆為正，如上述所示柔度會增加，若是P與M皆為負，龜裂會完全封

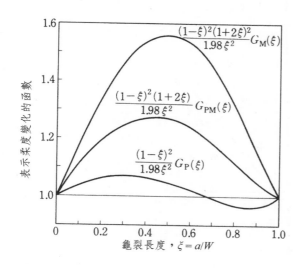

$$\Delta\lambda_P = \frac{2}{E'B} G_P\left(\frac{a}{W}\right),$$
$$\Delta\lambda_{PM} = \frac{2}{E'B}\left(\frac{6}{W}\right) G_{MP}\left(\frac{a}{W}\right),$$
$$\Delta\lambda_M = \frac{2}{E'B}\left(\frac{6}{W}\right)^2 G_M\left(\frac{a}{W}\right)$$

圖6.3 具單側龜裂帶板的柔度增加

閉，應力強度因子為0，而且，能量變化$\Delta \overline{W}$也為0。因此柔度與無龜裂的情況同樣，$\Delta \lambda_{ij} = 0$。龜裂有寬度的溝槽狀尖銳缺口之情況，缺口前端半徑若較小，柔度與龜裂同樣，幾乎沒有誤差[1]，與龜裂的差異，與P與M的正負無關，缺口的兩面不接觸，$\Delta \lambda_{ij}$正負的荷重保持一定值。此樣相，荷重只是P的情況，如圖6.4所示。

龜裂內面的半開[6]　P與M的一方是正值，且他方是負值的情況，根據P與M的值，龜裂的內面只有一部份會封閉。如圖6.5(a)所示$M > 0$，$P \leq 0$的情況為例。對於M的壓縮力而言，$-P$增加時，根據式（6.38），K_{I}會逐漸減少，最後會為0。此時的條件是式（6.38）為0代入，可得下式。

$$-\frac{W}{6}\frac{P}{M} = \frac{F_M(a/W)}{F_P(a/W)} \tag{6.41}$$

更近一步，壓縮力增加，龜裂如圖6.5(a)所示會開始封閉。
龜裂的非接觸部分長度是a^*，這個狀態，具有長度a^*的龜裂試材之應力強度因子成為0的狀態是相同的，龜裂的上下面在a^*之處是正好連接的

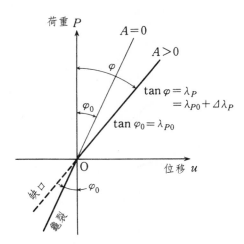

圖6.4　具有龜裂以及尖銳缺口試材的變形

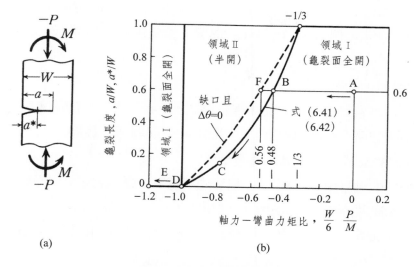

(a)　　　　　　　　　(b)

圖6.5　龜裂內部的開閉

形狀。因此，a^*之值，前式的a以a^*置換，可得下列的關係式。

$$-\frac{W}{6}\frac{P}{M}=\frac{F_M(a^*/W)}{F_P(a^*/W)} \quad \left(其中，-1\leqq -\frac{W}{6}\frac{P}{M}\right) \tag{6.42}$$

$-(W/6)(P/M) < -1$的範圍，龜裂內面全部封閉，成為$a^* = 0$。如以上所述根據P/M與a之值，成為$K_{\mathrm{I}} > 0$是龜裂全開領域Ⅰ，成為$0 < a^* \leqq a$是龜裂半開的領域Ⅱ，以及，成為$a^* = 0$是龜裂全閉的領域Ⅲ來作區分。

對於領域Ⅱ的變形，從式（6.42）所得長度a^*的龜裂情況是同樣的。例如，由於龜裂的存在，回轉角的增加如下所示。

$$\Delta\theta= \Delta\lambda_M\left(\frac{a^*}{W}\right)M + \Delta\lambda_{PM}\left(\frac{a^*}{W}\right)P$$
$$= \frac{2}{E'B}\left(\frac{6}{W}\right)\left\{\left(\frac{6}{W}\right)G_M\left(\frac{a^*}{W}\right)M + G_{PM}\left(\frac{a^*}{W}\right)P\right\} \tag{6.43}$$

當然。尖銳缺口的情況如下所示。

$$\Delta\theta = \Delta\lambda_M(a/W)M + \Delta\lambda_{PM}(a/W)P \tag{6.44}$$

圖6.5(b)，對於P/M與a/W的值，表示上述的領域。曲線BCD是以式（6.41）所示。例如，$a/W = 0.6$的情況，領域Ⅱ是以下的範圍。

$$-1 \leqq \frac{W}{6} \frac{P}{M} \leqq -0.48$$

而且，縱軸若考慮a^*/W，此曲線是以式（6.42）表示。因此，壓縮力增加，a^*/W之值是沿BCD而變化。圖中的虛線對於尖銳缺口的表示，式（6.44）的$\Delta\theta$成為0以a/W之值表示。

一定的軸壓縮力（$P < 0$）施加的狀態下，彎曲力矩M與回轉角的增加部分$\Delta\theta$的關係，如圖6.6所示（$a/W = 0.6$）。圖的縱軸，圖6.5(b)的橫軸參數之倒數，改變符號，兩圖的B, D, F的各點互相對應。BD間的領域Ⅱ，變形成為曲線狀，根據式（6.43）來計算。

實際的金屬材料，在龜裂前端由於塑性變形的殘留應變，P即使不作用，在$M = 0$的狀態龜裂前端如圖6.5(a)所示會成為半開狀態。此殘留應變受到試材的變形影響，幾乎是彈性變形，M除荷時，觀察圖6.6類似的變形，疲勞龜裂進展的行為是有用的資訊[7]，理由是前述的範例與P的效果相同。

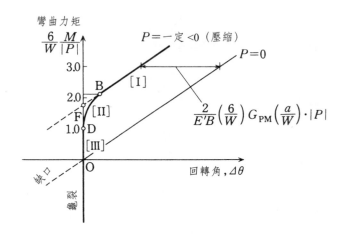

圖6.6　龜裂內面的開閉與試材的變形（$a/W = 0.6$）

6.5　大變形時的非線性變形

即使是線性彈性體，撓度愈大，荷重和變形的關係愈是成比例。此種問題，在6.11節後述，非線性變形的情況根據Castigliano的定理來採用，在此，以材料力學的初級使用方法來表現。對於龜裂的斷面，形成變形的增加部分Δu_i，作用在此斷面的荷重成比例。

例如，圖6.7(a)所示柱的偏心壓縮[5),8)]。此情況，由於龜裂的存在，變形愈容易，變形增加時，由於龜裂斷面的彎曲力矩也會增加，應力強度因子早已不和壓縮力Q（前節的$-P$）成比例，討論這樣試材的強度，考慮變形是一種靜不定問題是必要的。使用圖的記號，若是，$W \ll L,\ e + \delta > W/6$（龜裂全開），橫位移v主要是由於彎曲力矩來形成。此柱的變形，長$L/2$的兩個單純樑，柔度$\Delta\lambda_M$的「彈簧」在跨度中央連結的構造變形是同樣的。亦即是，探討龜裂斷面以長度0的彈簧來置換。但是，在龜裂斷面的近似，彎曲力矩的長手方向分布是非急變的情況，可以置換。

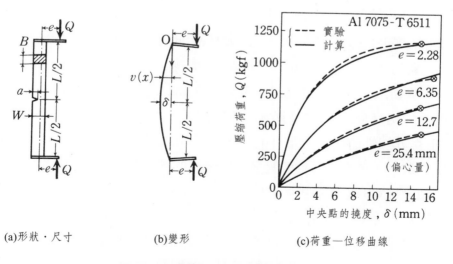

(a)形狀・尺寸　　　　(b)變形　　　　(c)荷重—位移曲線

圖6.7　具龜裂的柱之偏心壓縮

也可併用圖6.7(b)的記號，樑的斷面二次力矩是$BW^3/12 = I$，離上端x點的彎曲力矩，$M = (e + v)Q$，樑的彎曲撓度$v = v(x)$，根據材料力學的公式可得。

$$d^2v/dx^2 = -Q(e + v)/EI \qquad (6.45)$$

此方程式的境界條件如下，

$x = 0$的撓度：$v = 0$

$x = L/2$的撓度角：$dv/dx = \Delta\theta/2 = \Delta\lambda_M M/2 = \Delta\lambda_M Q(e + \delta)/2$

撓度可容易求得。此結果，特別在中央點$x = L/2$的撓度δ如下所示。

$$\frac{\delta}{e} = \frac{1}{\cos\left(\frac{\pi}{2}\sqrt{\frac{Q}{Q_0}}\right) - \left(\frac{\Delta\lambda_M}{\lambda_{M0}}\right)\left(\frac{\pi}{2}\sqrt{\frac{Q}{Q_0}}\right)\sin\left(\frac{\pi}{2}\sqrt{\frac{Q}{Q_0}}\right)} - 1 \qquad (6.46)$$

但是，λ_{M0}是式（6.37）的值，而且，Q_0是無龜裂柱的Euler之座屈（buckling）荷重$Q_0 = \pi^2 EI/L^2 = \pi^2/\lambda_{M0}L$，而且，根據（6.37），（6.39）兩式，可得如下。

$$\frac{\Delta\lambda_M}{\lambda_{M0}} = \frac{EI}{L}\Delta\lambda_M = \frac{6W}{L}G_M\left(\frac{a}{W}\right) \qquad (6.47)$$

龜裂前端的應力強度因子，龜裂的某斷面$x = L/2$，彎曲力矩$M = Q(e + \delta)$，軸力$P = -Q$以式（6.38）代入，可求解。

圖6.7(c)，$a/W = 0.18, B = W = 12.7mm, L = 337mm, E = 7380kgf/mm^2$的高力鋁合金Al 7075來實施的實驗結果，比較式（6.46）的計算值。Q和δ是非線性的關係所示，而且，實驗和計算吻合一致。此材料，達到脆性破壞，幾乎是彈性的變形，如上述的應力強度因子之計算，從此限界值來推定的破壞荷重與實驗結果是一致的。

材料富延性的情況下，如上述不形成脆性破壞，龜裂前端的塑性域伴隨著荷重增加會擴大，龜裂的存在會貫通全斷面，即是所謂的全域降伏之狀態。龜裂深度愈深的情況，此斷面即使是塑性關節的狀態，塑

性域因限定在此斷面的附近，以外的部份能保持彈性，上述的採用可以擴張。但是，塑性關節部考慮為非線性的彈簧也可以。亦即是，$\Delta\lambda_M \equiv \Delta\theta/M$ 以來定義 $\Delta\lambda_M$ 早已不是一定值，M 的函數，以單純彎曲的實驗來求解，可得下式，

$$\Delta\lambda_M = \Delta\lambda_M(M) \tag{6.48}$$

此式與式（6.46）聯立，P 和 δ 的關係可求得。此結果，在點 δ 的位置上，達到 P 最大值以後會減小，如 1.2 節所述延性材料的拉伸強度所支配的塑性不安定是同樣的理由，可決定出最大負荷容量[6),8)]。

6.6　缺口材的振動

試材有龜裂或缺口的情況，與前節同樣，以適當的彈簧來置換，可解析此試材的振動[9)]。構造物中龜裂的發生、成長，對於此構造物的外力之動態應答會變化。因此，伴隨著龜裂進展，發生應力的變化之解析，或是，龜裂的檢測也有可能。

舉一例說明，現在討論單側缺口材的兩端自由彈簧（即是所謂的 free-free bar）的振動。長度 a 的溝槽（slit）狀之尖銳缺口，正負的彎曲力矩 M，此部份具有相同柔度 $\Delta\lambda_M$ 值。重力的加速度 g，材料的比重量 γ，時間 t，樑的振動方程式已知如下式。

$$\frac{\gamma BW}{g}\frac{\partial^2 v}{\partial t^2} + EI\frac{\partial^4 v}{\partial x^4} = 0 \tag{6.49}$$

$x = 0$ 以及 $x = L$ 的兩端，剪力以及彎曲力矩為 0（即是 $d^3v/dx^3 = d^2v/dx^2 = 0$）。而且，在中央斷面 $x = L/2$ 所連結的兩個樑之連續條件，剪力，彎曲力矩以及撓度是連續（d^3v/dx^3，d^2v/dx^2，v 是連續），撓度角（dv/dx）的

不連續量是 $\Delta\theta = \Delta\lambda_M \cdot M = -\Delta\lambda_M \cdot EI dv^2/dx^2$。在此境界條件與連續條件之下，上述的振動方程式可容易解答，共振振動數f所決定的特性方程式如下。

$$\frac{\sin p \cosh p + \cos p \sinh p}{p(1 - \cos p \cosh p)} = \frac{\Delta\lambda_M}{\lambda_{M0}} \text{，其中，} p^2 = \frac{\pi f L^2}{2}\sqrt{\frac{r}{g}\frac{BW}{EI}}$$

(6.50)

圖6.8，$B = W = 12.6$mm的軟鋼樑，缺口前端半徑$\rho \doteqdot 0.7$mm程度的溝槽被加入，支持振動節的位置，以電磁石來加振，最低次的共振點f可求得。縱軸，無缺口情況（$a/W = 0$）的共振點f_0，由於缺口的存在，減少率$(f_0-f)/f_0$所示。本實驗的共振特性極尖銳（Q值 = 500～3000），求解高精度的共振點。求解$\Delta\lambda_M$的E'，平面應力以及平面應變值被選定，來計算共振點的減少率，分別以虛線和實線表示。

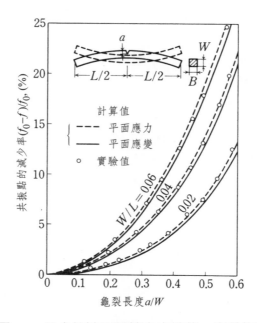

圖6.8 具尖銳缺口兩端自由樑的一次共振點

6.7　假想荷重的位移計算[4)]

荷重P_i的作用點，荷重點位移的荷重方向成分u_i，由於龜裂存在的增加部分Δu_i，根據式（6.24'）或是（6.24"）可求解出。荷重不作用的點，或是只有分布荷重作用點的位移的增加部分可求得，在此位移方向上假想集中力P_i作用，使用這些式子，$P_i \rightarrow 0$的極限，力P_i不作用情況的此點之位移成分可得。亦即是，由於實際作用的荷重，應力強度因子K_{I}, K_{II}, K_{III}，假想力是F，由於F的作用，應力強度因子$K_{\mathrm{I}F}$, $K_{\mathrm{II}F}$, $K_{\mathrm{III}F}$，$F \rightarrow 0$的極限可求解位移的增加部分如下式。

$$\Delta u_F = \int_0^A \left[\frac{2}{E'} \left(K_{\mathrm{I}} \frac{K_{\mathrm{I}F}}{F} + K_{\mathrm{II}} \frac{K_{\mathrm{II}F}}{F} \right) + \frac{1}{G} K_{\mathrm{III}} \frac{K_{\mathrm{III}F}}{F} \right] dA \qquad （6.51）$$

另外，6.1節的最後所述，對抗F的兩個力，Δu_F是此著力點間的相對位移之增加部分。

龜裂內面的開口位移之計算　如圖6.9(a)為例，每單位厚度F的假想對抗力被施加。板厚B的荷重是BF，龜裂面積是aB，以單位板厚來計算也可以。$u_F = u_{F0} + \Delta u_F$之中，在龜裂內面無龜裂時，當然如下式。

$$u_{F0} = 0$$

更進一步，$a > a_F$

$$K_{\mathrm{I}F} = K_{\mathrm{II}F} = K_{\mathrm{III}F} = 0 \quad (a \leqq a_F)$$

積分若以$a > a_F$的範圍也可，因此

$$u_F = \Delta u_F = \int_{a_F}^{a_c} \left[\frac{2}{E'} \left(K_{\mathrm{I}} \frac{K_{\mathrm{I}F}}{F} + K_{\mathrm{II}} \frac{K_{\mathrm{II}F}}{F} \right) + \frac{1}{G} K_{\mathrm{III}} \frac{K_{\mathrm{III}F}}{F} \right] da \qquad （6.52）$$

點F的開口位移可求解。如此所求得開口位移的計算結果，如附表3所示，根據實驗時的clip gauge，應用在開口位移測定。

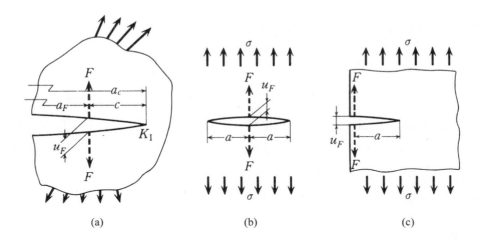

圖6.9　開口位移計算的例題

例題 1　圖6.9(b)的情況，附表2的No.1以及No.4，

$$K_\mathrm{I} = \sigma\sqrt{\pi a}, \quad K_{\mathrm{I}F} = \frac{F}{\sqrt{\pi a}}, \quad K_\mathrm{II} = K_\mathrm{III} = 0$$

$u_{F0} = 0$，龜裂前端有兩個，左右對稱龜裂成長路徑被選擇，根據式（6.52），如下式。

$$u_F = \left\{ \frac{2\sigma}{E'} \int_0^a da \right\} \times 2 = \frac{4\sigma a}{E'} \tag{6.53}$$

例題 2　圖6.9(c)的情況，根據附表3的No.15以及No.16

$$K_\mathrm{I} = \beta\sigma\sqrt{\pi a}, \quad K_{\mathrm{I}F} \fallingdotseq 1.30\frac{2F}{\sqrt{\pi a}} \quad （其中，\beta \fallingdotseq 1.1215）$$

同樣地根據式（6.52），可得下式。

$$u_F \fallingdotseq 5.83\frac{\sigma a}{E'} \tag{6.54}$$

例題 3 附表3的No.17，每單位厚度的M彎曲力矩，作用的情況

$$K_{IM} = 2\beta\sqrt{\pi/b^3}\, M$$

無限遠方的相對回轉角如下式，

$$\theta_M = \Delta\theta_M = \frac{2}{E'}\int_b^\infty \frac{4\pi\beta^2 M}{b^3}(-db) = \frac{4\pi\beta^2 M}{E' b^2} \qquad (6.55)$$

因此，可得下式。

$$\lambda_M = \Delta\lambda_M = 4\pi\beta^2/E' b^2 \fallingdotseq \frac{15.8}{E' b^2} \qquad (6.56)$$

6.8　相互柔度的應力強度因子之實驗決定

與4.4.1項所述同樣地，即使根據相互柔度的測定，應力強度因子可以實驗來決定。現在，在某負荷狀態P的應力強度因子K_I已知。此時，實際上不作用荷重F，測定作用點位移Δu_F，與式（6.51）相當的式子，以A來偏微分。

$$\frac{\partial \Delta u_F}{\partial A} = \frac{2}{E'} K_I \frac{K_{IF}}{F}$$

因此，K_I若是A的已知函數，

$$\frac{K_{IF}}{F} = \frac{E'}{2K_I}\frac{\partial \Delta u_F}{\partial A} \qquad (6.57)$$

可求解出荷重F的應力強度因子K_{IF}。或是，P是集中力等等，$\Delta\lambda_{PM} = \Delta u_F/P$相互柔度可被定義，變形上式，

$$\frac{K_{IF}}{F}=\frac{E'}{2(K_I/P)}\frac{d\Delta\lambda_{PM}}{dA} \tag{6.58}$$

K_{IF}可被決定。

例題　附表3的No.18的情況，應力強度因子如下式，

$$K_I=\sigma\sqrt{\pi a}\,F\,(2a/W)$$

龜裂中央的開口位移可被測定出。

$$\delta=\frac{4\sigma a}{E'}\,V\,(2a/W)$$

使用此結果，附表3的No.19是$H=0$的情況，即是，在龜裂中央的內面，對抗2力P作用，應力強度因子K_{IP}可被求得。考慮每單位厚$dA=d(2a)$，根據式（6.57），

$$K_{IP}=\frac{E'P}{4K_I}\frac{\partial\delta}{\partial a}$$

因此，

$$K_{IP}=\frac{P}{\sqrt{\pi a}}\cdot\frac{V(2a/W)+(2a/W)\,V'(2a/W)}{F(2a/W)} \tag{6.59}$$

其中，V'是以引數$2a/W$微分V之值。若參照附表2的No.4，$2a/W$
→0時的$K_{IP}=P/\sqrt{\pi a}$　，上式的第2因子是有限寬度的修正係數。

6.9　靜不定結構物中的龜裂材之採用

　　具龜裂試材的應力強度因子，通常作為外力的函數。但是，像這樣的試材會單獨存在，承受已知值的荷重。不僅限定是單純的試驗片，一般與其他的結構部分結合是普遍的。此構造物是靜不定結構的情況，伴隨著龜裂的成長，此部份的剛性會減少，荷重的再分配會形成，外力即使一定，在此部份施加的內力會變化。而且，即使是靜定結構，內力由於強制位移所形成的情況是相同的。有關單一試材的破壞力學之適用範圍，可擴張到一般的靜不定結構，可考慮以下的變形。

　　龜裂試材是單一荷重作用的情況[10],[11]　圖6.10，具龜裂材的靜不定構造物以模型表示，龜裂材[m]與殘留構造物部分[m*]，以X以及Y結合。此構造物[m + m*]承受強制位移$\bar{u}$與外力$\bar{T}$，而且，為了簡單說明，試材[m]是單一的荷重，例如，只承受軸力P（或是彎曲力矩），形成X, Y兩點間的相對位移u（或是相對角位移）。龜裂不存在的此內力，根據通常的結構（構造）力學知識來求解，是為P_0。根據已知的$\bar{u}$以及$\bar{T}$，試材

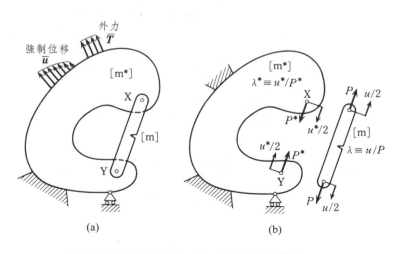

(a)　　　　　　　　(b)

圖6.10　具龜裂試材的靜不定構造物

[m]的龜裂會發生‧成長，此試材的柔度從λ_0增加到$\lambda = \lambda_0 + \Delta\lambda$，構造物中的內力分布會形成再分配，作用於試材[m]的內力，會減少為某值P。

　　圖6.11是此變化的模樣。P與u的關係，無龜裂的情況是直線COA，有某長度的龜裂部分是折線COB。如圖6.10(b)所示，從[m*]部份切離[m]部份，固定$\bar{u}$的作用部份，$\bar{T}$的作用部分自由，有關[m*]部分的點X，Y之柔度以下式定義。

$$\lambda^* \equiv u^*/P^* \tag{a}$$

其中P^*是X，Y兩點間，承受從[m]的反力方向作用之力，u^*是根據此力的兩點間之相對位移。P_0以及P作用時的試材變形，分別如下式。

$$u_0 = \lambda_0 P_0, \quad u = \lambda P \tag{b}$$

而且，龜裂成長所變化的荷重與位移的關係，若著眼於構造部份[m*]的變形，根據式(a)可得下式。

$$u - u_0 = \lambda^*(P_0 - P) \tag{c}$$

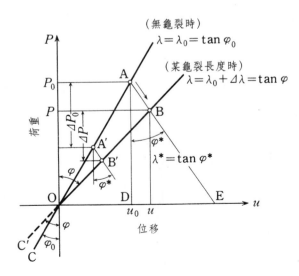

圖6.11　構造物的一部分構成龜裂材的荷重與變形

若從式(b)與式(c)消去位移，$(\lambda^* + \lambda)P = (\lambda^* + \lambda_0)P_0$，結果，在試材[m]形成的內力如下式。

$$P = \begin{cases} \dfrac{\lambda^* + \lambda_0}{\lambda^* + \lambda}P_0 = \dfrac{\lambda^* + \lambda_0}{(\lambda^* + \lambda_0) + \Delta\lambda}P_0 & (P_0, P \geqq 0) \\ P_0 & (P_0, P < 0) \end{cases} \quad (6.60)$$

以上的狀態變化以圖6.11說明，從平衡點A的構造部份[m*]的荷重-位移關係，與荷重軸的斜率λ^*是以直線AE所表示，是式(c)的意義。另外，柔度λ_0以及λ的試材[m]之荷重－位移關係，如式(b)所示，分別以OA與OB表示。因此，龜裂成長後的新平衡點，AE與OB的交點B所示，此點的荷重以式（6.60）表示。龜裂若再成長，點B是沿直線AE而減少。

直線AE的斜率，試材[m]的兩端位移從構造部份[m*]承受拘束的程度有關係。在此，試材[m]的兩端部之位移拘束係數κ如下定義，

$$\kappa \equiv \lambda_0/(\lambda^* + \lambda_0) = \overline{\mathrm{OD}}/\overline{\mathrm{OE}} \quad (6.61)$$

式（6.60）也可以下式表示，一般是$0 \leqq \kappa \leqq 1$。

$$P = \frac{1}{1 + \kappa(\Delta\lambda/\lambda_0)}P_0 \quad (6.62)$$

特別是，與λ的變化無關荷重P保持一定，例如[m + m*]是靜定構造物，或是，即使是靜不定構造物[m]是靜定試材，$\kappa = 0$，X，Y 2點間的位移完全被拘束，位移u保持一定，$\kappa = 1$。

外力$\overline{T}$以及強制位移隨時間變動，P_0也隨時間變動，上式會成立。圖6.11，無龜裂情況的P_0在AA'間變動，有龜裂情況的P在BB'間變動。但是，A'B'與AB平行。此時，荷重的變動幅ΔP_0以及ΔP（參照圖6.11），同樣以下式表示。

$$\Delta P = \frac{\lambda^* + \lambda_0}{\lambda^* + \lambda}\Delta P_0 = \frac{1}{1 + \kappa(\Delta\lambda/\lambda_0)}\Delta P_0 \quad (6.63)$$

求解施加在試材[m]的內力P，可使用應力強度因子K來計算。亦即

是，作用於有龜裂材的荷重P_0時，計算的應力強度因子K_0，實際的K值如下式。

$$K = \frac{\lambda^* + \lambda_0}{\lambda^* + \lambda} K_0 = \frac{1}{1 + \kappa(\Delta\lambda/\lambda_0)} K_0 \tag{6.64}$$

根據此式，構造物中龜裂成長時K的變化，單一試材從K式可以求解出。

例題　圖6.12(a)所示，與龜裂材[m]生成相同位移的並列彈簧，以及，與直列彈簧結合的簡單構造物，λ^*與κ所示。此彈簧的柔度分別是λ_P與λ_S。首先，外力$\overline{T}$若保持一定，$\overline{T}$的作用點是自由的。

$$\lambda^* = \lambda_P，因此，\kappa = 1/(1 + \lambda_P/\lambda_0) \tag{6.65}$$

位移$\overline{u}$若保持一定，此點被固定，從[m]部分的反力是λ_P與λ_S，並列連結的彈簧所支持，$1/\lambda^* = 1/\lambda_P + 1/\lambda_S$。因此如下式所示。

$$\lambda^* = 1/(1/\lambda_P + 1/\lambda_S), \kappa = 1/\{1 + \lambda_P\lambda_S/\lambda_0(\lambda_P + \lambda_S)\} \tag{6.66}$$

由於強制位移，施加荷重的應力腐蝕龜裂試驗，由於偏心凸輪，強制位移施加荷重shake形疲勞試驗機，試驗片夾頭（chunk）部的慣性愈大，無位移間的龜裂在高速進行脆性破壞試驗等，與圖6.12(b)所示的構造大多有等價構造。此情況，相當於前例的無λ_P彈簧，上式$\lambda_P \to \infty$可得下式。

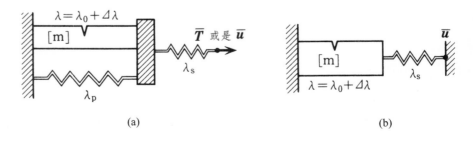

(a)　　　　　　　　　　　　(b)

圖6.12　簡單的構造物之例

$$\lambda^* = \lambda_S, \quad \kappa = 1/(1 + \lambda_S/\lambda_0) \tag{6.67}$$

龜裂試材形成多種類的內力之情況[12]

作用在龜裂斷面的內力，並非是單一的種類，軸力、彎曲力矩、扭轉力矩、剪力等的組合，所作用的構造的情況，[m]是無龜裂斷面與等價長度的彈簧，[m*]是殘留的構造部分，亦即是，考慮採用龜裂斷面切斷後的構造較簡單。例如，圖6.10的點X, Y焊接時，影響龜裂斷面變形的外力是彎曲力矩M以及軸力P，剪斷力可忽略。由此可形成龜裂部分的變形，以矩陣表示如下，

$$\begin{Bmatrix} \Delta u \\ \Delta \theta \end{Bmatrix} = \begin{bmatrix} \Delta \lambda_P & \Delta \lambda_{PM} \\ \Delta \lambda_{PM} & \Delta \lambda_M \end{bmatrix} \begin{Bmatrix} P \\ M \end{Bmatrix}$$

無龜裂的柔度矩陣$[\Delta \lambda_{ij}]$是0。關於切離龜裂斷面的構造部分$[m^*]$之變形，作用在此斷面P以及M時，柔度的矩陣是$[\lambda_{ij}^*]$，從無龜裂的平衡點之變化如下式。

$$\begin{Bmatrix} \Delta u \\ \Delta \theta \end{Bmatrix} = \begin{bmatrix} \lambda_P^* & \lambda_{PM}^* \\ \lambda_{PM}^* & \lambda_M^* \end{bmatrix} \begin{Bmatrix} P_0 - P \\ M_0 - M \end{Bmatrix}$$

因此，[m]與[m*]的變形對於龜裂斷面並非是相等，兩式等置如下式。

$$\begin{bmatrix} \lambda_P^* + \Delta \lambda_P & \lambda_{PM}^* + \Delta \lambda_{PM} \\ \lambda_{PM}^* + \Delta \lambda_{PM} & \lambda_M^* + \Delta \lambda_M \end{bmatrix} \begin{Bmatrix} P \\ M \end{Bmatrix} = \begin{bmatrix} \lambda_P^* & \lambda_{PM}^* \\ \lambda_{PM}^* & \lambda_M^* \end{bmatrix} \begin{Bmatrix} P_0 \\ M_0 \end{Bmatrix}$$

此左邊所示矩陣$[\lambda_{ij}^* + \Delta \lambda_{ij}^*]$的逆矩陣$[\lambda_{ij}^* + \Delta \lambda_{ij}^*]^{-1}$，兩邊從左作用，結果，可求得下式。

$$\begin{Bmatrix} P \\ M \end{Bmatrix} = [\lambda_{ij}^* + \Delta \lambda_{ij}^*]^{-1} [\lambda_{ij}^*] \begin{Bmatrix} P_0 \\ M_0 \end{Bmatrix}$$

$$= \begin{bmatrix} \lambda_P^* + \Delta \lambda_P & \lambda_{PM}^* + \Delta \lambda_{PM} \\ \lambda_{PM}^* + \Delta \lambda_{PM} & \lambda_M^* + \Delta \lambda_M \end{bmatrix}^{-1} \begin{bmatrix} \lambda_P^* & \lambda_{PM}^* \\ \lambda_{PM}^* & \lambda_M^* \end{bmatrix} \begin{Bmatrix} P_0 \\ M_0 \end{Bmatrix} \tag{6.68}$$

與式（6.60）比較，$\lambda^* + \lambda_0$是新λ^*代入的，因為是多次元的倒數，只與逆矩陣不同。

6.10　伴隨龜裂成長的應力強度因子之變化

如前節所述事項的應用，以破壞力學使用2個試驗片，試驗片端部的拘束受到試驗結果影響的具體舉例如下。

承受拉伸的中央龜裂材　應力強度因子的近似式，使用式（3.31）的正割公式。

$$K_I = \frac{P\sqrt{\pi a}}{WB} \sqrt{\sec \frac{\pi}{2} \frac{2a}{W}}$$

其中，B是板厚，其他的記號如圖6.13所示。與式（6.37）同樣$\lambda_0 = L/EBW$，而且，根據式（6.28）可得下式。

$$\Delta\lambda = \frac{2}{E'} \int_0^a \left(\frac{K_I}{P}\right)^2 (2Bda) = \frac{\pi}{BE'} \int_0^{2a/W} \xi \sec \frac{\pi\xi}{2} d\xi$$

因此，與試驗片的細長比有關係的數量如下式，

$$\alpha \equiv \begin{cases} W/L & （平面應力） \\ (1-\nu^2)W/L & （平面應變） \end{cases} \tag{6.69}$$

根據式（6.62），可得下式。

$$P = \frac{1}{1+\kappa\alpha H(2a/W)} P_0 ，其中，H\left(\frac{2a}{W}\right) = \pi \int_0^{2a/W} \xi \sec \frac{\pi\xi}{2} d\xi \tag{6.70}$$

計算$\Delta\lambda$使用K_I的數式，使用$L/W \gg 1$無限長的帶板，根據聖維南（St. Venant）原理，L即使沒比W還要大，給予$\Delta\lambda$的正值，實用上$L > 1.5W$，

是足夠的精度。由於龜裂長度的荷重變化，$\kappa\alpha$為參數來表示，如圖6.13(a)所示。與此對應式（6.64）所示應力強度因子，$\kappa\alpha = 0$的定荷重的情況比較下，在同一比率之下會減少，如圖6.13(b)所示的變化過程。

承受拉伸的單側龜裂材　如圖6.14(a)所示試材拉伸時，拉伸變形被拘束且回轉是自由的。根據式（6.37），（6.38）以及（6.39）可得下式，

$$K_I = \frac{P\sqrt{\pi a}}{BW} F_P\left(\frac{a}{W}\right), \quad \Delta\lambda_P = \frac{2}{E'B} G_P\left(\frac{a}{W}\right), \quad \lambda_{P0} = \frac{L}{BEW}$$

根據式（6.62），作用在試材的荷重，如圖6.14(a)所示。

$$P = \frac{1}{1+\kappa\left(\Delta\lambda_P/\lambda_{P0}\right)} P_0 = \frac{1}{1+2\kappa\alpha G_P(a/W)} P_0 \tag{6.71}$$

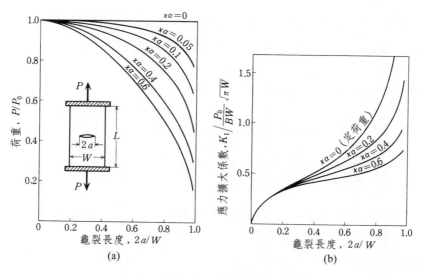

圖6.13　具中央龜裂帶板的拉伸

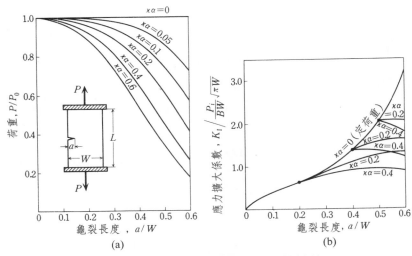

圖6.14　具單側龜裂帶板的單軸拉伸

應力強度因子的變化也與之前的例子同樣可被求得。此時，龜裂成長開始時的長度a_i，此時的荷重P_i，柔度的增分$\Delta\lambda(a_i)$，

$$P_i = \frac{1}{1+\kappa(\Delta\lambda(a_i)/\lambda_0)}P_0$$

以P_i為基準，之後的荷重變化如下式。

$$P = \frac{P}{P_0}\frac{P_0}{P_i}P_i = \frac{1+\kappa\Delta\lambda(a_i)/\lambda_0}{1+\kappa\Delta\lambda(a)/\lambda_0}P_i \tag{6.72}$$

K_I也是同樣。圖6.14(b)是各種的a_i/W的應力強度因子的變化，與前例不同，拘束愈大的情況，K_I會減少。

　　應力強度因子的漸近特性　　例如，有關中央龜裂材，考慮式（3.32）的漸近特性實施式（6.34）的計算，對於$2a/W\to1$的極限，可求解$\Delta\lambda$的漸近特性。此結果若代入式（6.62），（6.64），結果，拘束條件下的漸近特性如下式。

$$P \rightarrow \frac{1}{\kappa\alpha\{4\pi/(\pi^2-4)\}(2a/W)\log\{1/(1-2a/W)\}}P_0$$

$$K_\mathrm{I} \rightarrow \frac{P_0}{B\sqrt{W}2\kappa\alpha\sqrt{2\pi/(\pi^2-4)}(1-2a/W)\log\{1/(1-2a/W)\}}$$

（6.73）

$2a/W$接近1，如圖6.13(b)所示，K_I根據此式會無限變大。

相對地，單側龜裂材的拉伸情況，考慮式（3.35）以及（6.40）的漸近特性。

$$P \rightarrow \frac{(1-a/W)^2}{\kappa\alpha\beta^2\pi}P_0, \quad K_\mathrm{I} \rightarrow \frac{P_0}{B\sqrt{W}}\frac{(a/W)^{3/2}\sqrt{1-a/W}}{\kappa\alpha\beta\sqrt{\pi}}$$

（6.74）

$a/W \rightarrow 1$時分別收斂為0。其中，$\beta \doteqdot 1.1215$，如附表3的No.15所示外側龜裂的修正係數。

迴轉以及伸長被拘束單側龜裂材的拉伸　如圖6.15所示，不允許迴轉變形狀態下的拉伸。式（6.36）的第2式$\theta=0$，軸力P作用時形成彎曲力矩如下式。

$$M = -(\lambda_{PM}/\lambda_M)P = -(\Delta\lambda_{PM}/\lambda_M)P$$

（a）

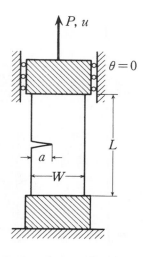

圖6.15　迴轉被拘束的單側龜裂材之拉伸

若代入第1式，伸長位移如下式。

$$u = \lambda_P P(1 - \lambda_{PM}^2/\lambda_P\lambda_M) = \lambda_P P(1 - \Delta\lambda_{PM}^2/\lambda_P\lambda_M)$$

括弧內的因子，為了要$\theta = 0$形成彎曲力矩的修正項。因此，對於伸長位移u的試材端部之位移拘束係數，與前述同樣若定義為$\kappa \equiv \lambda_{P0}/(\lambda_P^* + \lambda_{P0})$，軸力如下式。

$$P = \frac{1}{1 + \kappa(\lambda_P/\lambda_{P0})(1 - \Delta\lambda_{PM}^2/\lambda_P\lambda_M)}P_0 \qquad (6.75)$$

而且，代入式(a)可求解出彎曲力矩M。如此求得的P與M若代入式（6.38），應力強度因子如下式所示。

$$K_I = \left[\left(1 - \frac{6}{W}\frac{\Delta\lambda_{PM}}{\lambda_M}\frac{F_M}{F_P}\right) \bigg/ \left\{1 + \kappa\frac{\Delta\lambda_P}{\lambda_{P0}}\left(1 - \frac{\Delta\lambda_{PM}^2}{\lambda_P\lambda_M}\right)\right\}\right]K_{10} \quad (\theta = 0) \qquad (6.76)$$

相對地，不承受迴轉的拘束，前述的圖6.14(b)之結果，以上式$\Delta\lambda_{PM}$項為0，即是如下式所示。

$$K_I = \frac{1}{1 + \kappa(\Delta\lambda_P/\lambda_{P0})}K_{10} \quad (M = 0) \qquad (6.77)$$

有迴轉拘束的情況，負彎曲力矩的影響，應力強度因子，從圖示的情況更加減少。

　　以上是準靜態龜裂的進展所述，即使是高速度動態進展的情況，龜裂進展所需要的時間，若比彈性波試驗片中往復的時間還要長，上述的關係式會近似成立。例如：試驗片中的溫度分布附加斜率，從低溫側發生的龜裂到高溫側被停止，從龜裂傳播停止時的應力強度因子，來求破壞韌性的試驗。此情況，在荷重P_0之下，龜裂開始高速進展，因為試驗片取付部等的較大慣性，端部的位移u以及回轉角θ幾乎保持一定，發生龜裂的進行‧停止。停止時的龜裂長度a，假定最初的荷重P_0作用，求得停止時的應力強度因子K_{10}，比實際還要高的數值，強度估計是不安全側。

假定是平面應力狀態，$\alpha = W/L$，而且 $\kappa = 1$，式（6.76）如下式所示。

$$K_{\mathrm{I}} = \frac{1 - \{G_{PM}/(G_M + \alpha/6)\}(F_M/F_P)}{1 + 2\alpha G_P\{1 - G_{PM}^2/(G_P + \alpha/2)(G_M + \alpha/6)\}} K_{\mathrm{I}0} \quad (\theta = 0, \, u = 0)$$

（6.76'）

$K_{\mathrm{I}}/K_{\mathrm{I}0}$ 與 a/W 的關係，α 以參數圖示較佳。無迴轉拘束情況與式（6.77）值的差額，相當驚訝。此差額，由於拉伸與彎曲的相互作用，形成 $\Delta\lambda_{PM}$ 的相互柔度不可忽略。

6.11　非線性變形的一般採用

　　應力與應變不成比例的非線性彈性體，依據外力的大小形成的位移不成比例。而且，即使對於線性彈性體，變形愈大，6.5節所述的柱偏心壓縮的例題所示，形成相同的事項。像這樣非線性變形的問題，在此所述幾乎是相同的方法來採用。在此不論是線性、非線性，依據彈性體的變形，來敘述一般的採用。此節的議論，會比6.1節以及6.2節所敘述的還要清楚。

　　基於單一荷重下的變形　單一荷重 P 作用於荷重點位移的荷重方向成分 u，如圖4.2(a)所示曲線來表示，此關係龜裂面積 A 與 P 或是 u，作為引數，如下式所述。

$$P = P(u, A)，或是，u = u(P, A) \tag{6.78}$$

荷重從 P 到 $P + dP$ 微小增加，因應的位移從 u 到 $u + du$ 增加時，應變能 $\overline{W}$ 的微小增加 $d\overline{W}$ 如下式。

$$d\overline{W} = P(u, A)du \tag{a}$$

沿著負荷路徑到最終狀態的積分是應變能。

$$\overline{W}(u, A) = \int_0^u P(u, A)\, du \tag{6.79}$$

相對地，新$\overline{W}_c$的量增分$d\overline{W}_c$如下式定義，

$$d\overline{W}_c = u(P, A)dP \tag{b}$$

沿著負荷路徑到最終狀態的積分，

$$\overline{W}_c = \overline{W}_c(P, A) = \int_0^P u(P, A)\, dP \tag{6.80}$$

稱為互補能（complementary energy）。

(a), (b)兩式相加，

$$d\overline{W} + d\overline{W}_c = Pdu + udP = d(uP)$$

若積分可得下式。

$$\overline{W} + \overline{W}_c = uP \tag{6.81}$$

即是，圖4.2(a)的橫u，縱P的長方形面積是uP，從此曲線的下側之陰影部份的面積是應變能$\overline{W}$，殘留的上側面積是互補能$\overline{W}_c$，有互相的補助（complementary）關係。

互補能的引數P以及A，即是，消去位移，式（6.80）以P作偏微分，可得下式

$$u = \frac{\partial \overline{W}_c(P, A)}{\partial P} \tag{6.82}$$

應變能的引數u以及A，式（6.79）以u作偏微分可得下式。

$$P = \frac{\partial \overline{W}(u, A)}{\partial u} \tag{6.83}$$

前節以類似的式子表示，線性的變形，P與u的關係是直線，

$$\overline{W}_c = \overline{W} \quad （線性變形） \tag{6.84}$$

$\overline{W}_c$ 與 $\overline{W}$ 不作區別，全部使用 $\overline{W}$。

多數荷重的互補能　荷重即使是多數的場合，上述的議論也可擴張。負荷狀態的微小變化的應變能之變化，若考慮外力功相等，

$$d\overline{W} = P_1 du_1 + P_2 du_2 + \cdots + P_n du_n$$

應變能，沿著負荷路徑積分所述。與此相補的關係是互補能的增分，如下式定義。

$$d\overline{W}_c = u_1 dP_1 + u_2 dP_2 + \cdots + u_n dP_n \qquad (6.85)$$

互補能，沿著負荷路徑最終狀態積分。相補的關係式，取上述2式的和，若積分可得下式。

$$\overline{W} + \overline{W}_c = u_1 P_1 + u_2 P_2 + \cdots u_n P_n \qquad (6.86)$$

線性變形的情況，當然是 $\overline{W}_c = \overline{W}$。

Castigliano定理　互補能的引數 $P_1, P_2, \cdots, P_n$ 以及 A。即是，消去位移。因為是荷重的連續函數，荷重微小變化時的增分如下式。

$$d\overline{W}_c = \frac{\partial \overline{W}_c}{\partial P_1} dP_1 + \frac{\partial \overline{W}_c}{\partial P_2} dP_2 + \cdots + \frac{\partial \overline{W}_c}{\partial P_n} dP_n$$

此式與式（6.85）的差可得下式。

$$\left\{ u_1 - \frac{\partial \overline{W}_c}{\partial P_1} \right\} dP_1 + \left\{ u_2 - \frac{\partial \overline{W}_c}{\partial P_2} \right\} dP_2 + \cdots + \left\{ u_n - \frac{\partial \overline{W}_c}{\partial P_n} \right\} dP_n = 0$$

在此考慮是彈性體，$P_1, P_2, \cdots, P_n$ 的全部是獨立變化可被支持。即是，$P_1, P_2, \cdots, P_n$ 假定是獨立。此情況，上式對於任意荷重變化的組合，必須成立，全部括弧內的值是恆等的0，即是，下式可成立。

$$u_i = \partial \overline{W}_c(P, A)/\partial P_i \quad (i = 1, 2, \cdots, n) \qquad (6.87)$$

荷重與位移即使不成比例也會成立Castigliano定理。

(1) 即使全部荷重不獨立的情況，特定的 P_i 與其他獨立，所對應的 u_i

是以上式表示，從證明的經過可明瞭。而且，(2)其他的荷重即使有分布力，P_i若是集中力，根據疊合原理上式可成立。(3)假想力P_i作用時，使用上式來求解u_i，採用$P_i \to 0$的極限，P_i不作用時的此點之位移來求解，與6.7節同樣。而且，(4)位移u_1, u_2, $\cdots$, u_n作為引數的應變能$\overline{W}(u, A)$，與上述類似的計算，取代u與P的功用，可得下式。

$$P_i = \partial \overline{W}(u, A)/\partial u_i \tag{6.88}$$

線性變形的情況，參照式（6.1），柔度根據式（6.87），

$$\lambda_{ij} = \partial u_i/\partial P_j = \partial^2 \overline{W}_c(P, A)/\partial P_j \partial P_i$$

根據微分順序，不變換此值，

$$\lambda_{ij} = \lambda_{ji}$$

Maxwell的相反定理（6.7），可立即被證明。

伴隨龜裂的成長變化 龜裂面積只增加微小量δA，圖4.2(c)的陰影部份之面積$J\delta A$，荷重一定的條件下，與互補能量的增加$\delta W_c(P, A)$相等。即是，非線性彈性變形的情況，J是荷重一定條件下的互補能之增加率。因此下式可成立。

$$J = \partial \overline{W}_c(P, A)/\partial A \tag{6.89}$$

式（6.87）以A作偏微分，若代入上式，

$$\partial u_i/\partial A = \partial^2 \overline{W}_c(P, A)/\partial A \partial P_i = \partial J(P, A)/\partial P_i$$

以A積分，位移如下式所示。

$$u_i(P,A) = u_i(P,0) + \int_0^A \frac{\partial^2 \overline{W}_c(P,A)}{\partial A \partial P_i} dA$$

$$= u_i(P,0) + \int_0^A \frac{\partial J(P,A)}{\partial P_i} dA \tag{6.90}$$

但是，$u_i(P, 0)$是無龜裂情況的同一荷重下之位移u_{i0}，積分項由於龜裂的

存在，位移的增分是Δu_i。

同樣地，若參照圖4.2(c)，

$$J = -\partial \overline{W}(u, A)/\partial A$$

根據式（6.88）可得下式。

$$P_i(u, A) = P_i(u, 0) + \int_0^A \frac{\partial^2 \overline{W}(u, A)}{\partial A \partial u_i} dA$$

$$= P_i(u, 0) - \int_0^A \frac{\partial J(u, A)}{\partial u_i} dA \tag{6.91}$$

以上所述，4.5節的最後部份，有關單一荷重所述非線性變形的採用，多數荷重的情況也可擴張。

例題 1　具有深圓周的圓棒，軸力P作用時，由於龜裂的存在，伸長的增分Δu。亦即是，附表3的No.32，與最小斷面的半徑b比較，外半徑R是非常大。

首先，考慮彈性體的情況。根據表，可得下式。

$$K_I = \frac{P}{2\sqrt{\pi}\,b^{3/2}} \ , \ \text{即是，} \ \mathcal{G} = \frac{1-\nu^2}{E} \frac{P^2}{4\pi b^3} \tag{a}$$

因此，此情況的彈性變形之增分Δu^e如下式。

$$\Delta u^e = \int_0^A \frac{\partial \mathcal{G}}{\partial P} dA = \int_b^\infty \frac{(1-\nu^2)P}{2E\pi b^3}(2\pi b\,db) = \frac{1-\nu^2}{E} \frac{P}{b} \tag{6.92}$$

附加$(1-\nu^2)$，因為是軸對稱問題，當然是平面應變狀態。

其次考慮Dugdale模型，討論彈塑性變形。半徑r是$a \le r \le b$的部份成為σ_0垂直結合力作用時，$\omega = b-a$的塑性域尺寸。最小半徑是圓周龜裂a，由於P的應力強度因子是式(a)的b代入a可得。

$$K_{IP} = P/2\sqrt{\pi}\,a^{3/2} \tag{b}$$

另外，此龜裂的兩面半徑r的圓周上是均一分布的線狀力，打開龜裂方向所對抗的作用，各面的線狀力總和分別是Q，由於此力的應力強度因子如下式。

$$K_{1Q} = \frac{Q}{(\pi a)^{3/2}} \left[\arccos \frac{a}{r} + \frac{a}{\sqrt{r^2 - a^2}} \right] \quad (r > a) \tag{c}$$

使用這些時，在圓環狀的面上，由於均一分布結合力σ_0的應力強度因子，Q以$(-\sigma_0)2\pi r dr$來置換，有關r從a到b來積分可得下式。

$$K_{I\sigma 0} = -\frac{2\sigma_0}{a\sqrt{\pi a}} \int_a^b \left(\arccos \frac{a}{r} + \frac{a}{\sqrt{r^2 - a^2}} \right) r \, dr$$

$$= -\frac{\sigma_0}{a\sqrt{\pi a}} \left(b^2 \arccos \frac{a}{b} + a\sqrt{b^2 - a^2} \right) \tag{d}$$

塑性域的內半徑a所決定的條件式，與式（5.18）相同，

$$K_{1P} + K_{I\sigma 0} = 0$$

(b), (d)兩式代入可得下式

$$\arccos \frac{a}{b} + \frac{a}{b} \sqrt{1 - \frac{a^2}{b^2}} = \frac{P}{2\sigma_0 b^2} \tag{e}$$

因此a或ω可被求得。

另外，由於前述的Q對Δu的影響部分，P作為假想力根據式（6.51）可得下式。

$$\Delta u_1 = \frac{2(1 - \nu^2)}{E} \int K_{IQ} \frac{K_{1P}}{P} dA$$

$$= \frac{(1 - \nu^2) Q}{\pi^2 E} \int_r^a \frac{1}{a^3} \left(\arccos \frac{a}{r} + \frac{a}{\sqrt{r^2 - a^2}} \right) (-2\pi a da)$$

$$= \frac{2(1 - \nu^2) Q}{\pi E a} \arccos \frac{a}{r}$$

因此，σ_0對於Δu的影響部分，重合此結果可得下式。

$$\Delta u_2 = \frac{2(1-\nu^2)}{\pi Ea} \int_a^b (-\sigma_0) \arccos \frac{a}{r} (2\pi r) \, dr$$

$$= -\frac{2(1-\nu^2)\sigma_0}{Ea} \left(b^2 \arccos \frac{a}{b} - a\sqrt{b^2 - a^2} \right)$$

另外，對於 P 自身的 Δu 的影響部分，式（6.92）的 b 代換 a，與上式的和可求出 Δu，可得以下結果。

$$\Delta u = \frac{(1-\nu^2)P}{Ea} + \Delta u_2$$

$$= \frac{(1-\nu^2)P}{Ea} \left[1 - \frac{2\sigma_0 b^2}{P} \left(\arccos \frac{a}{b} - \frac{a}{b}\sqrt{1 - a^2/b^2} \right) \right]$$

或是，使用式(e)來替換，

$$\Delta u = \Delta u^e \frac{2\sqrt{1 - a^2/b^2}}{\arccos \frac{a}{b} + \frac{a}{b}\sqrt{1 - a^2/b^2}} \tag{6.93}$$

式(e)，根據式（6.93），P 與 Δu 的關係可得。而且，小規模降伏的情況，$\omega/b = (b-a)/b \ll 1$，省略高次項，根據式(e)的塑性域尺寸，近似可得下式。

$$\omega = \frac{P^2}{32\sigma_0^2 b^3} = \frac{\pi}{8} \left(\frac{K_\mathrm{I}}{\sigma_0} \right)^2 \tag{6.94}$$

σ_0 採用實效的降伏點 σ_{ys}，二次元的例與式（5.22）一致。

例題 2　以實驗來求 J 積分值，僅長度不同的兩個具龜裂之試驗片，求解 P 與 Δu 的關係，如前述，從此兩個曲線之間的面積來計算是普通。但是，上述的例題，試驗片的形狀‧尺寸參數是其一，亦即是，只有 b。像這的問題從一根試驗片的荷重－位移曲線來求 J 值[13]。以上的例題，不限定小規模降伏，最小斷面的標稱應力 $P/\pi b^2$ 相等，根據彈塑性變形的相似則，Δu 和 u 成比例是很清楚。

因此，根據$P/\pi b^2$的未知函數，應該以下式的形式表示。

$$\Delta u = bf(P/b^2) \qquad (6.95)$$

式（4.68），即是代入下式，

$$J = \int_0^P \frac{\partial u(P,A)}{\partial A}dP = \int_0^P \frac{\partial \Delta u(P,A)}{\partial A}dP \qquad (6.96)$$

考慮$dA = -2\pi bdb$可得下式。

$$J = \frac{1}{2\pi b}\int_0^P \left(-\frac{\partial \Delta u}{\partial b}\right)dP = \frac{1}{2\pi b^2}\int_0^P \left[\frac{2P}{b}f'\left(\frac{P}{b^2}\right) - bf\left(\frac{P}{b^2}\right)\right]dP$$

其中，$f'(P/b^2)$是$f(P/b^2)$以引數P/b^2來微分的函數。此b一定作積分，根據式（6.95）可得下式，

$$d(\Delta u) = \frac{1}{b}f'\left(\frac{P}{b^2}\right)dP$$

上式是

$$J = \frac{1}{2\pi b^2}\left[2\int_0^{\Delta u}Pd(\Delta u) - \int_0^P \Delta u \cdot dP\right]$$

或是，在此表現兩個積分的和是等於$\Delta u \cdot F$，有相補的關係。

$$J = \frac{1}{2\pi b^2}\left[3\int_0^{\Delta u}P \cdot d(\Delta u) - \Delta u \cdot P\right] \qquad (6.97)$$

即是，P和Δu的曲線關係若以實驗求解，可得J。

問題 1 6.7節的例題3，有關深單側龜裂的彎曲，與上述的例題2作同樣的討論。

解答 回轉角$\Delta\theta$與每單位厚度的彎曲力矩M之間有以下的關係。

$$\Delta\theta = (M/b^2)$$

因此，如下式[9]。

$$J = \int_0^M \left(-\frac{\partial \Delta \theta}{\partial b} \right) dM = \frac{2}{b} \int_0^{\Delta \theta} M d(\Delta \theta) \qquad (6.98)$$

問題 2　小規模降伏狀態的彈塑性變形，龜裂長度，從實際尺寸的塑性域修正尺寸r_P（5.2節參照），根據長龜裂的彈性變形，近似的方法被提案出[14]。例如，例題2試材的彈塑性變形如下式，

$$r_P = \frac{1}{2\pi} \left(\frac{K_I}{\sigma_0} \right)^2 = \frac{P^2}{8\pi^2 \sigma_0^2 b^3} \qquad (6.99)$$

式（6.92）的b以$b - r_P$來置換，可得下式。

$$\Delta u \fallingdotseq \frac{1 - \nu^2}{E} \frac{P}{b - r_P} = \frac{1 - \nu^2}{E} \frac{P}{b} \frac{1}{1 - (1/8\pi^2 \sigma_0^2)(P/b^2)^2} \qquad (6.100)$$

根據例題1計算的Δu與此近似法結果試作比較。

解答　$\Delta u \fallingdotseq \dfrac{1 - \nu^2}{E} \dfrac{P}{b - \omega/3} = \dfrac{1 - \nu^2}{E} \dfrac{P}{b} \dfrac{1}{1 - (1/12\pi^2 \sigma_0^2)(P/b^2)^2} \qquad (6.100')$

此結論，亦即是，與變形相關的龜裂長度之修正，不是r_P，而是$(2/3)r_P = \omega/3$，使用式（6.90）可得一般的證明。

6.12　具微細龜裂狀缺陷的材料變形[15]

材料中含有多數龜裂狀的微細分布缺陷之情況。例如，鼠鑄鐵中的片狀石墨，多結晶金屬中的差排的堆積與滑動帶，片狀的空洞，高分子材料中的微龜裂等等。由於這些缺陷的存在，此部分的剛性會減少，外觀的彈性係數會減少。細微缺陷不均一分布的材料變形行為，彈性係數

是不均一分布的連續體，來解巨觀的應力分布，其次，此應力場中缺陷之中的卓越缺陷，與此最近接微細缺陷的相互作用以破壞力學使用，因此，討論此材料強度的可能性。考慮微細缺陷均一分布的尺寸領域，應用平均的應力和應變之間的關係。

二次元龜裂 承受應力σ_x、σ_y、τ_{xy}的二次元板，每單位面積有ρ_2個龜裂狀缺陷貫通，此長度是$2a$，此面是與x軸成θ角度。作用在龜裂狀缺陷與平行面上的垂直應力p以及剪應力q，根據材料力學的公式可得下式。

$$\left.\begin{array}{l} p = \sigma_x \sin^2\theta + \sigma_y \cos^2\theta - \tau_{xy}\sin 2\theta \\ q = -\sigma_x \sin\theta\cos\theta + \sigma_y \sin\theta\cos\theta + \tau_{xy}\cos 2\theta \end{array}\right\} \tag{6.101}$$

龜裂狀缺陷們無相互干涉程度，缺陷的間隔比a還要大，與承受均一應力無限板中的龜裂相同，應力強度因子如下式。

$$K_{\mathrm{I}} = p\sqrt{\pi a}, \ K_{\mathrm{II}} = q\sqrt{\pi a}$$

若考慮單位體積的立方體，前節所採用的荷重與位移，分別是應力σ_{ij}（σ_x、σ_y以及τ_{xy}）應變ε_{ij}（ε_x、ε_y以及γ_{xy}）對應，互補能量$\overline{W}_c$，每單位體積的$\overline{W}_c$，即是，與互補能量密度W_c對應。由於缺陷的存在W_c的變化增分如下，

$$\Delta W_c = \rho_2 \int_0^a \mathcal{G}\, d(2a) = \frac{\pi a^2 \rho_2}{E'}\{f_{\mathrm{I}}(p)p^2 + q^2\} \tag{6.102}$$

由於缺陷的存在應變的增分，根據式（6.90）可得下式。

$$\Delta\varepsilon_{ij} = \frac{\partial \Delta W_c}{\partial \sigma_{ij}} = \frac{2\pi a^2 \rho_2}{E'}\left\{f_{\mathrm{I}}(p)\, p\, \frac{\partial p}{\partial \sigma_{ij}} + q\, \frac{\partial q}{\partial \sigma_{ij}}\right\} \tag{6.103}$$

其中，$f_{\mathrm{I}}(p)$，根據模式I的應力的特異性之有無，採用1或是0的值。例如，龜裂和片狀石墨等的情況，$p \geqq 0$且$f_{\mathrm{I}}(p) = 1$，$p < 0$且$f_{\mathrm{I}}(p) = 0$。若是差排的堆積群，與p的正負無關$f_{\mathrm{I}}(p) = 0$，而且，在片狀的空洞對於$p < 0$

不封閉，與p的正負無關$f_1(p) = 1$。

無缺陷的情況，互補能量密度使用應力成份如下式，

$$W_{c0} = \frac{1}{2E}\{(\sigma_x + \sigma_y + \sigma_z)^2 + 2(1 + \nu)(\tau_{yz}{}^2 + \tau_{zx}{}^2 + \tau_{xy}{}^2 - \sigma_y\sigma_z - \sigma_z\sigma_x - \sigma_x\sigma_y)\}$$

（6.104）

無缺陷情況的應變ε_{ij0}，從前節的討論可得下式。

$$\varepsilon_{ij0} = \partial W_{c0}/\partial\sigma_{ij}$$

（6.105）

針對式（6.103），例如，σ_{ij}若採用σ_y，與此對應的應變$\varepsilon_{ij} = \varepsilon_y$的增分，使用式（6.101）可得下式。

$$\Delta\varepsilon_y = \frac{2\pi a^2\rho_2}{E'}\{f_1(p)(\sigma_x\sin^2\theta + \sigma_y\cos^2\theta - \tau_{xy}\sin2\theta)\cos^2\theta + (-\sigma_x\sin\theta\cos\theta$$
$$+ \sigma_y\sin\theta\cos\theta + \tau_{xy}\cos2\theta)\sin\theta\cos\theta\}$$

（6.106）

更進一步再次以偏微分，

$$\Delta\lambda\sigma_{ij}\sigma_{kl} = \partial^2\Delta W_c/\partial\sigma_{ij}\partial\sigma_{kl}$$

（6.107）

柔度（即是彈性係數的倒數）的增分可得。例如，

$$\Delta\lambda\sigma_y\sigma_y \equiv \frac{\Delta\varepsilon_y}{\sigma_y}, \ \Delta\lambda\sigma_y\sigma_x \equiv \frac{\Delta\varepsilon_y}{\sigma_x} = \frac{\Delta\varepsilon_x}{\sigma_y}, \ \Delta\lambda\tau_{xy}\tau_{xy} = \frac{\Delta\gamma_{xy}}{\tau_{xy}}, \cdots$$

（6.108）

分別與$\Delta(1/E), \Delta(-\nu/E), \Delta(1/G)$相當。如上述可求解下式。

$$\frac{1}{(2\pi a^2\rho_2/E')}\begin{Bmatrix}\Delta(1/E)\\\Delta(-\nu/E)\\\Delta(1/G)\end{Bmatrix} = f_1(p)\begin{Bmatrix}\cos^4\theta\\\sin^2\theta\cos^2\theta\\\sin^2 2\theta\end{Bmatrix} + \begin{Bmatrix}\sin^2\theta\cos^2\theta\\-\sin^2\theta\cos^2\theta\\\cos^2 2\theta\end{Bmatrix}$$

（6.109）

特別是$f_1(p) = 1$的情況，$\Delta(-\nu/E) = 0$，即是，應力的作用方向與直角方向的橫應變，根據缺陷的存在不會變化，而且，$\Delta(1/G) = 2\pi a^2\rho_2/E'$，外觀的剪斷彈性係數的減少是與缺陷的方向無關。

缺陷方位θ與尺寸a實際上的分布是普通。θ與a的分布是獨立的情況，取代a^2使用a的$\overline{a^2}$階平均，而且，使用的機率密度函數$g(\theta)$，根據下式實效的柔度增分$\overline{\Delta\lambda}\sigma_{ij}\sigma_{kl}$。

$$\overline{\Delta\lambda}\sigma_{ij}\sigma_{kl} = \int_{-\pi/2}^{\pi/2} g(\theta) \cdot \Delta\lambda\,\sigma_{ij}\sigma_{kl}d\theta \qquad (6.110)$$

特別是，θ分布若是隨機，可得下式的均一分布。

$$g(\theta) = 1/\pi \quad (-\pi/2 \leqq \theta \leqq \pi/2) \qquad (6.111)$$

$p < 0$時$f_1(p) = 0$的龜裂情況，而且，θ分布是均一。根據$\sigma_x, \sigma_y, \tau_{xy}$求解的主應力$\sigma_1, \sigma_2$，無論是正或負值，可得下式。

$$f_1(p) = \begin{cases} 1 & (\sigma_1, \sigma_2 \geqq 0) \\ 0 & (\sigma_1, \sigma_2 \leqq 0) \end{cases} \qquad (6.112)$$

此式以及式（6.111），（6.109）兩式代入式（6.110），實效的柔度變化，根據應力狀態，可得如下式範圍的數值。

$$\begin{bmatrix} f_1(p) = 1 \\ (\sigma_1, \sigma_2 \geqq 0) \end{bmatrix} \begin{bmatrix} f_1(p) = 0 \\ (\sigma_1, \sigma_2 \leqq 0) \end{bmatrix}$$

$$\begin{cases} \Delta(1/E) \\ \Delta(-\nu/E) \\ \Delta(1/G) \end{cases} = \frac{2\pi\overline{a^2}\rho_2}{E'} \begin{cases} 1/2 & \sim & 1/8 \\ 0 & \sim & -1/8 \\ 1 & \sim & 1/2 \end{cases} \qquad (6.113)$$

例如，單軸拉伸的$\Delta(1/E) = \pi\overline{a^2}\rho_2/E'$，單軸壓縮的$\Delta(1/E) = \pi\overline{a^2}\rho_2/4E'$。

　　主應力的一方是正，另一方是負，式（6.110）的積分由於θ範圍$f_1(p)$數值會變化，柔度如上式所示，取兩極端的中間值。考慮$\tau_{xy} = 0$, $\sigma_y > 0 > \sigma_x$，根據材料力學的公式，

$$|\theta| \leqq \frac{1}{2}\arccos\left(\frac{\sigma_y + \sigma_x}{\sigma_y - \sigma_x}\right) \equiv \theta_0$$

上式的範圍$p \geqq 0$，此範圍是$f_1(p) = 1$，其他是$f_1(p) = 0$，例如，與y方向相

關的拉伸柔度變化如下式，

$$\Delta\left(\frac{1}{E}\right)_{\sigma_y} \equiv \frac{\partial\,\Delta\varepsilon_y}{\partial\,\sigma_y} = \frac{2\pi\,\overline{a^2}\,\rho_2}{E'}\left\{\frac{1}{\pi}\int_{-\theta_0}^{\theta_0}\cos^4\theta\,d\theta + \frac{1}{\pi}\int_{-\pi/2}^{\pi/2}\sin^2\theta\cos^2\theta\,d\theta\right\}$$

$$= \frac{2\pi\,\overline{a^2}\,\rho_2}{E'}\left[\frac{1}{4\pi}\left\{3\theta_0 + 2\sin 2\theta_0\left(1 + \frac{\cos 2\theta_0}{4}\right)\right\} + \frac{1}{8}\right] \quad (6.114)$$

根據應力狀態外觀的彈性係數會有不同。

具龜裂狀缺陷彈性體的外觀縱彈性係數，蒲松比，剪斷彈性係數，分別是E^*，ν^*，G^*

$$\frac{\varepsilon_y}{\sigma_y} = \frac{1}{E^*} = \frac{1}{E} + \Delta\left(\frac{1}{E}\right),\ \frac{\varepsilon_y}{\sigma_x} = -\frac{\nu^*}{E^*} = -\frac{\nu}{E} - \Delta\left(\frac{\nu}{E}\right),$$

$$\frac{\gamma_{xy}}{\tau_{xy}} = \frac{1}{G^*} = \frac{1}{G} + \Delta\left(\frac{1}{G}\right)$$

$$\left.\begin{array}{l} E^* = E\dfrac{1}{1 + E\Delta(1/E)} \qquad G^* = G\dfrac{1}{1 + G\Delta(1/G)} \\[2mm] \nu^* = \nu\left\{1 + \dfrac{E}{\nu}\Delta\left(\dfrac{\nu}{E}\right)\right\}\dfrac{E^*}{E} = \nu\left\{1 + \dfrac{E}{\nu}\Delta\left(\dfrac{\nu}{E}\right)\right\} \Big/ \left\{1 + E\Delta\left(\dfrac{1}{E}\right)\right\} \end{array}\right\}$$

$$(6.115)$$

這些的量可被求解。

以上的採用，龜裂狀缺陷相互距離很遙遠，無相互干涉。有相互干涉的情況，所對應的應力強度因子若已知，同樣地，柔度的增分可被計算，例如，式（6.113）乘以相互干涉的修正係數。但是，不僅是此修正，缺陷的間隔若是a，不超過20%程度。

橢圓板狀缺陷　上述採用擴張的三次元物體。附表3的No.30所示橢圓板狀缺陷，每單位體積有ρ_3個，無相互干涉。如表中的圖所示，有關橢圓板主軸選定座標系$x'y'z'$。應力強度因子也在表中記載，由於垂直應力σ能量解放率的影響，K_I與之前使用相同的$f_\mathrm{I}(\sigma)$。

$$K_\mathrm{I} = f_\mathrm{I}\,(\sigma)\frac{\sigma\sqrt{\pi a}}{E(k)}\{1 - k^2\cos^2\varphi\}^{1/4}$$

互補能量密度的增分，平面應變狀態如下式，

$$\Delta W_c = \rho_3 \int_0^A \mathcal{G} dA = \rho_3 \frac{1-\nu^2}{E} \int_0^A \left(K_{\mathrm{I}}^2 + K_{\mathrm{II}}^2 + \frac{1}{1-\nu} K_{\mathrm{III}}^2 \right) dA$$

長軸$2c$，短軸$2a$，使用離心角φ，$dA = ad\varphi dc$，上述的積分可容易計算。

$$\Delta W_c = \frac{\Delta\lambda_{\sigma\sigma}}{2}\sigma^2 + \frac{\Delta\lambda_{\tau\tau}}{2}\tau^2 + \frac{\Delta\lambda\tau_l\tau_l}{2}\tau_l^2 \tag{6.116}$$

其中，

$$\begin{Bmatrix} \Delta\lambda_{\sigma\sigma} \\ \Delta\lambda_{\tau\tau} \\ \Delta\lambda\tau_l\tau_l \end{Bmatrix} = \frac{8\pi(1-\nu^2)\rho_3 c a^2}{3E} \begin{Bmatrix} f_1(\sigma)E(k) \\ k^2/C \\ k^2/B \end{Bmatrix} \tag{6.117}$$

$E(k)$是以k為母數的第2種的完全橢圓積分，k、C、B等記號如表中所示。$\Delta\lambda_{\sigma\sigma}$、$\Delta\lambda_{\tau\tau}$、$\Delta\lambda\tau_l\tau_i$分別對於應力成分$\sigma$、$\tau$、$\tau_l$的自己柔度增分，其他三個應力成分，與$\Delta W_c$無影響。

對於座標系xyz，缺陷的主應力座標系$x'y'z'$是一般的傾向。此時，使用廣為人知的應力成分之變換公式，有關σ、τ、τ_l的xyz座標系，根據應力成分σ_{ij}可以寫成，微分式（6.116）的ΔW_c，有關xyz座標系的應力成分以及柔度的增加可求解。

$$\Delta\varepsilon_{ij} = \frac{\partial\Delta W_c}{\partial\sigma_{ij}} = \Delta\lambda_{\sigma\sigma}\frac{\partial\sigma}{\partial\sigma_{ij}}\sigma + \Delta\lambda_{\tau\tau}\frac{\partial\tau}{\partial\sigma_{ij}}\tau + \Delta\tau_l\tau_l\frac{\partial\tau_l}{\partial\sigma_{ij}}\tau_l$$

$$\Delta\lambda\sigma_{ij}\sigma_{kl} = \frac{\partial^2\Delta W_c}{\partial\sigma_{ij}\partial\sigma_{kl}} = \Delta\lambda_{\sigma\sigma}\frac{\partial\sigma}{\partial\sigma_{ij}}\frac{\partial\sigma}{\partial\sigma_{kl}} + \Delta\lambda_{\tau\tau}\frac{\partial\tau}{\partial\sigma_{ij}}\frac{\partial\tau}{\partial\sigma_{kl}} + \Delta\lambda\tau_l\tau_l\frac{\partial\tau_l}{\partial\sigma_{ij}}\frac{\partial\tau_l}{\partial\sigma_{kl}}$$

龜裂狀缺陷的形狀‧尺寸與方位，一般是根據其機率分布來作分布。例如，承受壓延與引線加工的材料中之缺陷，具有強烈的選擇方位組織。此情況，如前述，乘以密度函數來作積分即可，在此，方位在空間的全方向是均一分布，以$\nu = 1/3$計算結果表示如下式，

$$\left[\begin{matrix} f_1(\sigma)=1 \\ (\sigma_1,\sigma_2,\sigma_3 \geqq 0) \end{matrix}\right] \text{〔單純剪斷〕} \left[\begin{matrix} f_1(\sigma)=0 \\ (\sigma_1,\sigma_2,\sigma_3 \leqq 0) \end{matrix}\right]$$

$$\left\{\begin{matrix} \dfrac{E}{E^*}-1 \\[4pt] \dfrac{\nu^*/E^*}{\nu/E}-1 \\[4pt] \dfrac{G}{G^*}-1 \end{matrix}\right\} = \left\{\begin{matrix} E\cdot\Delta(1/E) \\ (E/\nu)\Delta(\nu/E) \\ G\Delta(1/G) \end{matrix}\right\} = \alpha \left\{\begin{matrix} 1 & \sim & 4/9 \\ 1/9 & \sim & 2/3 \\ 7/9 \sim & 23/36 \sim & 1/2 \end{matrix}\right\} \quad (6.118)$$

其中$\alpha = 1.71\rho_3\{\pi ca^2/2E(k)\}$，特別是圓板($a/c = 1$)時的$\alpha = 1.71\rho_3 a^3$。

　　主應力σ_1、σ_2、σ_3的符號不同時，根據缺陷的方位角垂應力σ的符號會變化，有關龜裂$f_1(\sigma)$的值會成為1或是0。因此，柔度變化如式（6.118）所示，取兩極端的中間值。此例對於二軸應力下的彈性變形所示。圖6.16(a)，圖中所示二軸應力下的3% *C*鼠鑄鐵的應力—應變曲線[10]，Coffin針對此行為，根據片狀石墨附近的殘留應力之存在等來作說明。對於單軸拉伸的外觀之彈性係數，根據此圖$E_A^* = 12000\text{kgf/mm}^2$，$\alpha$鐵的素地之彈性係數是$E = 21000\text{kgf/mm}^2$，根據式（6.118），$E/E_A^*-1 = \alpha = 3/4$。若使用這些，例如，單軸壓縮（$f_1(\sigma) = 0$）外觀的彈性係數$E_B^*$，根據式（6.118）可得下式。

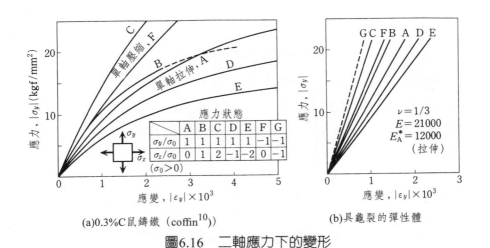

(a)0.3%C鼠鑄鐵（coffin[10]）　　(b)具龜裂的彈性體

圖6.16　二軸應力下的變形

$$E/E_B^* - 1 = \alpha(4/9) = 1/3 \quad \therefore E_B^* = (4/3)E$$

σ_x與σ_y符號不同，由於缺陷的方位，$f_i(\sigma)$值的差異必須考慮，實施全方位的機率積分。這些結果如圖6.16(b)所示，有關彈性變形部份，與鑄鐵的傾向是一致。鼠鑄鐵中的片狀石墨是極複雜的立體構造，拉伸應力作用的部份，分別作為獨立板狀龜裂，若考慮變形即可。有關彈塑性變形如下述。

　　根據Dugdale模型的彈塑性變形之解析　　如圖5.7(a)所示二次元龜裂是每單位面積ρ_2個。個別的龜裂前端之J積分值，根據式（5.21）與（5.29）如下式所示。

$$J = \frac{8\sigma_{ys}^2 a}{\pi E'}\log\left[\sec\left(\frac{\pi}{2}\frac{\sigma}{\sigma_{ys}}\right)\right] \tag{6.119}$$

由於龜裂的存在，應變的增分$\Delta\varepsilon$，式（4.70）或是（6.90）若適用於單位面積的物體，可得下式。

$$\Delta\varepsilon = \int_0^A \frac{\partial J(\sigma, A)}{\partial\sigma}dA \tag{6.120}$$

前端若考慮個，$\rho_2 \times 2$，式（6.119）代入可得下式，

$$\Delta\varepsilon = \frac{2\pi\rho_2 a^2 \sigma}{E'}\left\{\tan\left(\frac{\pi}{2}\frac{\sigma}{\sigma_{ys}}\right)\bigg/\left(\frac{\pi}{2}\frac{\sigma}{\sigma_{ys}}\right)\right\} \tag{6.121}$$

其中，$2\pi\rho_2 a^2\sigma/E'$是假定彈性情況的$\Delta\varepsilon$的數值。

　　5.4節的問題1所示半徑a的圓板狀龜裂，垂直承受應力σ時，開口位移ϕ是已知的式（5.27），即使像這樣的三次元問題，仍舊是$J = \sigma_{ys}$ ϕ代入式（6.120），可求解。像這樣龜裂每單位體積有ρ_3個，$dA = \rho_3 \cdot 2\pi a da$。

$$\Delta\varepsilon = 2\pi\rho_3 \int_0^a \frac{\partial J}{\partial\sigma}a da = \frac{16(1-\nu^2)\rho_3 a^3 \sigma}{3E}\frac{1}{\sqrt{1-(\sigma/\sigma_{ys})^2}} \tag{6.122}$$

其中，$16(1-\nu^2)\rho_3 a^3\sigma/3$是彈性變形的$\Delta\varepsilon$，殘留的是變形的修正因子。

CHAPTER 7

線彈性破壞力學的工學應用

7.1   線彈性破壞力學的適用範圍

微觀破壞機構的適用   以彈性學為基礎的線彈性破壞力學之適用範圍，結晶中晶格缺陷的差排力學行為幾乎以此為下限，上限是至大型構造物的破壞為止，其範圍極廣泛。

例如，具有差排的能量，被作用範圍極短的原子間力之性質所支配，差排芯的能量，以及橫跨其附近的廣範圍，具彈性應力場的應變能之和，前者，即使對於其他缺陷的相互作用，每單位長的數值幾乎保持一定值。離差排有數原子間隔以上的領域，形成彈性變形因為不超過，與其他缺陷的相互作用之中，熵（entropy）的影響可忽略現象較多，此彈性變形所介在的應力場來實行。若是，給予差排的配列，其他缺陷的作用應力場也被給予，在結晶中形成現象的力學境界條件，根據彈性論的疊合原理來決定。差排論是以彈性論為主要基盤所成立的，根據此理由。像塑性變形與潛變變形那樣的非線性巨觀變形所表現的，差排與原子空孔等的缺陷增殖與移動，採用這些缺陷的領域，仍舊是彈性變形。此彈性應力場中的多數缺陷，因為同時採用較困難，塑性論與粘彈性論等的連續體力學，可解釋使用近似理論也不超過。差排的增殖與空孔的行為等，已知的力學境界條件為基本的物理·化學現象，其他也可被討論。

具有中心處差排的增殖源，長$2a$的刃狀差排或是螺旋差排的堆積群，相同尺寸的內面自由模式 II 或是模式 III 的龜裂幾乎是同等的。亦即是，只與外力τ平衡的自由差排被增殖，保持與外力平衡時，根據差排群所作出的剪斷應力與外力τ之和，差排存在的滑動線上全部的點不全是$0^{1)}$，簡直就是對於龜裂內面與境界條件完全是相同。實際上，對於差排的移動因為有摩擦力τ_i，只扣除此部分，例如，對於無限板中的二次元堆積群，堆積端附近的應力場如下式，

$$K_{\mathrm{I}} = 0 \; , \; K_{\mathrm{II}} = (\tau - \tau_{\mathrm{i}})\sqrt{\pi a} \; , \; 或是 \; , \; K_{\mathrm{III}} = (\tau - \tau_{\mathrm{i}})\sqrt{\pi a} \qquad (7.1)$$

與龜裂是想同的。模式 I 所對應的應力成分即使相加，差排列可支持此方向的荷重，在此方向不會形成位移。因此，模式 I 的應力集中不會形成，$K_{\mathrm{I}} = 0$ 的形成點，與龜裂不同之處。上述那樣純粹的堆積群，與破壞相關的證據沒有，根據滑動帶與雙晶變形的差排集積效果，與上述的式子是同形式。而且，差排列的兩端由於不動差排等被遮蔽，以差排源的增殖作用為限界，此問題在卷末的追加補充敘述「位移的不一致」從開始具有龜裂，或是，3.4節所敘述殘留應力的情況與龜裂是等價的，應力強度因子是 $\tau_{\mathrm{i}}\sqrt{\pi a}$，只要變更 τ_{i} 的意義就行。因此，K_{II} 或是 K_{III} 的力學環境參數具有一定值 K_{c} 時所形成的現象，此時外力 τ 的限界值 τ_{c} 可成立下式的關係。

$$\tau_{\mathrm{c}} = \tau_{\mathrm{i}} + K_{\mathrm{c}}/\sqrt{\pi a} \qquad (7.2)$$

特性長度 a 若與結晶粒直徑成比例，脆性破壞強度與下降伏點的實驗結果，表現結晶粒直徑依存性的 Petch 的式子[2]，是相同的形式。集積的特性長度 a 與其他缺陷等的相互作用之效果 K_{c}，根據破壞機構而異，尚未十分明瞭，與上式相同形式所表現的強度被觀察的範例很多。

　　作為比差排群還要大的尺度，實際的龜裂狀缺陷，其他的差排群、結晶粒、介在物等的缺陷，或是，與其他金屬組織學的微細組織之相互作用，根據線彈性破壞力學其他的手法也可來解析。此方面的研究，電子顯微鏡，特別是，掃描型電子顯微鏡的發達，有很大的進步。

　　在此章，像上述那樣對於微觀破壞機構，線彈性破壞力學應用的接觸尚不足，與實際構造物破壞相關的巨觀龜裂，從工學到工業的應用來作簡單的解說。此適用範圍，限定在小規模降伏。詳細的解說，在本講座的個別卷中有說明。

　　假想龜裂存在的採用　構造物若不含有龜裂狀的巨觀缺陷，即是，使用拉伸試驗與疲勞試驗，與平滑材同程度的均一材料，根據以前材料

力學的手法來計算應力與應變，從材料試驗來求得降伏點、拉伸強度、疲勞限度等作比較，可作非常安全的設計。但是，如第1章所述，製造時全部有龜裂存在的可能性，使用期間中由於疲勞與腐蝕的龜裂也會發生。此龜裂，更進一步如圖7.1所示，經過龜裂成長（或是進展）的過程，到最終破斷為止。材料的強度由於龜裂存在的敏感，根據上述的材料力學計算，比推定強度還要低應力下會形成破壞。因此，因應狀況，材料力學與破壞力學的採用兩者並用是有必要的。

如圖7.1所示的過程，對於使用期間的表示，是圖7.2。由於龜裂的存在與成長，以標稱應力表示的強度σ_c會減少，使用應力σ為下限時會形成破壞。有關構造物的設計與保守，工學的領域，例如，如下對於問題的解答是有必要的[3]。

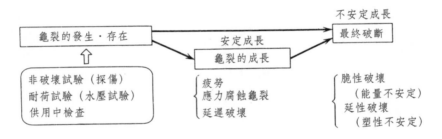

圖7.1　線彈性破壞力學的工學應用

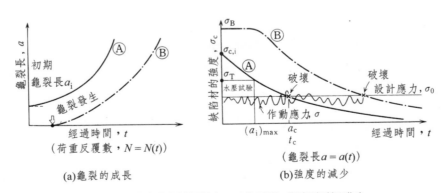

(a)龜裂的成長　　　　　　　(b)強度的減少

圖7.2　由於龜裂的存在・成長造成強度的減少

(1) 龜裂尺寸 a 與強度 σ_c 的關係如下式可求解。

$$\sigma_c = f_1(a) \tag{7.3}$$

相反的，預測荷重或是設計應力 σ_0，容許的龜裂尺寸有多少？即是形成破壞的限界龜裂尺寸 a_c 的關係如下式來求解。（其中，f_1^{-1} 是 f_1 的逆函數。）

$$a_c = f_2(\sigma_0) = f_1^{-1}(\sigma_0) \tag{7.4}$$

(2) 初期龜裂長 a_i 到 a 為止，根據疲勞與應力腐蝕等作用，成長的成長曲線如下式，

$$t = f_3(a; a_i, \sigma) \quad (t = 時間) \tag{7.5}$$

或是，限界尺寸 a_c 成長的時間有多少？

$$t_c = f_3(a_c; a_i, \sigma) \tag{7.5'}$$

(3) 已知使用期間 t，使用開始時的龜裂尺寸法 a_i 的容許值有多少？為了龜裂檢出的供用中檢查，考慮檢出能力的檢查間隔需要多少較適切？

破壞力學像這樣問題來解答，破壞因為是極複雜的物理現象，為了作答，無法期待將來發展的期待之處還很多。線彈性破壞力學，在小規模降伏的範圍，上述的問題之解答，逐漸有資料的蒐集。在本章，主要是以 f_1（或是 f_2）與 f_3 關連的事項來作概說。

7.2　脆性破壞的發生條件

通常，稱為脆性破壞的破壞，大致上可區分為2種。其一，像玻璃那樣無定形脆性材料的分離破斷，在結晶性材料的特定結晶面上有劈開等，幾乎不伴隨塑性變形，破面的電子顯微鏡照片也表現出此現象的特

有樣相。其二，龜裂的存在與低溫，高應變速度變形等的特定條件下，為了限定塑性變形在極狹窄領域，巨視試材的變形自體幾乎仍舊是彈性，直到破壞為止，破面的樣相根據剪斷分離具有延性破壞的特徵。但是，此情況也因應破壞的需要，能量從周圍的彈性體來供給，龜裂成長是在不安定的高速下進行。此兩者一般稱為脆性破壞，為了讓此兩者相同來採用破壞力學。對於鐵的低溫，劈開與玻璃的脆性破壞是前者的範例，第1章所述焊接船鋼板的低溫缺陷脆性是後者的範例。而且，某種超高張力鋼的破壞是位居兩者的中間。有關採用脆性破壞的發展如下述。

理想的劈開強度 金屬的原子間力與原子面間距離之關係並不十分明瞭，每單位表面積的表面能量γ，如下有極單純化的模型可作間接的推定[4]。原子結合力σ^*，從劈開面間格的平衡位置a_0到伸長δ的函數$\sigma^*(\delta)$，適當地假定時，此最大值σ_{th}是無缺陷存在的強度，亦即是，單位面積的結合面上無限遠分離的功，兩面即是單位面積×2的表面能量2γ來使用。即是如下式。

$$\int_0^\infty \sigma^*(\delta)d\delta = 2\gamma \tag{7.6}$$

如圖7.3的虛線，波長λ的正弦波一半來作近似，

$$\sigma^*(\delta) \fallingdotseq \sigma_{th} \sin(2\pi\delta/\lambda) \quad (0 \leqq \delta \leqq \lambda/2)$$

$$\therefore \gamma \fallingdotseq \int_0^{\lambda/2} \sigma^*(\delta)\,d\delta = \frac{\lambda\sigma_{th}}{\pi} \tag{7.7}$$

$\delta \ll a_0$的部份是彈性變形，$\sigma^*(\delta) \fallingdotseq (2\pi\sigma_{th}/\lambda)\delta$, $\varepsilon = \delta/a_0$，有關縱彈性係數E有下式的關係。

$$E = \sigma^*(\delta)/\varepsilon = 2\pi\sigma_{th}a_0/\lambda$$

上式與式（7.7）若消去λ，理想劈開強度如下式。

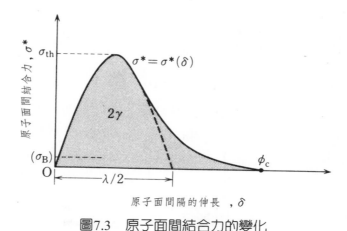

圖7.3　原子面間結合力的變化

$$\sigma_{th} \fallingdotseq \sqrt{E\gamma / a_0} \qquad (7.8)$$

γ是熔融狀態的表面張力，外插到固體狀態，昇華熱的概略值可知，若考慮結晶的異方性等，實測是相當困難。σ_{th}值根據不同的評價方法，2000kgf/mm^2～5000kgf/mm^{2}程度的值可被想像。或是，此冪級數是E/10程度。相對地，鐵的拉伸強度，鬚晶（鬚結晶）是1300kgf/mm^{2}的測定值，與上述值接近，通常金屬材料的測定值大約是100kgf/mm^2，有1～2冪級數的差。

Griffith的能量平衡之考量方法　為了理解上述的實測值與理論值的差距，有Griffith的完全彈性體的脆性破壞理論[5]。他原先考慮材料內部有微細缺陷，無限板中長2a的二次元龜裂，在遠方施加垂直的應力σ，此龜裂面只進展單位面積時的開放能量，為了作用龜裂的新破面，具有超越必要功2γ的破壞發生條件。即是，以現在破壞力學的語言來表現如下式。

$$\mathcal{G} = \sigma^2 \pi a / E', \quad \mathcal{G}_c = 2\gamma \qquad (7.9)$$

破壞的必要條件如下式，

$$\mathcal{G} \geqq \mathcal{G}_c \tag{7.10}$$

或是，此限界的應力是 σ_c，破壞的必要條件，能量平衡如下式。

$$\sigma \geqq \sigma_c = \sqrt{E' \mathcal{G}_c / \pi a} = \sqrt{2\gamma E' / \pi a} \tag{7.11}$$

Griffith根據這些，像玻璃那樣的脆性破壞，塑性變形幾乎不伴隨形成的脆性破壞來說明。線彈性破壞力學的「光輝的指導標」。

另外，滿足上述條件時，在龜裂的前端，應力達到理想強度？龜裂前端半徑 a_0，由於應力集中的最大應力，根據式（2.1）$\sigma_{max} \fallingdotseq 2\sigma_c\sqrt{a/a_0}$，若與式（7.8）的 σ_{th} 等置如下式所示。

$$\sigma_c = \frac{1}{2}\sqrt{E\gamma / a} \tag{7.12}$$

即是，式（7.11）的能量條件，最大應力超越理想強度可成長的條件也滿足，脆性破壞發生的必要且充分條件可知[6]。

一般的金屬，像Griffth那樣所假定的大尖銳龜裂並不存在。因此，作為劈開龜裂發生的原因，根據差排的堆積與雙晶的模型來作議論，像這樣微觀的機構，本書並無探討。而且，劈開，體心立方金屬與稠密六方金屬會根據條件而形成，面心立方金屬因為滑動變形容易形成，不生成劈開。

根據Orowan，Irwin的塑性功修正[6),7)]　由於鋼的低溫脆性，破面以 X 線繞射法來調查，薄塑性變形層會覆蓋破面[6]。由於龜裂的成長，形成塑性變形的意義，當破壞時，每單位表面積的塑性功 γ_p，剩餘能量有必要考慮。而且，破壞時必要的應力，比式（7.11）的值還要大，必要的龜裂長度也較大，因此Orowan，Irwin，$g_c = 2(\gamma + \gamma_p)$ 代入能量・平衡式。實際上，$\gamma_p \approx 10^3\gamma$，破壞的條件式如下。

$$\sigma > \sigma_c = \sqrt{\frac{2(\gamma + \gamma_p)E'}{\pi a}} \fallingdotseq \sqrt{\frac{2\gamma_p E'}{\pi a}} \tag{7.13}$$

增加非常小振幅的反覆荷重，由於疲勞，龜裂形成後，施加大荷重會形成脆性破壞，測定破壞韌性 G_c 是一般的手段，例如，高力鋁合金的破面，由於疲勞形成輝紋（striation）的條紋模樣部分，伴隨著塑性變形，由於分離破斷形成具有延性破壞的特徵—凹孔（dimple）凹凸模樣的部分，所謂的延伸區域（stretched zone）—無特徵的平滑部分被表現出。如圖7.4所示，龜裂的不安定成長會先形成，由於滑動變形，龜裂前端的鈍化（blunting）會在形成。龜裂前端的曲率半徑的增大與塑性變形，在此部份所形成的應力因為減少，在此領域下其他的缺陷與滑動帶等的相互作用並不考慮，切斷原子間結合力所需充分的應力並未形成。破壞的條件，在此部分形成應力與應變的分布狀態與破壞機構必須明瞭，首先可被決定。此時，其次所得的功量 G_c，形式上根據能量・平衡的考量方法代入式（7.10），此式作為工學的破壞條件來使用。作為破壞的機構，例如，平面應力狀態是式（5.33）的模型，平面應變狀態，離鈍化龜裂前端的少許距離之前方，σ_x、σ_y、σ_z 皆為正的領域，空洞的發生，介在物的龜裂，從介在物發生微小部分的破壞，與龜裂合體的機構，等等被考慮，不明之處仍很多，現在，此領域的研究仍活躍進行中。

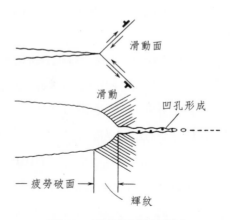

圖7.4　龜裂前端的鈍化

Irwin任意形狀的龜裂之擴張　Griffith，有關承受無限板中的均一應力的龜裂，討論能量的平衡；Irwin，導入能量解放率G與破壞韌性G_c的概念，任意的形狀‧尺寸的龜裂強度，在相同考量下來議論擴張[8]‧這是現在破壞力學的出發點。

以應力場為基礎的破壞條件式　假定為彈性，計算後的應力強度因子K值相同之兩個龜裂，對於此前端附近，限定是小規模降伏，兩者的彈塑性應力分布，如前提所述是合同的。因此，某一方面若形成此現象，其他方面也應該會發生相同現象。以此考量方法為基礎的脆性破壞發生的條件式如下[9]。

$$K \geq K_c \tag{7.14}$$

此式，與考量方式完全不同，G與K因為是一對一對應，與式（7.10）的能量‧平衡的條件式是同等的。從相同的考量方式，並非小規模降伏的情況，前端的開口位移ϕ或是路徑獨立積分J的限界值ϕ_c，或是使用下式的J_c，作為脆性破壞的條件式來使用，而被提案出[10),11]。

$$\phi \geq \phi_c，或是，J \geq J_c \tag{7.15}$$

為了確認此式的適用限界之研究仍活躍進行中，因為是線彈性破壞力學的範圍，本書並不予討論。

根據結合力模型的Griffith之理論　Griffith最先使用線彈性破壞力學，降伏點無限大的彈性體，龜裂的前端假定是無限尖銳。以這樣的假定為基礎求解K與G，是否有意義的量，不一定會明白。因此，Barenblatt，在某限制條件下，圖7.3的結合力，龜裂前端的狹窄領域如圖5.7的作用，物體中的應力不超過σ_{th}，彌補Griffith理論的弱點。脫離Barenblatt所設定的限制條件，根據Rice的J積分來採用，全部在5.5節討論，式（5.41）的$G_c = J_c$，根據式（5.30）與圖7.3的陰影部份面積2γ是相同的。即是，以線性彈性的假定為基礎所推導的結果，結合力是非線性所考慮的結合力模型的結果是一致的。

7.3 破壞韌性

破壞韌性試驗 式（7.10）以及（7.14）所表現的 G_c 與 K_c，都稱為破壞韌性（fracture toughness）。求解此值時，使用應力強度因子已知的試驗片，破壞的發生荷重與此時的龜裂尺寸可被算出。此破壞韌性試驗，附表3的No.25（WOL或是compact tension試驗片，$a \approx W/2$）以及 No.22（3點彎曲試驗片，$a \approx W/2$，$s \approx 4W$）較多被使用，以接近實際構造物的使用狀況之條件來試驗較期待，此外，No.32的具環狀龜裂圓棒的拉伸，圖3.2的半橢圓形表面龜裂，No.18的具中央龜裂帶板的試片等被使用。作為設計上的問題，主要是以相當於模式I的荷重。

試驗片，最初以機械加工作出缺陷，之後更進一步，以非常低振幅的反覆荷重，在其前端發生疲勞龜裂，再成長，與實際構造物製作出同樣尖銳龜裂。觀察破斷試驗後的破面，容易判別此部份，具有兩部分尺寸的和，初期龜裂長度 a（圖7.7參照）。計算 K_c，G_c 時，若有必要，實施如5.2節所述龜裂前端的塑性域補正。

破壞韌性試驗之中的位移，特別是如圖7.5所示，以應變規（gauge）來測量開口位移 δ，與荷重P的關係如圖7.7所示被描繪出的較多[12]。此 δ，已知龜裂前端附近的非彈性行為較方便。

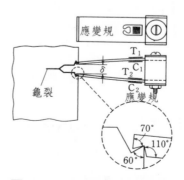

圖7.5 COD測定用應變規

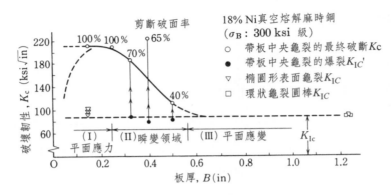

圖7.6　破壞韌性的板厚效果

平面應變破壞韌性與板厚效果　破壞韌性的求值，恰比衝擊值、降伏點，與其他的材料特性值同樣地，求解時的溫度與應變速度等被試驗條件左右，作為材料實際的強度試材，以使用狀態的接近條件，試驗當然是有必要的，特別是板厚的影響很顯著。圖7.6是其中一例[13]，白圓印的板材K_c值，伴隨著板厚的減少而增加。其中，圖中以數字來記錄剪斷破面率也會增加，便利上根據板厚領域的剪斷破面率，可區分為I，II，III，巨觀破面的模樣，模式如圖7.7的下側所示。圖5.5以及圖5.6相關聯來作議論，根據塑性域尺寸與板厚的比，以III→I的順序會接近平面應力狀態，伴隨著剪斷型破壞的移行，塑性變形所需要的功較多，而且，應力狀態也與分離型的破壞較難形成，破壞韌性會增加。更近一步板厚愈薄，如虛線所示K_c會減少，也會有不減少的情況。破壞時式（5.16）的參數β值，即是，

$$\beta_c = \frac{1}{B} \frac{K_{Ic}^2}{\sigma_{ys}^2} \tag{7.16}$$

破壞樣式的暫態為目標，暫態領域II是$1<\beta_c<2\pi$的程度[14),15]。

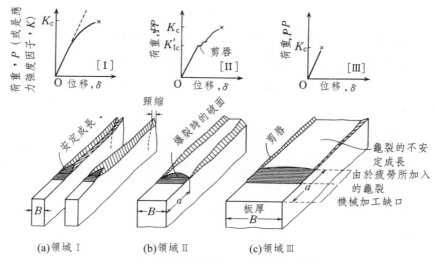

圖7.7　脆性破壞面的巨觀模樣之暫態

對於領域III而言，到某荷重P_c為止，與位移δ的關係幾乎是彈性的，P_c會急速地發生龜裂的高速不安定成長。之後的巨觀破面，大部分是與外力垂直的分離型破面，板的表面附近之平面應力狀態的部份，僅僅稱為剪斷型的剪唇（shear-lip）的部分表現。而且，龜裂的發生時，以及，進行中的龜裂前端之塑性域，是平面應變的狀態，因為是形成破面的模式I，根據此時的限界荷重P_c來計算的破壞韌性，特別稱為平面應變破壞韌性（plane-strain fracture toughness），以K_{Ic}的記號表示。

領域II，剪斷型的破面會增加，此時並非是模式I，塑性域也不是平面應變狀態。而且，根據破斷荷重P_c來求解破壞韌性K_c的值會比K_{Ic}還要大。在此領域上時常發生，某荷重$P_c{'}$會有Pin的聲音，在$K \sim \delta$曲線上發生曲折點，稱為爆裂（pop-in）。此時，如圖7.7（b）所示，在板厚中心部龜裂會進行，立即會停止。此爆裂時的荷重$P_c{'}$所對應的應力強度因子$K_{Ic}{'}$，圖7.6的黑圓所示，比K_c還要低，接近K_{Ic}。此稱為爆裂K_{Ic}。

爆裂被檢出時，麥克風，壓電素子的出力被增幅‧檢波，採用以聽診器來聽聞的方法。

　　圖7.6的▽印，圖3.2的半橢圓形表面龜裂之測定值，無論板厚是否薄的，接近K_{Ic}值會破壞。像這樣三次元表面龜裂，或是，附表3，No.30的內部龜裂等，因為是平面應變狀態的變形，塑性變形被抑制，在K_{Ic}之下會形成破壞。圖7.6中的□印之外側環狀龜裂（附表3的No.30），塑性域當然是平面應變狀態。

　　平面應變破壞韌性K_{Ic}在設計上具有重要的意義，除了破壞韌性值K_c的下限之外，實際的構造物中存在缺陷的大多數，如上述，三次元的表面龜裂與內部龜裂。

　　金屬材料的平面應變破壞韌性試驗規格是由ASTM（美國材料試驗學會）所制定的[16),17)]。推薦試驗片，附表3的No.22之三點彎曲試驗片（s = 4W，a = 0.45～0.55W），以及，No.25簡便‧拉伸試驗片（a = 0.45～0.55W）。根據疲勞為了要製作尖銳龜裂的荷重，反覆荷重K的最大值K_{max}是K_{Ic}的60%以下。K_{max}若比此還要大時，被測定的表觀K_{Ic}會比實際值還要大[12)]。在龜裂前端的塑性域，表現出平面應變狀態，若滿足小規模降伏的條件，測定結果以已知的K_{Ic}，板厚B與龜裂長度a有以下的關係。

$$B, \quad a \geq 2.5 \left(\frac{K_{Ic}}{\sigma_{ys}} \right)^2 \tag{7.17}$$

此式的右邊，破壞時式（5.13'）的塑性域尺寸之參數達到$r_p = (1/6\pi)(K_{Ic}/\sigma_{ys})^2$的$15\pi \approx 50$倍。$K_{Ic}$算出之龜裂長度$a$，破斷後的破面，板厚4等分的位置上，龜裂長度$a_1$，$a_2$，$a_3$被測定，採用此平均值$(a_1 + a_2 + a_3)/3$，$a_1$，$a_2$，$a_3$任意$a$是5%以上，或是，在表面的長度$a$有10%以上的差異，此試驗結果不採用。而且，根據疲勞製作龜裂的前端，為採用機械加工製作缺口前端0.05a以及1.3mm以上的分離是必要。厚板的情況，機械加工後，從缺口發生的疲勞龜裂，並不一定與板面垂直成長的，所謂chevron型缺口（chevron notch）的缺口也有使用。對於試驗片板厚B，有某種程度的制限。如圖7.7(a)所示，荷重與COD的關係有多少描繪的曲線，

龜裂有多少安定成長之後，達到不安定破斷的情況（7.4節參照），有關此種非直線性的某種制限為基礎，龜裂長只具有2%安定成長點，便利上取K_{Ic}。

K_{Ic}是未知材料為試驗，最初並不限於上述的限制條件。因此，首先根據適當的試驗片，測定表觀的K_c值，確定滿足式（7.17）其他的限制時，此值是K_{Ic}。

影響破壞韌性的各種要因之範例　破壞韌性K_{Ic}，除了前述的板厚效果之外，根據各種的要因採用不同的數值。有關若干的因子，簡單敘述如下。

拉伸強度等等：根據淬火與回火強化的低合金鋼（代表例AISI 4340鋼），回火溫度選擇愈低，拉伸強度σ_B與0.2%耐力σ_{ys}愈高，伴隨著破壞韌性會急速地減少。而且碳量愈少，磷與硫含有量愈少，破壞韌性愈高。釩的含有量愈多，破壞韌性會大幅改善。圖7.8，同種的AISI 4345鋼，硫含有量故意變化的結果所示，儘管圖(b)的恰比衝擊值幾乎不會變化，但是圖(a)有顯著的差[18]。熱處理的方法，微細組織，不純物，氧量，其他的要因會受到微妙的破壞韌性之影響，破壞韌性試驗以外的試驗所得的特性值，並不一定相關必須要注意。考慮龜裂存在的強度設計，有關破壞韌性值的資訊是不可欠缺。

圖7.9，高張力合金的降伏點與破壞韌性的關係之模式所示[3]。任意的合金，根據降伏點的上升，破壞韌性會有減少的傾向。因此，由於龜裂的存在，強度會顯著的減少，破壞力學的採用是必要的。

溫度的影響等等：通常的碳鋼在常溫下富有延性，全斷面降伏後一般會呈現延性破壞，低溫時降伏點以及拉伸強度，反面會有若干增加，恰比衝擊值在某溫度以下會急速減少，脆性破壞愈容易形成。像這樣形成的脆性-延性暫態之材料，此暫態溫度以下特別會有破壞韌性的問題。圖7.10是其中一例[19]，K_c與絕對溫度T（°K）之間有阿瑞尼斯（Arrhenius）型的關係式，

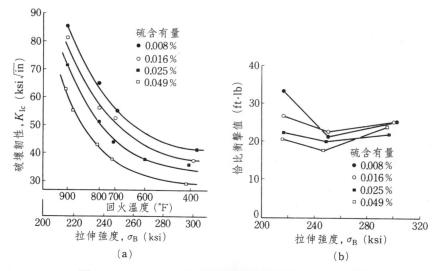

圖7.8 AISI 4345鋼的破壞韌性與恰比－衝擊值

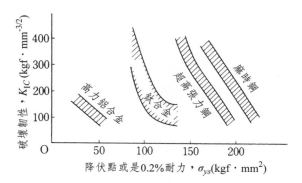

圖7.9 高張力材料的降伏點與破壞韌性的關連

$$K_c = A \exp\left\{-\frac{B}{T}\right\} \qquad (7.18)$$

幾乎會成立。其中，A以及B是定數。在此所示的K_c值，一度進行，最先龜裂會停止時的K值（參照7.4節）。求此值時，試驗片受到溫度梯度的影響，從低溫部發生龜裂會停止的試驗（圖中○印），溫度分布保持均一，附加應力梯度時，從高應力部發生龜裂，低應力部會停止的試驗

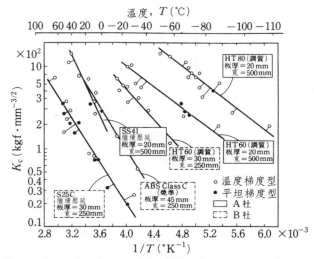

圖7.10　有關各種鋼板的脆性破壞停止的K_c值與溫度之關係

（圖中●印），兩者的結果幾乎是一致。設計實際構造物時，對於脆性破壞的發生，K_c愈高是有必要的，即使一度發生，到構造物破壞之前，龜裂的進行會停止，停止時的K_c值也會有問題。

原子爐壓力容器材料等，受到放射線損傷，上述的脆性－延性暫態溫度會上昇，使用溫度的K_c值會減少，必須要注意。

異方性：壓延材，當然有關鍛造材、鑄造材的K_c值之異方性會顯著。例如，18% Ni-co-Mo麻時鋼（σ_B = 250ksi級）的壓延材為例，壓延方向以及與此呈直角方向的拉伸試驗片之0.2%耐力，分別是σ_{ys} = 230ksi, 231ksi，拉伸強度σ_B皆是244ksi，幾乎沒有變化，伸長是9.5%以及7.0%，斷面縮小率是48%以及35%，儘管異方性幾乎不被認定，但是由於爆裂的破壞韌性，龜裂面是與壓延方向呈直角，龜裂的進行方向是與板面垂直時，G_c = 310lb/in，龜裂面是與板面平行，龜裂進行方向是與壓延方向垂直時，G_c = 150lb/in。麻時鋼的異方性，與材料中的微細組織有關連，是由於化學的偏析（banding）[20]。鋁合金，由於方向之緣故，K_c會有數分之1減少的報告。無論如何，有關試片全體的變形，σ_B和σ_{ys}

的異方性表現較難，由於微細組織與其方向性，K_c會受到顯著的影響，必須要注意。

焊接部的破壞韌性：焊接構造物的焊接部，就強度上或是就龜裂發生源而言是非常重要，多數的研究被實行。通常的構造用低碳鋼的常溫，破壞是線彈性破壞力學的範圍外，有關高張力材料而言，破壞韌性已成為問題所在。母材與焊接棒的組成、焊接方法、熱影響區的強度、殘留應力等等，承受各種要因的影響，根據情況不同，K_c是極端的減少。詳細請參照文獻[21),22),23)]。

多軸應力的影響[24)]：到目前為止，初期龜裂會形成模式I的變形，只有外力的作用。但是，實際構造物所形成的龜裂，因為也會施加到其他變形模式的荷重，基於何種組合應力，在哪個方向會發生破壞，是重要的問題。例如，模式I和II的組合，能量解放率G的限界值G_c若假定是一定值，$G = G_I + G_{II}$，

$$K_I^2 + K_{II}^2 = 一定 = K_{Ic}^2 \text{ 或是} K_c^2 \qquad (7.19)$$

對於K_{IC}也是同樣，有關模式II的限界值K_{IIc}有適當的假定，此間有以下列的關係。

$$\left(\frac{K_I}{K_{Ic}}\right)^2 + \left(\frac{K_{II}}{K_{IIc}}\right)^2 = 1 \qquad (7.20)$$

K_I, K_{II}分別是在橫軸、縱軸上描繪的破壞點，前者是圓形，後者是橢圓形。$K_{Ic} > K_{IIc}$會接近橢圓形，不論是否K_{II}的存在，破壞時的K_I會減少。有關破壞的發生方向，Erdogan和Sih[24)]，觀察式（2.32）的$\tau_{\sigma\theta}$在最大時，會成為0的方向上龜裂開始進行，以此為基礎來推導破壞條件。而且，Sih[25)]，最近，根據從龜裂前端的距離r和方向θ，應變能密度$U = U(r, \theta)$會變化，除了與r^2成比例的因子，θ的函數部份，稱為應變能密度函數S（strain energy density function），以此為基礎來討論各種問題。

問題 1 　K_{Ic}試驗，根據式（7.17），被要求的a, B的最小尺寸如表7.1的範例[2]，從右邊的第2欄記入。根據材料的不同，必需有非常大的試驗片。

問題 2 　長度$2a$的龜裂，與此垂直的均一應力場σ之中，破壞發生的應力σ以及此時的龜裂長a之間，有下列關係，

$$K_{IC} = \sigma \sqrt{\pi a} \tag{7.21}$$

式（7.14）以及附表2的No.1之結果可明瞭。降伏點的安全率取2，使用應力$\sigma_0 = \sigma_{ys}/2$，不形成脆性破壞的尺寸a之限界值a_c，由表7.1的材料來求解，此結果記入表的最後一欄。

提示　根據上式，$\sigma = \sigma_0 = \sigma_{ys}/2$

$$a_c = \frac{4}{\pi}\left(\frac{K_{Ic}}{\sigma_{ys}}\right)^2 \tag{7.22}$$

根據此結果，高張力材料，即使在非常小的龜裂下，形成破壞的原因可以被理解。

問題 3 　表7.1的材料之中，麻時鋼（250ksi級），AISI 4340鋼，2024-T3高力鋁合金，破壞應力σ_c作為龜裂的尺寸a，如圖所示。根據非破壞檢查來看檢出能力$a \leqq a_{max} = 10mm$，可被確保，到多大的應力下不形成破壞，可被保証。而且，非破壞試驗的能力在$a_{max} = 5mm$提昇時，K_{Ic}提昇幾倍，才會有相當效果？

表7.1　室溫下的K_{Ic}之代表例

材料（熱處理條件等）	降伏點 σ_{ys} $\left(\dfrac{kgf}{mm^2}\right)$	破壞韌性 K_{Ic} $\left(\dfrac{kgf}{mm^{3/2}}\right)$	必要最小尺寸 a_{min} B_{min} (mm)	$\sigma_0 = \sigma_{ys}/2$的情況的限界龜裂長 a_c (mm)
鋼　材				
麻時鋼				
300ksi級（900°F，3h回火）	200	182		
300ksi級（850°F，3h回火）	170	300		
250ksi級（900°F，3h回火）	181	238		
D6AC鋼（淬火，回火）	152	210		
4340鋼（淬火，回火）	185	150		
A533B鋼（原子爐用）	35	≈ 600		
碳鋼（低強度）	24	> 700		
鈦合金				
6A1-4V（$\alpha + \beta$　STA）	112	122		
4A1-4Mo-2Sn-0.5Si（$\alpha + \beta$ STA）	96	224		
高力鋁合金				
7075-T651	55	94		
2024-T3	40	110		

提示　根據式（7.21）

$$\sigma_c = K_{Ic}/\sqrt{\pi a}, \ (\sigma_c)_{min} = K_{Ic}/\sqrt{\pi a_{max}} \tag{7.23}$$

非破壞檢查的效果是K_{Ic}的$\sqrt{2}$倍，G_{Ic}的兩倍

問題 4　附表3的No.32試片的拉伸試驗，$R = 20mm$，$b = 10mm$，$\sigma_N = 140kgf/mm^2$的脆性破壞。此材料的降伏點是$\sigma_{ys} = 80kgf/mm^2$，塑性域有修正與無修正時的K_c作比較。

問題 5　與問題2相同的2次元龜裂，對於非常大龜裂，以低應力來測定K_c值，$K_c = 100 \text{kgf} \cdot \text{mm}^{-3/2}$。此材料的降伏點是$100 \text{kgf/mm}^2$，對於無次元化的使用應力$\sigma/\sigma_{ys}$，根據限界龜裂尺寸$a_c$其次的三個破壞基準，如圖示。其中是平面應力。(1)仍舊是式（7.21）不作塑性域修正的情況，(2)小規模降伏的塑性域修正的情況，(3)Dugdale模型的開口位移的限界值ϕ_c一定的破壞基準之情況。

提示　(2)的情況，根據5.2節，

$$\frac{\sigma}{\sigma_{ys}} = \frac{K_c}{\sigma_{ys}\sqrt{\pi a^*}} = \frac{K_c}{\sigma_{ys}\sqrt{\pi\{a_c + (1/2\pi)(K_c^2/\sigma_{ys}^2)\}}} \qquad （7.24）$$

(3)的情況，$\sigma \ll \sigma_{ys}$，根據式（5.23），

$$\phi_c = K_c^2/E\sigma_{ys}$$

代入式（5.21）的ϕ_c，可得下式

$$\frac{K_c^2}{E\sigma_{ys}} = \frac{8\sigma_{ys}a_c}{\pi E}\log\left[\sec\left(\frac{\pi}{2}\frac{\sigma}{\sigma_{ys}}\right)\right] \qquad （7.25）$$

$$\frac{\sigma}{\sigma_{ys}} = \frac{2}{\pi}\text{arcsec}\left[\exp\left\{\frac{\pi}{8a_c}\left(\frac{K_c}{\sigma_{ys}}\right)^2\right\}\right] \qquad （7.25'）$$

問題 6　17-7PH鋼的鍛造壓力容器的表面，如圖3.2所示半橢圓形龜裂（其中，$a = 0.05\text{in}$, $2c = 1.00\text{in}$）被發現。$\sigma_{ys} = 160\text{ksi}$, $K_{Ic} = 50\text{ksi}\sqrt{\text{in}}$，試求破壞應力$\sigma_c$？並求塑性域的修正？

提示　使用圖3.1的結果。橢圓形內部龜裂或是半橢圓形表面龜裂，以式（7.21）表示2次元龜裂長度來換算，根據式（3.4）或是式（3.7），取代a使用a/Q或是$(1.1)^2 a/Q \doteqdot 1.21a/Q$的等價龜裂尺寸。附表3的No.15所示外側龜裂的等價龜裂尺寸是$1.1215a$。因此，有關全部的龜裂，對於無限板中的二次元龜裂，若考慮等價龜裂尺寸，所有的問題還元成式（7.21），可以同樣的使用。即

是，等價龜裂尺寸a_{eq}

$$K_{Ic} = \sigma \sqrt{\pi a_{eq}} \qquad (7.26)$$

$$a_{eq} = \begin{cases} 1.21(a/Q) & （半橢圓型表面龜裂） \\ a/Q & （橢圓形內部龜裂） \\ 1.1215a & （二次元外側龜裂） \end{cases} \qquad (7.27)$$

問題 7　4340鋼的壓力容器，使用應力是$\sigma_0 = 70\text{kgf/mm}^2$，最初使用的$\sigma_T = 1.5\sigma_0$的水壓試驗不會破壞。此容器存在的龜裂等價尺寸之最大值$(a_i)_{max}$有多少？以使用應力的原本，試求破壞龜裂的限界a_c，有多少程度的龜裂尺寸餘裕，試作比較（圖7.2（b）參照）？其中，$K_{IC} = 150\text{kgf} \cdot \text{mm}^{-3/2}$。

問題 8　使用應力$\sigma_0 = \sigma_{ys}/2$的情況，換算成二次元龜裂的等價限界龜裂尺寸a_c，分別是1, 2, 4, 8mm的某點軌跡，試繪圖在圖7.9上。

提示　根據式（7.22），

$$\frac{K_{Ic}}{\sigma_{ys}} = \frac{\sqrt{\pi a_c}}{2} \qquad (7.28)$$

通過原點，斜率是採用上述的數值之直線所作成的。

7.4　龜裂的不安定成長與停止

前一章節為止，G達到G_c，或是K達到K_c時，脆性破壞會發生。脆性破壞發生時前後的事項，簡單的論說。

龜裂進展抵抗力R　G_c是破壞發生時G的臨界值，來作擴張，龜裂

成長時生成單位面積的龜裂，作為必要的功，以 R 表示。$\mathcal{G}$ 稱為龜裂進展力（crack extension force），R 稱為龜裂進展抵抗力（crack extension resistance）。此概念是根據 Irwin[14]，後來再根據 Kraft [26),27]，應用在各種問題。有關板厚方向，考慮每單位厚度，da 的龜裂進展時，破面形成所必要的功 $d\overline{W}^*$，被解放的位能是 $-d\Pi$。

$$R = d\overline{W}^*/da, \quad \mathcal{G} = -d\Pi/da \tag{7.29}$$

（一般取代 da 而使用 dA，考量二次元問題）。最簡單的例，承受均一應力 σ，在無限板中存在的 2a 龜裂，與應力方向垂直，$\mathcal{G} = \sigma^2\pi a/E'$。為了簡單化，$R = $ 一定 $= \mathcal{G}_c$。此時，如圖 7.11(a) 所示，對龜裂尺寸 a 描繪 $\mathcal{G}$ 以及 R，$\mathcal{G}$ 是對於 σ 的特定值，通過原點的直線，R 是水平線。龜裂尺寸是 a_1，滿足 $\mathcal{G} = R$ 值 $\sigma_1 = \sqrt{E'\mathcal{G}_c/\pi a_1}$　，應力提高時破壞會發生。之後，σ 若保持一定的 σ_1，龜裂在 $a = a_1 + \Delta a$ 成長時，每單位板厚的三角形 ABC 之相當能量是為剩餘的。

$$-\Delta(\Pi + \overline{W}^*) = \int_{a_1}^{a}(\mathcal{G}-R)da \text{（每單位板厚）} \tag{7.30}$$

即是，位能的解放量需要超越破面形成的必要能量，此剩餘的能量，龜裂為了要在高速進行，成為運動能的供給源，龜裂進行會被加速。對於圖 7.11(a)，龜裂尺寸是 $a_2(< a_1)$ 的情況，應力進一步增加，通過 $\mathcal{G}$ 線的點 D 的狀態，破壞會發生。一般，能量的不安定破壞所形成的條件。

$$\mathcal{G} - R = -\frac{d}{da}(\Pi + \overline{W}^*) \geqq 0$$

龜裂的動態進行　龜裂進行時的運動能量，Mott [28] 根據次元解析的考量方法，近似地求解出。與前項相同的問題，對於任意點的單位板厚之微小長方形 $dx \cdot dy$，密度 ρ，質量 $\rho dxdy$，忽略板厚方向的運動，速度的 2 階是 $\dot{u}^2 + \dot{v}^2$　，運動能量是 $(1/2)\rho(\dot{u}^2 + \dot{v}^2)dxdy$。因此運動能量的總和，根據橫跨全面積分可得下式。

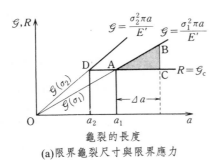

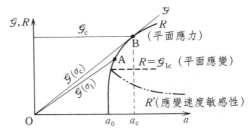

(a)限界龜裂尺寸與限界應力

(b)安定成長與不安定成長

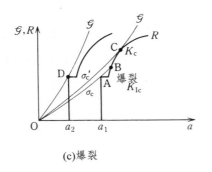

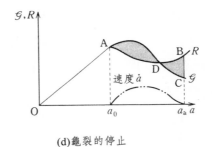

(c)爆裂

(d)龜裂的停止

圖7.11　R曲線的考量方法

$$E_{\text{kin}} = \frac{1}{2}\rho \iint (\dot{u}^2 + \dot{v}^2)\,dxdy = \frac{1}{2}\rho\,\dot{a}^2 \iint \left\{ \left(\frac{du}{da}\right)^2 + \left(\frac{dv}{da}\right)^2 \right\} dxdy \quad (7.32)$$

其中，$\dot{a} = da/dt$是龜裂的速度。另外，考量式（2.17）或是（2.34）等，u以及v是平面應力的情況，具有$\sigma\sqrt{ar}/E$的次元。因此，式（7.32）的積分是與σ^2/E^2成比例之外，次元為了要一致，與a^2成比例。即是，k是為某無次元的係數，每單位厚度的運動能如下式。

$$E_{\text{kin}} = \frac{1}{2}k\rho\,a^2\dot{a}^2\sigma^2/E^2 \tag{7.33}$$

但是，以式（7.30）表示的剩餘能量，若考慮龜裂前端有兩個，平面應力的情況如下式。

$$2\int_{a_1}^{a}\left(\frac{\sigma_1^2 \pi a}{E} - \mathcal{G}_c\right)da = 2\int_{a_1}^{a}\left(\frac{\sigma_1^2 \pi a}{E} - \frac{\sigma_1^2 \pi a_1}{E}\right)da = \frac{\sigma_1^2 \pi}{E}(a-a_1)^2 \quad （7.34）$$

因此，剩餘的能量若假定轉換成全部運動能量，若與式（7.33）等置，龜裂速度可得下式。

$$\dot{a} = \sqrt{2\pi/k}\sqrt{E/\rho}\,(1-a_1/a) \qquad （7.35）$$

其中，$\sqrt{E/\rho}=v_l$，是此彈性體中的縱波速度，而且，$\sqrt{2\pi/k}$ 是根據 Roberts與Wells[29]所推導的0.38。因此，龜裂的最高速度如下式。

$$\dot{a}_{max} \approx 0.38\sqrt{E/\rho} = 0.38\,v_l \qquad （7.36）$$

初期龜裂的前端帶有圓形，比σ_1還要大的應力σ來進行，應力保持σ，式（7.34）如下式[30]。

$$2\int_{a1}^{a}\left(\frac{\sigma^2 \pi a}{E} - \frac{\sigma_1^2 \pi a_1}{E}\right)da$$

因此，與式（7.35）對應的速度式如下。

$$\dot{a} = \sqrt{\frac{2\pi}{k}}\sqrt{\frac{E}{\rho}}\sqrt{\left(1-\frac{a_1}{a}\right)\left\{1-\left(\frac{2\sigma_1^2}{\sigma^2}-1\right)\frac{a_1}{a}\right\}}$$

即是，龜裂速度如上述的兩個情況，整理如下。

$$\left.\begin{array}{ll}\dot{a} = \dot{a}_{max}\left(1-\dfrac{a_1}{a}\right) & (\sigma=\sigma_1) \\[2mm] \dot{a} = \dot{a}_{max}\sqrt{1-\left(\dfrac{a_1}{a}\right)^2} & (\sigma \gg \sigma_1)\end{array}\right\} \qquad （7.37）$$

上面的採用，實際上有矛盾的，現在此領域的研究更力求進步，請參照文獻[31),32)]。進行中的龜裂前端的應力與位移之分布，伴隨著進行速度的增加，與靜止的情況會有差異，動態的能量解放率也會有差異。龜裂進行速度的上限值，與其原因也有異論。但是，實際的龜裂進展是式

（7.37）的程度，被觀察出急速達到此上限速度，式（7.36）程度的速度，劈開破壞等的脆性破壞可被實測。例如：鋼的情況，$v_1 \approx 6000\text{m/s}$，若根據式（7.36），$\dot{a}_{max} \approx 2000\text{m/s}$。即使是實驗室的小型試片，每秒數百米的速度可被觀察。因此，船與大型構造物的脆性破壞瞬間形成之事項可被了解。

龜裂的安定成長　如上述龜裂的不安定成長會先行，圖7.7的(a)與(b)的情況，荷重增加的途中，龜裂的準安定成長會先行。根據R曲線的概念所表現的，是圖7.11(b)，R曲線會伴隨著龜裂成長，並非一定值的增加。這是因為如圖7.7(a)所示，破面在模式I會消失，為了要形成大的塑性變形，R會增加的緣故。圖7.11(b)的初期龜裂尺寸是a_0，應力σ_1時的G曲線與R曲線在點A相交，到此點為止龜裂尺寸會增加，此狀態如下式，

$$\frac{d}{da}(G-R) < 0 \qquad\qquad （7.38）$$

達到能量的安定平衡狀態。甚至應力更高時，G曲線在點B與R曲線相接，如下式，

$$\frac{d}{da}(G-R) < 0, \ \frac{d^2}{da^2}(G-R) < 0 \qquad\qquad （7.39）$$

在此點會開始形成不安定破壞。

　　圖7.11(c)，龜裂尺寸是a_1的情況，以應力σ_c的G曲線在點A與R曲線相接，在點B會達成安定平衡。此時的龜裂不安定之微小進展，是爆裂（pop-in），應力達到圖的σ_c時，橫跨試材全體的不安定破壞形成來作說明。

　　R曲線，若與板厚相同的龜裂尺寸是獨立的，根據初期龜裂尺寸，如圖7.11(c)所示，不超過平行移動[26)]，得到各種有用的議論（K_c的試片尺寸依存性等），此想法，在小規模降伏狀態的龜裂前端之力學狀態，若考慮與G是一對一的對應，是可以理解的。

龜裂的停止　龜裂即使一度開始進行，之後R若超越G，龜裂的進

行會停止（arrest）。例如，破壞暫態，根據溫度與材料的變化 R 會增加。由於龜裂試材的境界條件與補剛材的存在，G 也會減少。例如，對二重懸臂樑試片施加強制位移時，如式（4.38）所示，G 是與 a^4 成反比例而減少。這個 R 與 G 的關係是逆轉的範例，如圖7.11(d)所示。在 R 與 G 的交點 D 會停止，但並非立即形成，從 A 到 D 的剩餘陰影部分之能量一部份，即是，試片所具有的運動能量，稍微超過點 D 就停止。鋼等的降伏點受到應變速度的影響，同樣地，龜裂速度愈高 R 會愈小的材料也有。

　　實用上，假若龜裂即使發生，為了要停止，韌性高材料的帶板，在構造物的一部分焊接，或是根據補剛材，設定 G 減少部份來作考量的對策，稱為龜裂停止（crack arrester）。形成停止的動態 K_c 值（或是 G_c 值）的測定法，所利用的設計法是重要的。

7.5　由於疲勞造成龜裂的進展

　　使用期間中的龜裂進展　構造物，製造時存在初期龜裂的等價尺寸（參照式（7.27））是 a_i，以使用應力 σ_0 為基礎的限界龜裂尺寸 a_c 以下會是如何？根據水壓試驗等的初期檢查或是過負荷試驗，可作檢測。因此，實用上如圖7.2所示，明瞭 a_i 到 a_c 成長的過程（sub-critical flaw growth）是重要的。此成長過程，如第一章所述，在反覆荷重與腐蝕性環境等的作用下進行。前節所述脆性破壞在小規模降伏下會形成，限制使用破壞韌性低的脆性材料與高張力材料，上述的過程，標稱應力比降伏點還要低的狀況下進行，有關廣範圍的材料，線彈性破壞力學的威力可以發揮。在此節，不受腐蝕性環境影響的疲勞來作簡單敘述。圖 7.12[33]，由於疲勞，龜裂成長的過程尺度，以模式來表示。線彈性破壞

力學,跨越此全範圍是重要的知識,在此敘述的右上部,以虛線圍成的部份,即是,有關工業上重要且大龜裂成長的現象論,作為安全設計的對象。有關疲勞全般請參照其他的文獻[34),35),36)]。

　　疲勞龜裂進展則的K之表示　如圖7.13(a)的所示,標稱應力σ變動時,已知的形狀‧尺寸的龜裂前端之應力強度因子K,如圖(b)所示對應

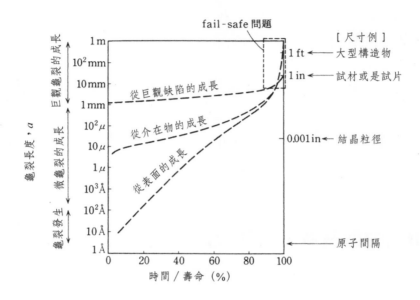

圖7.12　龜裂成長曲線的概念圖

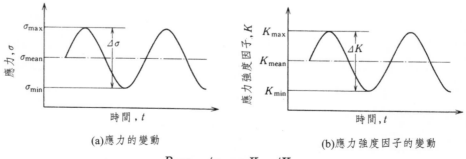

$$R = \sigma_{min}/\sigma_{max} = K_{min}/K_{max}$$

圖7.13　應力以及應力強度因子的時間變動

的時間變動。即使應力的變動幅$\Delta\sigma$是一定，龜裂長度若增加，如圖1.3所示，K的變動幅ΔK會變化。龜裂尺寸a的荷重反覆數N，所對應的進展速度da/dN，是根據K或是根據σ，小規模降伏的情況可明白。即是，非腐蝕性環境中的疲勞，材料的損傷是被限定在龜裂前端的大應變領域，此部分的力學環境與K是一對一的對應，同一板厚B，在同一材料中的二個龜裂前端，應力強度因子的時間變動$K = K(t)$若相等，龜裂進展速度相等，當然可成立以下的函數關係。

$$\frac{da}{dN} = f\{K(t)\} \tag{7.40}$$

以下，特別是不限定以模式下I為對象。

　　K如圖7.13(b)所示以正弦波狀來變化的情況，此時間的變動作為記述的參數，反覆速度dN/dt的其他是獨立的二個（例如K_{max}與K_{min}，ΔK與應力比R^*，ΔK與K_{max}的組合等），上式，例如如下式所示。

$$da/dN = f(\Delta K, R, dN/dt, B) \tag{7.41}$$

ΔK隨著a增加，即使是漸增或是漸減的情況，材料的某部分突入高應力部，更進一步破斷ΔK的變化若減少，作為ΔK與R，此龜裂尺寸進行中的瞬時值若考慮足夠，以前的ΔK與R之履歷不相依。此條件作為高應力部的尺寸，塑性域尺寸$(\Delta K/\sigma_{ys})^2/3\pi$程度。

$$\frac{d}{da}\left(\frac{\Delta K}{\sigma_{ys}}\right)^2 = \frac{2\Delta K}{\sigma_{ys}^2}\frac{d\Delta K}{da} = \frac{2\Delta K}{\sigma_{ys}^2}\frac{d\Delta K}{dN} \Big/ \frac{da}{dN} \ll 1 \tag{7.42}$$

也就是說，$d(\Delta K)/da$若十分小，ΔK是漸增或是漸減，以同一的進展則（7.41）來表示。多數的實驗結果支持上述的議論。例如：如表3的No.18所示，具有中央龜裂帶板的拉伸，$\Delta\sigma$是一定的情況，No.19是$H = 0$，即是，作用力在龜裂內面的變動幅ΔP是一定的情況（其中$a/W <$

---

* 　$R = K_{min}/K_{max}$是應力比，與前節的R不同。

2/9），ΔK伴隨著a的增加，分別漸增以及漸減，此兩個情況的da/dN與ΔK的關係不會變化[37]。式（7.42）的條件不成立，有急速K的變動，不是小規模降伏的情況，以式（7.41）的形式無法表示。在da/dN小的領域，上式的條件較難成立。

　　式（7.41）的關係以實驗求得，薄板的情況是具中央龜裂帶板的反覆拉伸，厚板的情況採用簡便拉伸（CT）試片（WOL試驗片）等，荷重的變動幅以及R若保持一定，對於反覆數N的龜裂尺寸a = a(N)來測定是普通的。多數的a值若求解da/dN，此時的ΔK計算，描繪兩者的關係時，根據一根試片，有關特定的應力比R，如圖7.14[38]關係可得。

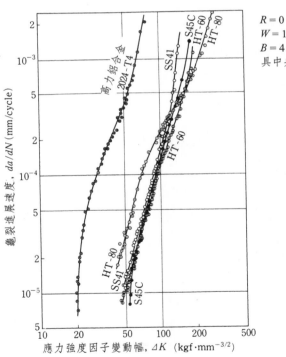

圖7.14　疲勞龜裂進展曲線之案例

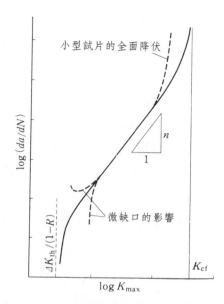

圖7.15　疲勞龜裂進展曲線的概念圖

疲勞龜裂進展曲線的傾向　如此所得的疲勞龜裂進展曲線的形狀，在兩對數方格紙上，大致如圖7.15所示的傾向。首先，曲線的直立部，最初根據機械加工製作的龜裂發生用缺口的大小，由於施加荷重受到影響，形成應力集中從尖銳缺口發生的龜裂，由於塑性變形的殘留應力等，一度龜裂進展速度會減少，如圖以虛線表示的行為，材料本來的特性無法表現的情況也有。以後的龜裂進展速度，橫跨相當廣泛的範圍，成為直線狀較多，此斜率如下式以n表示。

$$da/dN = C\Delta K^n \qquad (7.43)$$

龜裂進展速度主要是被ΔK所決定，應力比R與波形受到其它因子的影響是次要的，不限於上述的直線部，也可近似地表示。

$$da/dN = f(\Delta K) \qquad (7.44)$$

應力比與反覆速度、板厚等的影響，可以採用包含C與n。式（7.43）的

直線關係，例如，高力鋁合金7075-T6，da/dN在10^{-8}～10^{-2}in/c的廣泛範圍內會成立的案例也有，一般而言，使用此式工學的壽命推定之近似式。n值根據材料是2～8左右的範圍為中心，來採用的各種數值，實用上，多數情況所表示的，以Paris[39]的提案$n = 4$來推定壽命。

　　ΔK或是K_{max}的大領域，小型試片的殘留斷面之全域降伏會形成，da/dN會急增，此直立點是根據試片尺寸而異。在非常大的試片小規模降伏的狀態若被保持，如圖7.15所示，K_{max}是K_c或是接近某值K_{cf}時會急增。此K_{cf}，由於只有一次的負荷，不安定破壞的破壞韌性，會有若干值的差異[40]。像這樣從直線部到K_{cf}的漸近特性表示，加入應力比R的影響之實驗式的其中一例[41]如下，

$$\frac{da}{dN} = \frac{C\Delta K^n}{(1-R)K_{cf} - \Delta K} = \frac{C\Delta K^n}{(1-R)(K_{cf} - K_{max})} \qquad (7.45)$$

式（7.43）的C是R函數$C = C(R)$，其他各種的數式已被發表[36]。

　　圖7.15的左端，亦即是ΔK極低的部份，ΔK漸減試驗法等，不受前例影響而採用的實驗，可求解龜裂進展曲線，如圖所示，伴隨ΔK的減少da/dN會有極速減小的傾向。如鋼鐵的疲勞限度所示，龜裂進展的下限界ΔK，即是，ΔK_{th}（threshold stress intensity factor for fatigue crack propagation）是否存在無法確定，實用上，da/dN是非常低的數值，ΔK以ΔK_{th}表示，可作為壽命推斷的參考。即使是大約10^{-10}in/c，觀察龜裂進行的案例子也有，大約10^7的反覆數間停止之後，再進行開始的案例也有。即使施加一次較大的ΔK時，由此形成的壓縮殘留應力，龜裂的進展速度會減低，在此程度的遲緩進展速度的領域下，所謂連續體力學的高應力部分之尺寸，與材料的微觀組織以及內部應力場的分布尺寸是同等程度，龜裂的進展是斷續的，不連續的。

　　龜裂前端的塑性行為　考慮是完全彈塑性體，最初施加應力σ，應力強度因子K的圖7.16(a)的狀態下之塑性域尺寸ω，作為平面應變狀態，

根據5.2節的論說，如下式。

$$\omega = \frac{1}{3\pi}\left(\frac{K}{\sigma_{ys}}\right)^2$$

（7.46）

從此狀態的應力$-\Delta\sigma$，應力強度因子$-\Delta K$變化時，壓縮的降伏點$-\sigma_{ys}$，塑性域內的材料，應力$-2\sigma_{ys}$變化為止的彈性行為，在此情況，在壓縮側的降伏領域尺寸ω^*，與降伏點$-2\sigma_{ys}$的材料相同的應力變化，此變化部分如圖7.16(b)所示。

$$\omega^* = \frac{1}{3\pi}\left(\frac{\Delta K}{2\sigma_{ys}}\right)^2$$

（7.47）

即是，(a), (b)兩圖的應力分布疊合，應力是$\sigma-\Delta\sigma$，應力強度因子在$K-\Delta K$狀態的應力分布，如圖7.16(c)所示。應力在σ和$\sigma-\Delta\sigma$之間變動反覆時，$x \leqq \omega^*$的領域下，材料是承受塑性應變的反覆，在$\omega^* < x \leqq \omega$領域下的，最初承受塑性應變之後，

圖(a)與(c)之間的應力不超過彈性的變化[37),42)]。從以上結果，承受疲勞被害顯著的領域尺寸ω^*，此領域內的材料受到塑性應變振幅，首要的是根據ΔK來決定。以上是近似的採用，龜裂進展速度主要還是根據ΔK

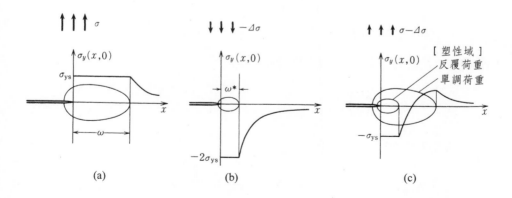

圖7.16　反覆荷重下的龜裂前端之塑性行為

來支配，其他的要因是次要的影響，不超過事實的本質。而且，一度承
受較大應力時，由於此荷重生成圖7.16(c)的壓縮殘留應力之存在領域，
是龜裂前端通過為止，龜裂進展速度承受此過大應力的影響。此事實，
不規則變動荷重下的龜裂進展則等，上述的考量是重要的方法。不規則
變動荷重與程序荷重下的龜裂進展則是極複雜的，目前活潑躍的研究正
進行中。在此，即使包含極少數過大的應力，龜裂進展速度，比較一定
振幅的情況，極端變化的報導被整理中。並非是小規模降伏，全斷面降
伏，或是，所謂低循環疲勞的領域，對於龜裂長度，假定彈性的ΔK形
式上使用時，圖7.15的圖上可得較佳的直線關係，其中一個理由，如上
述，在ω^*的外側，材料是否是彈性的？

疲勞壽命的推測　有關疲勞龜裂進展的實驗數據如下式，

$$da/dN = f \quad (\Delta K，二次的諸因子) \tag{7.48}$$

從初期龜裂尺寸a_1到限界龜裂尺寸a_c成長的荷重反覆數，即是，壽命
N_c，積分上式可得下式。

$$N_c = \int_0^{N_c} dN = \int_{a_1}^{a_c} \frac{da}{f(\Delta K, \cdots)} \tag{7.49}$$

$\Delta\sigma$若是一定，根據a，ΔK會變化，一般試材形狀若被決定，

$$\Delta K = \Delta\sigma g(a) \tag{7.50}$$

函數$g(a)$是已知。因此，使用此逆函數g^{-1}。

$$a = g^{-1}\left(\frac{\Delta K}{\Delta\sigma}\right) \tag{7.51}$$

若取式（7.50）的全微分，

$$d(\Delta K) = \Delta\sigma g'(a)\, da = \Delta\sigma g'\left[g^{-1}\left(\frac{\Delta K}{\Delta\sigma}\right)\right] da$$

式（7.49）如下式。

$$N_c = \int_{\Delta K_i}^{\Delta K_c} \frac{d(\Delta K)}{f(\Delta K, \cdots) \Delta \sigma g' \left[g^{-1} \left(\dfrac{\Delta K}{\Delta \sigma} \right) \right]} \qquad (7.52)$$

其中，

$$\Delta K_i = \Delta \sigma g(a_i), \quad \Delta K_c = \Delta \sigma g(a_c)$$

上式，函數f與$g'[g^{-1}]$是已知的，N_c如下式

$$N_c = h_1 \quad (\Delta K_i, \Delta K_c, \Delta \sigma，二次的諸因子) \qquad (7.53)$$

或是

$$N_c = h_2 \quad (a_i, a_c, \Delta \sigma，二次的諸因子) \qquad (7.53')$$

的形式來求得。$f(\Delta K，二次的諸因子)$，通常是ΔK^4程度的增加函數，ΔK的小部份是以N_c為主，此部份，$g(a)$幾乎與$\sqrt{a}$成比例，$g'[g^{-1}(\Delta K/\Delta \sigma)]$與$\Delta \sigma/\Delta K$成比例。因此，$a_i$在十分小的情況，壽命$N_c$主要是被$\Delta \sigma$與$\Delta K_i$（或是$a_i$）來決定[43]。

式（7.53）或是（7.53'），已知$\Delta \sigma$為函數，$\log N_c$與$\Delta K_i/\Delta K_c$或是a_i/a_c的關係來描繪，對於通常的疲勞設計，SN曲線與同種的曲線可得，使用在設計上[13]。即是，根據水壓試驗與非破壞試驗，存在龜裂的最大等價尺寸若已知，疲勞壽命N_c的最小值可被推定，與此比較之下，使用期間中或是供用檢查間隔中所預測的荷重反覆數非常小，若作為設計較佳。或是相反地，必要的非破壞檢查之檢出能力，缺陷的容許尺寸，所要的檢查間隔等可被決定。

圖7.17是有關各種金屬材料所測定的da/dN數據為主，分布範圍的圖示[44]。式（7.43）的參數C以及n有大幅的差異，數據的存在範圍幾乎集中在相同帶狀領域之中。這些的三種數據，橫軸以$\Delta K/E$來描繪，幾乎互相重合。不可思議的疲勞龜裂進展速度，即使材料不同也不怎麼會有變化，例如，即使是通常的碳鋼或是高張力鋼也不會有差異。此傾向從圖

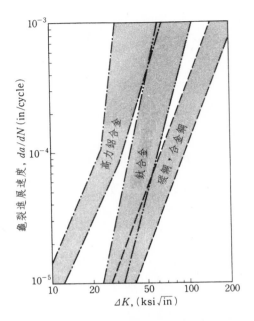

圖7.17　各種金屬材料的疲勞龜裂進展速度

7.14即可知。即使選擇破壞韌性高的材料，a_c或是ΔK_c不怎麼會受到N_c的影響。因此，構造物的安全性提高，只限於N_c，a_i變小是最重要的，因此，特別是提昇非破壞試驗技術，a_i變小的焊接法其他的製造加工法的發達是重要的。而且，對於構造物的信賴度解析，受到信賴度最大的影響，是a_i的機率分布[45]。

　　靜不定構造物中的龜裂進展　具有龜裂試材的靜不定構造物的一部分，作用在此構造物的荷重或是強制位移的變動幅是一定，作用在此試材的應力變動幅$\Delta\sigma$並非一定，伴隨著龜裂進展，此試材的柔度$\lambda(a)$之變動必須考慮，如6.9節所述。即是，假定$a = 0$時的應力變動幅$\Delta\sigma_0$，$a = a_i$時的變動幅$\Delta\sigma_i$，根據式（6.63）

$$\Delta\sigma = \frac{\Delta\sigma_0}{1 + \kappa\{\lambda(a) - \lambda(0)\}/\lambda(0)},\ \Delta\sigma_i = \frac{\Delta\sigma_0}{1 + \kappa\{\lambda(a_i) - \lambda(0)\}/\lambda(0)}\quad（7.54）$$

應力強度因子的變動幅，取代式（7.50）使用下式，

$$\Delta K = \frac{\Delta \sigma_0 g(a)}{1 + \kappa \{\lambda(a) - \lambda(0)\} / \lambda(0)} = \Delta \sigma_i g(a) \frac{1 + \kappa \{\lambda(a_i) - \lambda(0)\} / \lambda(0)}{1 + \kappa \{\lambda(a) - \lambda(0)\} / \lambda(0)} \quad （7.55）$$

若積分式（7.49）即可。其中，κ 是試材兩端的拘束係數。

作為其中一例[46)]，如圖7.18所示試驗片的荷重制御試驗（$\Delta \sigma = $ 一定，$R = 0$），標線間距離 L 之間的位移制御試驗（伸長 $\Delta \lambda = $ 一定）來作比較。

位移制御試驗，$\Delta \sigma$ 的變化方法，根據 $\alpha = W/L$ 的6.10節的知識，由參數 $\kappa \alpha$ 來作決定，實驗值是式（7.54）的比，即是，根據式（6.70）推導的結果與下式吻合一致。

$$\frac{\Delta \sigma}{\Delta \sigma_i} = \frac{1 + \kappa \alpha H(2a_i / W)}{1 + \kappa \alpha H(2a / W)}, \quad 其中，H(\xi) = \pi \int_0^\xi \xi \sec \left(\frac{\pi \xi}{2} \right) d\xi \quad （7.56）$$

即是，荷重制御試驗 $\kappa = 0$，當然，$\Delta \sigma$ 是一定，位移制御試驗（$\kappa = 1$）的情況，$\alpha = W/L$ 的值愈大，$\Delta \sigma$ 的減小愈顯著。所因應的伴隨龜裂進展，ΔK 的增加變緩慢的，龜裂的進展曲線也會不同。此試驗片的情況

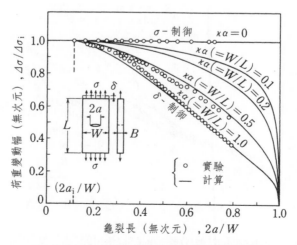

圖7.18　位移制御疲勞試驗的荷重低下

$$\Delta K = \Delta\sigma\sqrt{\pi a}\sqrt{\sec\frac{\pi a}{W}} = \frac{\Delta\sigma_0\sqrt{\pi a}\sqrt{\sec(\pi a/W)}}{1+\kappa\alpha H(2a/W)} \tag{7.57}$$

這些與龜裂進展則

$$\frac{d(2a)}{dN} = C(\Delta K)^n \tag{7.58}$$

使用式（7.49）的積分，龜裂長從$2a_i$到$2a$成長所需的反覆數，如下式。

$$N = \int_{2a_i}^{2a}\frac{d(2a)}{C(\Delta K)^n} = \frac{1}{C(\Delta\sigma_0)^n W^{\frac{n}{2}-1}}\int_{2a_i/W}^{2a/W}\left(\frac{1+\kappa\alpha H(\xi)}{\sqrt{(n\xi/2)\sec(\xi\pi/2)}}\right)^n d\xi \tag{7.59}$$

實驗所用的S45C材料，使用kgf, mm的單位，$n = 2.75$，$C = 8.74\times10^{-10}$。代入上式來求解龜裂進展曲線，與實驗比較如圖7.19所示。圖中的虛線是K_{max}的等高線。

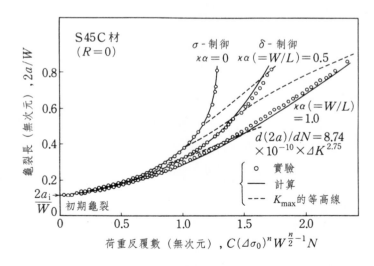

圖7.19　荷重制御以及位移制御試驗的龜裂成長曲線之比較

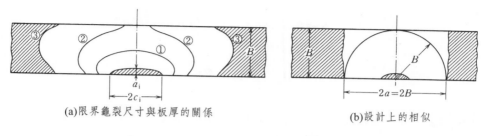

(a)限界龜裂尺寸與板厚的關係

(b)設計上的相似

圖7.20　Leak-before-failure的設計思想

如以上所述，荷重制御疲勞試驗與位移制御疲勞試驗，龜裂成長與壽命的差異可作比較。具單側龜裂樑的單純彎曲與3點彎曲疲勞試驗，實施位移振幅一定，伴隨著龜裂進展K減少的情況也會發生[47]。而且，shank型的彎曲疲勞試驗機等，因為是位移制御型，伴隨著龜裂進展荷重減小的影響，根據上述的方法有必要作修正[46]。

Leak-before-failure的考量方法[48]　存在於壓力容器的內部缺陷或是表面缺陷，由於疲勞或是腐蝕的進展，貫通板厚時，會生成內容物的洩漏，容易被檢測出。例如，圖7.20(a)所示深a_i的缺陷，如①、②、③所示的進展，①的狀態若是限界龜裂尺寸，事前不會有任何徵兆，突然不安定破壞會形成，是極危險，龜裂前端的塑性域因為是平面應變狀態，破壞韌性K_{IC}較低。相對地，③的狀態若是限界尺寸，在之前的②的狀態下會生成洩漏，龜裂的發現較容易。根據Irwin的提案，此洩漏（leak）形成以前不會發生破壞（failure）的設計基準，稱為leak-before-failure criterion。因此，如圖7.20(b)的假定，對於長$2a = 2b$的板厚貫通龜裂，為了不形成破壞，破壞韌性值K_c與使用應力的組合來選擇。

問題 1　龜裂進展則$da/dN = C\Delta K^n$，龜裂尺寸a的應力強度因子變動幅$\Delta K = \Delta\sigma\sqrt{\pi a}$已知，試求解龜裂尺寸$a_i$達到$a$為止的反覆$N$。其中，應力振幅$\Delta\sigma$是一定，$n > 2$。

解答
$$N = \int_0^N dN = \int_{a_i}^a \frac{da}{C(\Delta K)^n} = \frac{1}{C(\sqrt{\pi}\,\Delta\sigma)^n} \int_{a_i}^a \frac{da}{a^{n/2}}$$

$$\therefore \quad N = \frac{1}{C(\sqrt{\pi}\,\Delta\sigma)^n(n/2-1)}\left[\frac{1}{a_i^{n/2-1}} - \frac{1}{a^{n/2-1}}\right] \tag{7.60}$$

問題 2 對於前問題，應力比$R(>0)$，疲勞的破壞韌性K_{cf}，試求解龜裂長a_c，以及破斷壽命$N_c = ?$

解答 圖7.13的R之定義，$K_{max} = \Delta K/(1-R)$，破斷是$K_{max} = K_{cf}$時會形成，

$$\frac{\Delta\sigma\sqrt{\pi a_c}}{1-R} = K_{cf} \quad \therefore a_c = \frac{1}{\pi}\left\{\frac{(1-R)K_{cf}}{\Delta\sigma}\right\}^2$$

若代入式（7.60）的a

$$N_c = \frac{2}{C(\sqrt{\pi}\,\Delta\sigma)^n(n-2)}\left[\frac{1}{a_i^{n/2-1}} - \left\{\frac{\sqrt{\pi}\,\Delta\sigma}{(1-R)K_{cf}}\right\}^{n-2}\right] \tag{7.61}$$

有關初期龜裂K的最大值使用$K_{i\,max} = \Delta\sigma\sqrt{\pi a_i}/(1-R)$

$$N_c = \frac{2}{C\pi(\Delta\sigma)^2(n-2)(1-R)^{n-2}}\left[\frac{1}{K_{i\,max}^{n-2}} - \frac{1}{K_{cf}^{n-2}}\right] \tag{7.61'}$$

問題 3 對於前問題，為求簡單$R = 0$（脈衝），$n = 4$，$a_i \ll a_c$，比使用期間所預測的荷重反覆數N_0還要大的N_c，a_i必須要有多少？以非破壞檢查檢出洩漏缺陷的最大尺寸是$a_T(\ll a_c)$，對於N_c而言，安全率S是供用中檢查間隔$N_T = N_c/S$需要選擇多少？

解答 $N_c = \dfrac{1}{C(\sqrt{\pi}\,\Delta\sigma)^4}\left(\dfrac{1}{a_i} - \dfrac{1}{a_c}\right) \approx \dfrac{1}{C\pi^2(\Delta\sigma)^4 a_i} > N_0$

所以

$$a_i < \frac{1}{C\pi^2 (\Delta\sigma)^4 N_0} \tag{7.62}$$

而且，以反覆數表示的檢查間隔如下式。

$$N_T = \frac{N_c}{S} \approx \frac{1}{C\pi^2 (\Delta\sigma)^4 a_T S} \tag{7.63}$$

問題 4　圖3.2(a)表面缺陷的應力強度因子，長度c比深度a還要大時，圖3.2(b)的二次元近似，應力強度因子的變動幅，根據應力的變動幅$\Delta\sigma$可近似如下式。

$$\Delta K = \Delta\sigma \sqrt{2B \tan\frac{\pi a}{2B}} \tag{7.64}$$

（參照附表2的No.10以及附表3的No.20）。龜裂進展則$da/dN = C(\Delta K)^4$，$\Delta\sigma$一定，試求解從初期缺陷尺寸a_i到限界尺寸a_c成長為止的荷重反覆數$N_c = ?$而且，根據leak-before-failure考量方法，洩漏形成的反覆數N_i有多少數值？

解答

$$\begin{aligned}
N_c &= \int_{a_i}^{a_c} \frac{da}{C(\Delta K)^4} = \frac{1}{C(\Delta\sigma)^4 4B^2} \int_{a_i}^{a_c} \frac{da}{\tan^2(\pi a/2B)} \\
&= \frac{1}{4C(\Delta\sigma)^4 B^2} \left[\frac{2B}{\pi} \cot\frac{\pi a}{2B} + a \right]_{a_c}^{a_i} \\
&= \frac{1}{2\pi C(\Delta\sigma)^4 B} \left[\cot\frac{\pi a_i}{2B} - \cot\frac{\pi a_c}{2B} - \frac{\pi}{2B}(a_c - a_i) \right]
\end{aligned} \tag{7.65}$$

N_i的概略值，取代上式的a，若代入B可求解，

$$N_i \approx \frac{1}{2\pi C(\Delta\sigma)^4 B} \left[\cot\frac{\pi a_i}{2B} - \frac{\pi}{2}\left(1 - \frac{a_i}{B}\right) \right] \tag{7.66}$$

$a \ll B$時，上式可以下式表示，

$$N_i \approx \frac{1}{2\pi C (\Delta\sigma)^4 B} \left[\frac{2B}{\pi a_i} - \frac{\pi}{2} \left(1 - \frac{a_i}{2B} \right) \right]$$

$$\approx \frac{1}{\pi^2 C (\Delta\sigma)^4} \left[\frac{1}{a_i} - \frac{\pi^2}{4B} \right] \tag{7.67}$$

第1項是與問題3的N_c相同值。

7.6　龜裂進展受到環境的影響

　　承受氣體狀或是液體狀的活性環境或是腐食性環境的影響，構造物中存在的巨觀龜裂，以低應力在短時間內破壞的案例時有所聞。線彈性破壞力學的應用領域之一，是針對高張力材料而言，在靜荷重下龜裂進行的應力腐蝕龜裂（stress corrosion cracking，簡稱SCC），經過某潛伏期間後，急速龜裂成長到破壞為止的延遲破壞（delayed fracture）也包含在內。另外的一種，如前節所述，由於反覆荷重下的疲勞之龜裂，同時承受環境影響被加速的腐蝕疲勞（corrosion fatigue）。環境的影響是極複雜，即使現在也有很多不明確之處，作為力學環境的參數，只使用應力強度因子仍是不足夠，從設計、檢查、保守等的工學，到現象論的側面之破壞力學之應用例，簡單作敘述[43),49)]。

　　靜荷重下的龜裂進展（應力腐蝕龜裂）　　通常，稱為應力腐蝕龜裂的孔蝕（pitting）型的破壞，從以前就已知，不鏽鋼、鋁合金、銅合金、軟鋼等在特殊腐蝕環境中承受應力，會生成多數的腐蝕孔（pit），由此發生的群生龜裂與破壞有關。這些的材料，在不活性環境中，全面降伏後就形成破壞的韌性高材料。線彈性破壞力學是否可應用在此種的應力腐蝕龜裂，到現在還未明瞭。

　　在此所述，高張力鋼、鈦合金等的龜裂進行，線彈性破壞力學適

用的妥當性可被確立。這些的材料，問題是在環境中，平滑材儘管幾乎
不形成腐蝕孔，龜裂狀缺陷存在的情況，例如大氣中的水分或是蒸餾水
那樣的，通常不考慮活性的環境中，龜裂以相當的速度成長，到破斷為
止。此領域的研究非常盛行，火箭推進器（booster）的水壓試驗有密切
的關聯。例如，降伏點的1/10左右的低壓力加壓時，加壓開始後經過某
時間會形成破壞，而且，龜裂的成長，直接接觸水從內面形成的事實。
以高張力鋼（300M）作成的油壓桶之應力腐蝕龜裂，與作動油中含有
水分的濃度有密切的關係，由於氫除去劑的添加，龜裂成長速度會減
少。更進一步，對於此種鋼在大氣中的龜裂成長速度，水蒸氣分壓即是
受到溼氣的強烈影響，另外由於氧氣的供給，成長會停止。在水中的龜
裂成長，金屬與水的界面，根據電化學的反應而生成，原子狀態或是離
子狀態的氫有關，氫的擴散速度與龜裂進展速度的比較，受到與破壞機
構有關的氫擴散影響之領域，龜裂前端近傍的極局部位所限制。根據材
料與環境的組合，龜裂進展的機構會有差異，此機構，被龜裂前端的物
理、化學狀態所支配，力學的環境參數，不是標稱應力而應該是應力強度
因子。

　　龜裂的特性尺寸a與時間t的關係，或是，有關龜裂進展速度da/dt的
K依存性，上述的高張力鋼（H-11, 4340, D6A-C, 300M級者），鈦合金
（8Al-1 Mo-1 V-Ti合金等），高力鋁合金（7079-T6等）的高張力材料
等，$K = $一定的實驗，經過若干的時間後，達到穩定狀態，$da/dt = $一
定。即是，至少對於穩定狀態，da/dt與K相依，與σ無關。即是，環境
以Env表示。

$$da/dt = f(K, \text{Env.}) \tag{7.68}$$

的關係成立可被確認。至少有關穩定狀態，以上述的材料無關，全部的
材料與環境的組合，此關係成立與否定並無根據。達到穩定的時間可忽
略，由於a的成長K變化時$dK/da, dK/dt$其他前歷的影響可忽略，da/dt根
據K的瞬時值而決定，龜裂成長過程根據上式可被推定。

龜裂進展速度的K依存性　靜荷重下進展速度的K依存性，不限於高張力材料，不鏽鋼、非鐵合金、玻璃等許多材料，大致上如圖7.21所示的總括，對於Ⅰ,Ⅱ,Ⅲ領域的成長特性之傾向，如下式可近似的表示[50]。

$$\frac{da}{dt} \approx \begin{cases} C_1 + C_2 K & （領域 Ⅰ） \\ C_3 & （領域 Ⅱ） \\ C_4 \cdot C_5^K & （領域 Ⅲ） \end{cases} \qquad （7.69）$$

其中，$C_1 \sim C_5$是根據環境與材料的組合所決定的定數，當然，強烈受到環境因子之一的溫度影響。領域I：K由於da/dt會加速，領域Ⅱ：加速機構的上限速度暗示會飽和，更進一步，領域Ⅲ：不活性環境中的破壞韌性K_{Ic}會收斂到值K_{Ix}，表現出急速的直立特性。

龜裂進展的下限界應力強度因子（K_{Iscc}）　領域Ⅱ的da/dt一般有相當大的數值，例如，鈦合金（8Al-1 Mo-1 V）的3.5%食鹽水中的數值，幾乎是0.01 in/s。因此，在設計上，對於模式I應力腐蝕龜裂的下限界應力強度因子（threshold stress intensity factor for stress corrosion

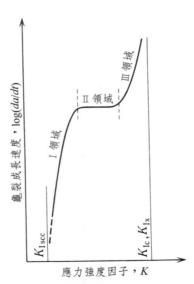

圖7.21　應力腐蝕龜裂的K與da/dt的關係

cracking）K_{Iscc}是重要的，K若是在此值以上，在極短時間內會形成破壞，K為了確保比K_{Iscc}還要低的值而設計。K的初期值K_i，即是，從初期龜裂尺寸a_i與標稱應力σ的初期值所決定的K值若比K_{Iscc}還要小，龜裂不會進展，若是K_{Iscc}以上，如圖1.3所示，龜裂會成長，通常隨著a增大K也會成長，達到K_{Ix}時，在點t_c會破斷。此關係如圖7.22的模式，破斷時間曲線是根據試片尺寸與$K = g(a)$的函數形，當然會有不同。但是，某K的水準以下，這些的曲線與水平線漸近，而且，K減少形式的試驗，達到相同K的水平時，從龜裂成長會停止的實驗事實，K_{Iscc}的存在，與疲勞有關的ΔK_{th}確實會有不同。

　　圖7.23是此種實驗結果之一例[51]，全部在$\sigma_B = 240$ksi的水平下，熱處理具龜裂試片，在蒸餾水中的試驗，某潛伏期間（incubation time）之後龜裂成長會開始，到破斷為止。從此例來看，在極低K值下短時間內會形成破壞。圖7.24，根據熱處理改變降伏點來測定K_{Iscc}[52]，σ_{ys}愈高時，K_{Iscc}比K_{Ix}與K_{Ic}還要小，應力腐蝕龜裂，或是，延遲破壞是重大問題可被理解。

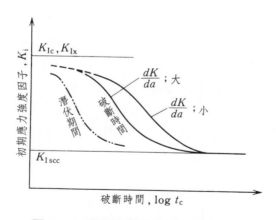

圖7.22　應力腐蝕龜裂的延遲破壞

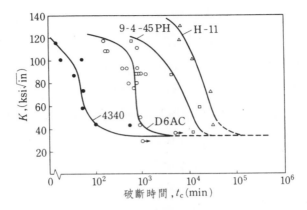

圖7.23 高張力鋼的蒸餾水中之延遲破壞

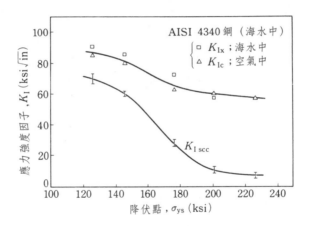

圖7.24 強度水平的K_{Iscc}變化

破斷時間的推定 已知龜裂進展速度（式（7.68）），K作為a的函數，如$K = g(a)$所示的情況。

$$\frac{da}{dt} = f(K, \text{Env.}) = f\{g(a), \text{Env.}\}$$

破斷時間t_c形式上可推定為下式。

$$t_c = t_i + \int_{a_i}^{a_c} \frac{da}{f\{g(a), \text{Env.}\}} \tag{7.70}$$

其中，a_c是限界龜裂尺寸，t_i是潛伏期間。但是，如前述，設計上$K_i <$
K_{Iscc}是必要的，t_c的推定不怎麼重要的。如圖7.23所示試驗結果被整理，
此種的計算是必要的。

　　應力腐蝕的試驗，利用試片與取付框的彈性變形，由於強制位移
給予荷重的形式經常被使用，此情況是伴隨龜裂進展，試片的剛性會減
小，標稱應力σ的初期值比σ_i還要小。因此，如6.10節所述柔度的修正，
使用$K = g(a)$的關係式，da/dN的實驗結果之整理有必要實施。欠缺考慮
此點的實驗報告未被發現，有必要修正。

腐蝕疲勞的龜裂進展[49]　　活性環境或是腐蝕性環境中，腐蝕疲勞的
進展速度$(da/dN)_{CF}$，如前節所述，比乾燥大氣中或是不活性氣體中的進
展$(da/dN)_F$還要被加速，此加速特性如圖7.25被分類[53]。A型是鋁合金與
水溶液環境的組合代表，反覆荷重與環境的相乘結果。B型是高張力鋼
與氫的組合代表，靜荷重下的進展速度$(da/dN)_{SCC}$被加算，相乘效果可
忽視。大部分的合金與環境組合，A，B兩型的中間稱為C型。如前述，
K_{Iscc}以上的K之水平，幾乎確定在短時間會破壞，工業上對於$K_{max} < K_{Iscc}$
的領域，腐蝕疲勞是重要的。

　　作為龜裂進展速度最單純的，大氣中疲勞與靜荷重下的應力腐蝕龜
裂因為是線性加算[54]，對應的B型如下式。

$$\left(\frac{da}{dN}\right)_{CF} = \int_\tau \left(\frac{da}{dt}\right)_{SCC} dt + \left(\frac{da}{dN}\right)_F$$
$$= \int_\tau f\{K(t), \text{Env.}\} dt + \left(\frac{da}{dN}\right)_F \tag{7.71}$$

其中，f是式（7.68）的函數，經過1循環的時間τ，此進展則使用K的瞬
間值$K(t)$之積分。此腐蝕疲勞的不必要實驗是其優點，$K_{max} > K_{Iscc}$的領域
右邊第1項，顯著較大時被使用，有各種的問題，修正式[55]等被檢討中。

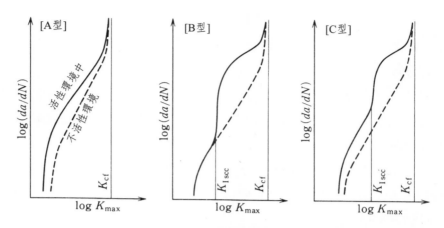

圖7.25   腐食疲勞龜裂進展特性的分類

　　腐蝕疲勞的電化學環境Env.，溫度T，週期τ等的影響極複雜，現在，因應實際的使用狀況，實施環境的腐蝕疲勞實驗。工業上重要的$K_{max} < K_{Iscc}$領域的C型以及A型，實驗結果的整理方法如下，

$$\left(\frac{da}{dt}\right)_{CF} = D\,(t)(\Delta K)^m \tag{7.72}$$

檢討$D(t)$方式[56]，以大氣中的疲勞試驗為基準，

$$\left(\frac{da}{dt}\right)_{CF} = L(\Delta K, \tau, T, \text{Env.})\left(\frac{da}{dN}\right)_F \tag{7.73}$$

檢討函數L的方式[55),57)]等被考慮。靜荷重下的應力腐蝕龜裂，從高張力到超高張力材料為對象，腐蝕疲勞，通常使用低強度的構造用材料，是重要的問題，大多根據線彈性破壞力學來整理[58]，這些材料如前述，也會生成孔蝕（pitting）形式的應力腐蝕龜裂之材料，環境損傷並不限制在龜裂前端近傍。因此，特別是在進展速度的低領域，龜裂進展的原動力之力學環境，以K的程度表示，有很大的檢討空間。材料強度問題，特別是如應力腐蝕那樣，極複雜受到多數的要因影響，以物理化學現象為對象，L所示函數單純的現象論被實驗觀察，幾乎是不可能。工學的目

的提供「合理的預測」，以材料科學為基礎的理論洞察，被整理後的完整實驗，首先的成果可得，今後的發展可有很大的期待。

　　疲勞與靜荷重的環境龜裂進行之評價　全部如上述的，腐蝕性環境下承受靜荷重，龜裂進展的下限界K_{Iscc}存在，廣泛被認可。而且，K超越K_{Iscc}的情況，一般，非常短時間內幾乎確定會破壞，K_{Iscc}是設計上重要特性值。荷重反覆的情況，ΔK即使在K_{Iscc}以下龜裂會進展，此進展速度承受複雜的環境影響。像這樣的環境中，受到反覆荷重的強度影響，是圖7.26[43]。腐蝕環境下的下限界ΔK_{th}的存在是疑問的，實用上考慮使用期間，決定適當的龜裂進展速度（例如$da/dN = 5 \times 10^{-5}$in/c等）所對應的龜裂尺寸之限定值。圖的陰影部分之資訊是重要的，現在正活躍進行研究中。

　　有關疲勞與腐蝕環境的材料評價之案例　有關腐蝕性環境中使用材料評價的一案例介紹如下[43]。圖7.27的淬火回火AISI 4340鋼，改變回火溫度，降伏點會變化，應力腐蝕龜裂與疲勞的影響對於降伏點的考察，此種的觀點，為了要輕量化等是重要的思考。

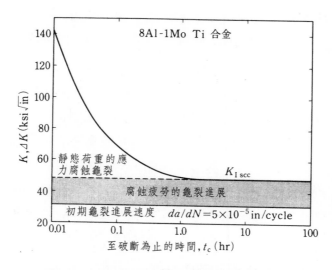

圖7.26　鈦合金的疲勞以及腐蝕之評價例

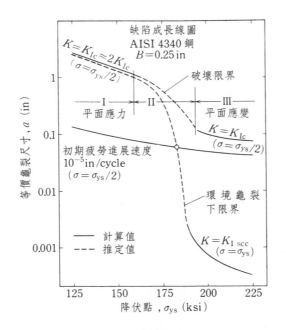

圖7.27 應力腐蝕龜裂與疲勞的缺陷之成長行為

　　首先，使用板厚0.25in，形成脆性破壞的限界尺寸法a_c之表示線條，是最上部所描繪的。即是，參照圖7.24的K_{Ic}值參照，有關圖7.6的三個領域，平面應變領域III與平面應力領域I之間的暫態領域II之範圍，考慮板厚σ_{ys} = 160～190 ksi。對於σ_{ys}的安全率取2，使用應力假定是σ = $\sigma_{ys}/2$，III的領域（σ_{ys} > 190 ksi）的限界龜裂尺寸，使用K_{Ic}值如實線所示，領域I（σ_{ys} < 160 ksi）推定兩個K_c = $2K_{Ic}$，拉出a_c的實線。領域II是連接兩者，如破線所示拉出推定線。應力腐蝕龜裂的限界龜裂寸法，在領域III附近，參照圖7.24的數據，例如，5×10^{-3}in/c那樣低的數值，微觀組織的不均一性，第2相粒子，空洞，介在物等微觀的應力集中的影響，所承受尺寸的程度。因此，作為工學的推定，σ_{ys}程度的高應力，作用在此龜裂時，σ = σ_{ys}，描繪$K = K_{Iscc}$的限界尺寸線，從$\sigma = \sigma_{ys}/2$的領域I部分，如虛線的推定線被描繪。其他，有關疲勞的龜裂進展，考慮使

用期間，初期龜裂的進展速度非常低值10^{-5}in/c，對應ΔK的容許龜裂尺寸，疲勞龜裂進展速度的數據可求得。

觀察此圖，從兩個曲線交點的右側，即是$\sigma_{ys} > 180$ ksi的材料，以應力腐蝕龜裂為基礎的龜裂成長是主要問題，疲勞的成長可忽視。為何如此，即使具有非常低K值的小龜裂，超越K_{Iscc}，相當急速的成長，達到限界龜裂尺寸。像這樣的低K值，疲勞的龜裂尺寸在環境的影響下，以怎樣的程度被加速，尚未十分明瞭。另外，低σ_{ys}的材料，由於疲勞的龜裂進展成為問題，恐怕會有應力腐蝕龜裂的影響。

以上的解析以觀點與會定量地實行，有關環境中的龜裂進展知識尚不足夠，正確實施實際構造物的壽命預測較困難。此領域的研究是今後的展望。

APPENDIX
二次元龜裂的彈性論入門

>>>>>>>>>>>>>>>>>>>>>>>>>>>>>>>>>>>>>>

　　本章，概說二次元位移場的彈性論之基礎與其龜裂問題的應用。本章的目的，說明破壞力學的基礎式，以怎樣的根據為基礎，從已知解的應力函數，計算必要資訊（應力、位移的分布等）的方法等，表現初步的事項。彈性問題的解法，本講座第2卷有詳細討論。

　　2.3節說明，龜裂前端的位移場，以x以及y的函數，如式（2.13）所示。

$$\left.\begin{aligned} u &= u(x, y), \\ v &= v(x, y), \\ w &= w(x, y) \end{aligned}\right\} \tag{A.1}$$

其中，二次元彈性論如下式，

$$u = u(x, y), \quad v = v(x, y) \tag{A.2}$$

有關w，平面應變與平面應力的兩極端狀態為對象。另外，扭轉的彈性論採用下式。

$$u = 0, \quad v = 0, \quad w = w(x, y) \tag{A.3}$$

而且，兩者的和如式（A.1）所示。解析一般三次元物體的龜裂，必須根據三次元彈性論，二次元的物體，以及三次元的物體也在龜裂前端附近的z處，作獨立變形狀態的解析，二次元彈性論與扭轉的彈性論是足夠。

A.1　二次元的彈性基礎式

　　應變以及迴轉　　位移u, v是微小的情況，根據式（A.2）的位移成分，生成xy面的應變成分$\varepsilon_x, \varepsilon_y, \gamma_{xy}$以及迴轉$w$，如下式所示[1]。

$$\varepsilon_x = \frac{\partial u}{\partial x}, \quad \varepsilon_y = \frac{\partial v}{\partial y}, \quad \gamma_{xy} = \frac{\partial v}{\partial x} + \frac{\partial u}{\partial y}, \Big\}$$
$$\omega = \frac{1}{2}\Big(\frac{\partial v}{\partial x} - \frac{\partial u}{\partial y}\Big) \tag{A.4}$$

適合的條件　上述應變的3成分，兩個獨立位移成分與此式的關係連結，應變的3成分是獨立的。積分上述應變的相關式，求解u, v的充分必要條件，稱為適合條件[1]。

$$\partial^2\varepsilon_x/\partial y^2 - \partial^2\gamma_{xy}/\partial x\partial y + \partial^2\varepsilon_y/\partial x^2 = 0 \tag{A.5}$$

式（A.4）滿足式（A.5）代入立即可知，此相反的證明也可得。應變成分，必須滿足此條件。

應力的平衡方程式　物體內任意點的相關應力成分，此點假定是微小六面體，考量在此表面上作用力的平衡，有關x方向以及y方向，體積力（重力、慣性力等）不作用的情況[1]。

$$\frac{\partial\sigma_x}{\partial x} + \frac{\partial\tau_{xy}}{\partial y} = 0, \quad \frac{\partial\tau_{xy}}{\partial x} + \frac{\partial\sigma_y}{\partial y} = 0 \tag{A.6}$$

z軸附近的力矩平衡式，τ_{xy}相當於τ_{yz}，並無區別，力矩的平衡會自動滿足。

應力與應變的關係　上述的各式，變形的幾何學，以及，力平衡的個別關係，彈性、塑性、黏彈性等，與物體的性質無關，而成立。線彈性破壞力學，應力與應變關係是線性，作為構成方程式的出發點。有關等方・均質的彈性體，應力與應變之間會成立下式。

$$E\varepsilon_x = \sigma_x - \nu(\sigma_y + \sigma_x), \quad G\gamma_{xy} = \tau_{xy}, \Big\}$$
$$E\varepsilon_y = \sigma_y - \nu(\sigma_z + \sigma_x), \quad G\gamma_{yz} = \tau_{yz}, \Big\}$$
$$E\varepsilon_z = \sigma_z - \nu(\sigma_x + \sigma_y), \quad G\gamma_{zx} = \tau_{zx}, \Big\} \tag{A.7}$$

縱彈性係數（楊氏模數）E，剪斷彈性係數（剛性率）G，蒲松比ν之中，只有兩個獨立的量，三者之間有如下的關係。

$$E = 2G(1 + \nu) \tag{A.8}$$

$$\varepsilon_z = \frac{\partial w}{\partial z}, \quad \gamma_{xz} = \frac{\partial w}{\partial x} + \frac{\partial u}{\partial z}, \quad \gamma_{yz} = \frac{\partial w}{\partial y} + \frac{\partial v}{\partial z} \tag{A.9}$$

使用式（A.7），平面應變（$w = 0$或是一定）的情況如下。

$$\left.\begin{array}{l} \sigma_z = \nu(\sigma_x + \sigma_y), \quad \varepsilon_z = 0 \\ \tau_{xz} = \tau_{yz} = 0 \end{array}\right\} \quad （平面應變） \tag{A.10}$$

平面應力狀態如下式的狀態。

$$\sigma_z = \tau_{xz} = \tau_{yz} = 0 \quad （平面應力） \tag{A.11}$$

因為$\sigma_z = 0$，根據式（A.7）如下式。

$$E\varepsilon_z = -\nu(\sigma_x + \sigma_y) \quad （平面應力） \tag{A.12}$$

如薄板所示，與其他的尺寸比較，z方向的厚度非常小，比xy面的成分σ_x, σ_y, τ_{xy}，殘留的成分還要小，式（A.11）會近似成立，作為平面應力狀態求解xy面相關的應力、應變以及位移，實際上，這些值儘管分布在z方向上，板厚方向的平均值可近似的求解。平衡方程式與適合條件式，與板厚平均相關的會成立。此狀態稱為平均平面應力狀態（generalized plane stress state），與純粹的平面應力狀態有區別。

採用二次元彈性論，有關xy面的應力與應變之關係，對於平面應變或是平面應力，從式（A.7）消去$\sigma_z = \upsilon(\sigma_x + \sigma_y)$或是$\sigma_z = 0$可得。由式（A.8）的$E$，以$G$, ν置換，此關係對於兩方的應力狀態，共通的形式如下。

$$\left.\begin{array}{l} 2G\varepsilon_x = \dfrac{\kappa + 1}{4}(\sigma_x + \sigma_y) - \sigma_y, \\[2mm] 2G\varepsilon_y = \dfrac{\kappa + 1}{4}(\sigma_x + \sigma_y) - \sigma_x, \\[2mm] 2G\gamma_{xy} = 2\tau_{xy} \end{array}\right\} \tag{A.13}$$

其中

$$\kappa = \begin{cases} 3 - 4\nu \\ (3 - \nu)/(1 + \nu) \end{cases} \quad （平面應力） \tag{A.14}$$

A.2　Airy的應力函數

　　求解應力作為未知變數的問題，Airy的應力函數經常被使用。x, y的實函數$U = U(x, y)$如下式，

$$\sigma_x = \frac{\partial^2 U}{\partial y^2}, \quad \sigma_y = \frac{\partial^2 U}{\partial x^2}, \quad \sigma_{xy} = -\frac{\partial^2 U}{\partial x \partial y} \tag{A.15}$$

根據2階的偏微分可得應力，稱為Airy的應力函數（Airy's stress function）。此關係代入平衡方程式（A.6），此應力成分可自動滿足此方程式。適合條件式（A.5），應力—應變關係式（A.13）代入，應力成分如下式，

$$\frac{\kappa + 1}{4}\left(\frac{\partial^2}{\partial x^2} + \frac{\partial^2}{\partial y^2}\right)(\sigma_x + \sigma_y) - \left(\frac{\partial^2 \sigma_x}{\partial x^2} + 2\frac{\partial^2 \tau_{xy}}{\partial x \partial y} + \frac{\partial^2 \sigma_y}{\partial y^2}\right) = 0$$

式（A.15）代入，以應力關數U來改寫適合條件式。

$$\partial^4 U/\partial x^4 + 2\partial^4 U/\partial x^2 \partial y^2 + \partial^4 U/\partial y^4 = 0 \tag{A.16}$$

或是，Laplacc的演算子$\Delta = \partial^2/\partial x^2 + \partial^2/\partial y^2$ 2次作用為0，即是如下式。

$$\Delta\{\Delta U(x, y)\} = 0，或是，\Delta^2 U(x, y) = 0 \tag{A.16'}$$

滿足式（A.16）的函數$U(x, y)$，一般稱為重調和函數（biharmonic function）

$$\Delta \zeta(x, y) = 0$$

滿足調和函數（harmonic function）$\zeta(x, y)$的一種擴張。

　　從以上所述，二次元彈性論的解法，因為是重調和函數，回歸到滿足境界條件的應力函數$U(x, y)$所見的問題。即是，對於彈性論，在圖A.1的境界L占有圍成領域D的彈性體，境界上的外力$\overline{T}$或是強制移位$\overline{u}$，滿足此境界條件求解應力與位移。圖的境界L_1上所示孔（包含龜裂），貫通此物體的情況，$L + L_1$所圍成領域D稱複連結領域，此情況有關$\overline{T}$與$\overline{u}$滿足境界條件，如後述，有必要確認位移是座標的一價函數。重調和函數之中滿足這些條件，從這個應力函數所得的應力與位移之解，以外的解不存在（解的唯一性）。

　　合力以及合力矩　圖A.1領域D的境界或是內部假定的任意曲線Γ，從上面點A朝向點B，右側的部分通過Γ受到左側表面力T（成分T_x, T_y）的點A到B的總和是合力P（每單位厚度的力），此x成分與y成分的應力函數分別如下式。

$$P_x \equiv \int_A^B T_x ds = \left[\frac{\partial U}{\partial y}\right]_A^B , \quad P_y \equiv \int_A^B T_y ds = -\left[\frac{\partial U}{\partial x}\right]_A^B \tag{A.17}$$

$[\ ]_A^B$是括弧內的量的點B值到點A值的相減數值。為何如此，如圖A.1所示弧長ds是斜邊作用微小三角形要素的力平衡如下式，

$$dP_x(\equiv T_x ds) = \sigma_x dy - \tau_{xy} dx = \frac{\partial^2 U}{\partial x \partial y} dx + \frac{\partial^2 U}{\partial y^2} dy = d\frac{\partial U}{\partial y}$$

沿著弧長s從A到B積分，可得P_x。有關P_y也是同樣。從A到B的Γ上作用T，原點O的附近的合力矩（每單位厚度），根據類似的計算可得到下式。

$$M_0 \equiv \int_A^B (-yT_x + xT_y)ds = \left[U - x\frac{\partial U}{\partial x} - y\frac{\partial U}{\partial y}\right]_A^B \tag{A.18}$$

　　應力函數的一般形　採用調和函數與重調和函數，利用複數函數的知識是便利的。現在，複數變數z定義如下。

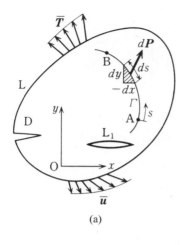 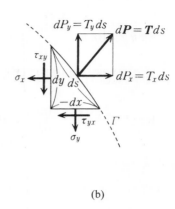

(a)　　　　　　　　　　　　(b)

圖A.1　通過境界Γ的作用力

$$z = x + iy, \quad \text{其中，} i = \sqrt{-1}$$

本章因為探討二次原問題，與座標z不混同。z的複數函數$\eta(z)$的實部以及虛部，分別以Re $\eta(z)$以及Im $\eta(z)$表示，這些是x以及y的實函數。

$$\eta(z) = \text{Re } \eta(z) + i \text{ Im } \eta(z)$$

此函數，在考慮的領域內，z相關的微分可能，$\eta(z)$在此領域稱為正則，此函數稱為解析函數。作為變數只有z通常的複數函數，除去特異點是為正則。正則函數的z相關微分如下，

$$\frac{d\eta(z)}{dz} = \eta'(z), \quad \frac{d^2\eta(z)}{dz^2} = \eta''(z), \quad \cdots$$

這些為正則，因此，連續且微分可能。而且，與積分之項也相同的正則。

　　微分可能，z面的任意方向之微係數存在，而且，採用相等值。獨立的2方向採用x方向（$dz = dx$）以及y方向（$dz = d(iy)$），微係數若等值，

$$\frac{d\eta(z)}{dz} = \frac{\partial \eta(z)}{\partial x} = \frac{1}{i} \frac{\partial \eta(z)}{\partial y}$$

區分為實部與虛部，下式的關係會成立。

$$\mathrm{Re}\,\eta' + i\,\mathrm{Im}\,\eta' = \frac{\partial\mathrm{Re}\,\eta}{\partial x} + i\frac{\partial\mathrm{Im}\,\eta}{\partial x} = \frac{1}{i}\left(\frac{\partial\mathrm{Re}\,\eta}{\partial y} + i\frac{\partial\mathrm{Im}\,\eta}{\partial y}\right)$$

因此，實部與虛部在各邊相等會成立。

$$\mathrm{Re}\,\eta' = \frac{\partial\mathrm{Re}\,\eta}{\partial x} = \frac{\partial\mathrm{Im}\,\eta}{\partial y}, \quad \mathrm{Im}\,\eta' = \frac{\partial\mathrm{Im}\,\eta}{\partial x} = -\frac{\partial\mathrm{Re}\,\eta}{\partial y} \qquad （A.19）$$

除去最左邊，稱為Cauchy-Riemann的微分方程式，實際上，$\eta(z)$是正則的必要充分條件。使用複數函數，根據此式微分與積分容易實施，是此優點之一。之後為了方便，此式再一次適用，求解二階的微係數。即是，

$$\left.\begin{aligned}\mathrm{Re}\,\eta'' &= \frac{\partial^2\mathrm{Re}\,\eta}{\partial x^2} = -\frac{\partial^2\mathrm{Re}\,\eta}{\partial y^2} = \frac{\partial^2\mathrm{Im}\,\eta}{\partial x\partial y}, \\ \mathrm{Im}\,\eta'' &= \frac{\partial^2\mathrm{Im}\,\eta}{\partial x^2} = -\frac{\partial^2\mathrm{Im}\,\eta}{\partial y^2} = -\frac{\partial^2\mathrm{Re}\,\eta}{\partial x\partial y}.\end{aligned}\right\} \qquad （A.20）$$

從此二式，

$$\Delta\mathrm{Re}\,\eta(z) \equiv \left(\frac{\partial^2}{\partial x^2} + \frac{\partial^2}{\partial y^2}\right)\mathrm{Re}\,\eta(z) = 0,$$

$$\Delta\mathrm{Im}\,\eta(z) = \left(\frac{\partial^2}{\partial x^2} + \frac{\partial^2}{\partial y^2}\right)\mathrm{Im}\,\eta(z) = 0$$

即是，任意解析函數的實部以及虛部，分別是調和函數。$\xi(x, y)$是調和函數時，

$$\xi(x, y), \quad x\xi(x, y), \quad y\xi(x, y), \quad (x^2+y^2)\xi(x, y)$$

是重調和函數，Laplace的演算子Δ二次作用立即可知。因此，從各種的解析函數，求得ξ之後製作上述的實函數，根據這些線性結合，使用Airy的應力函數，可得各種的重調和函數。但是，所得的因為是重複，一般採用彈性問題時會不方便。重調和函數$U(x, y)$的不重覆一般形，根

據Goursat [2)]的求解，$\phi(z)$以及$\chi(z)$作為任意的解析函數，可得下式。

$$U(x, y) = \text{Re}\{\bar{z}\phi(z) + \chi(z)\} \tag{A.21}$$

但是，記號-是複數共役即是改變虛部的符號表示，例如，$\bar{z} = x - iy$。

證明 獨立變數x以及y的取代，考慮z與的獨立變數。即是

$$z = x + iy, \bar{z} = x - iy$$

考慮變數變換，偏微分如下式。

$$\left.\begin{array}{l} \dfrac{\partial}{\partial x} = \dfrac{\partial z}{\partial x}\dfrac{\partial}{\partial z} + \dfrac{\partial \bar{z}}{\partial x}\dfrac{\partial}{\partial \bar{z}} = \dfrac{\partial}{\partial z} + \dfrac{\partial}{\partial \bar{z}}, \\[3mm] \dfrac{\partial}{\partial y} = \dfrac{\partial z}{\partial y}\dfrac{\partial}{\partial z} + \dfrac{\partial \bar{z}}{\partial y}\dfrac{\partial}{\partial \bar{z}} = i\dfrac{\partial}{\partial z} - i\dfrac{\partial}{\partial \bar{z}}, \end{array}\right\}$$

使用新變數Laplace運算子的改寫如下

$$\Delta = \frac{\partial^2}{\partial x^2} + \frac{\partial^2}{\partial y^2} = \left(\frac{\partial^2}{\partial z^2} + 2\frac{\partial^2}{\partial z \partial \bar{z}} + \frac{\partial^2}{\partial \bar{z}^2}\right)$$
$$+ \left(-\frac{\partial^2}{\partial z^2} + 2\frac{\partial^2}{\partial z \partial \bar{z}} - \frac{\partial^2}{\partial \bar{z}^2}\right) = 4\frac{\partial^2}{\partial z \partial \bar{z}}$$

因此，$U(x, y)$是重調和函數。

$$\partial^4 U / \partial z^2 \partial \bar{z}^2 = 0$$

順次積分如下式

$$\frac{\partial^2 U}{\partial z \partial \bar{z}^2} = f_1(\bar{z}), \quad \frac{\partial^2 U}{\partial z \partial \bar{z}} = \int f_1(\bar{z})d\bar{z} + f_2(z),$$

$$\frac{\partial U}{\partial \bar{z}} = z\int f_1(\bar{z})d\bar{z} + \int f_2(z)dz + f_3(\bar{z}),$$

$$\therefore \quad U = z\iint f_1(\bar{z})d\bar{z}d\bar{z} + \bar{z}\int f_2(z)dz + \int f_3(\bar{z})d\bar{z} + f_4(z)$$

其中，$f_1, \cdots, f_4$，積分時表現的z或是的任意函數。原本，U的微

分可能性作為前提，上式$\phi(z)$, $\phi_c(\bar{z})$, $\chi(z)$，以及，$\chi_c(\bar{z})$作為微分可能的任意函數，與下式是相同的。

$$2U = \bar{z}\phi(z) + z\phi_c(\bar{z}) + \chi(z) + \chi_c(\bar{z})$$

更進一步，U對於任意的z，$\bar{z}$因為是實函數，$U - \bar{U} = 0$

$$\phi_c(\bar{z}) = \overline{\phi(z)}，以及，\chi_c(\bar{z}) = \overline{\chi(z)}$$

其中，$\overline{\phi(z)} \equiv \mathrm{Re}\,\phi(z) - i\,\mathrm{Im}\phi(z)$，$\overline{\phi(z)} \equiv \mathrm{Re}\,\chi(z) - i\,\mathrm{Im}\chi(z)$，表示複數共役。因此，$2U = \bar{z}\phi(z) + z\overline{\phi(z)} + \chi(z) + \overline{\chi(z)} = 2\mathrm{Re}\{\bar{z}\phi(z) + \chi(z)\}$（證明完畢）

因此，$\eta(z)$以及$\zeta(z)$作為任意的解析關數，

$$\phi(z) = -\frac{1}{2i}\eta(z), \quad \chi(z) = \frac{1}{2i}z\eta(z) + \zeta(z).$$

或是

$$\phi(z) = \frac{1}{2}\eta(z), \quad \chi(z) = \frac{1}{2}z\eta(z) + \zeta(z).$$

或是，

$$\phi(z) = z\eta(z), \quad \chi(z) = \zeta(z)$$

若代入式（A.21），應力函數的一般形分別如下式。

$$U(x, y) = \mathrm{Re}\{y\eta(z) + \zeta(z)\} = y\mathrm{Re}\,\eta(z) + \mathrm{Re}\,\zeta(z), \tag{A.21'}$$

$$U(x, y) = \mathrm{Re}\{x\eta(z) + \zeta(z)\} = x\mathrm{Re}\,\eta(z) + \mathrm{Re}\,\zeta(z), \tag{A.21''}$$

$$U(x, y) = \mathrm{Re}\{(x^2 + y^2)\eta(z) + \zeta(z)\} = (x^2 + y^2)\mathrm{Re}\,\eta(z) + \mathrm{Re}\,\zeta(z)$$
$$\tag{A.21'''}$$

即是，調和函數Re $\zeta(z)$之外，調和函數Re $\eta(z)$與y, x或是$(x^2 + y^2)$的任一其中的乘積，全部的重調和函數表示。

A.3　Goursat的應力函數

Airy應力函數的一般形以式（A.21）表示，取代$\chi(z)$，$\chi'(z) \equiv \psi(z)$作為任意的解析函數，

$$U(x,y) = \text{Re}\left\{ \bar{z}\phi(z) + \int^z \psi(z)dz \right\}, \tag{A.22}$$

即是，如下式

$$U(x,y) = x\text{Re}\,\phi(z) + y\,\text{Im}\,\phi(z) + \text{Re}\int^2 \psi(z)\,dz \tag{A.22'}$$

這個$\phi(z)$與$\psi(z)$，此關係最初導入的學者，稱為Goursat的應力函數。也稱為Goursat-Kolosov-Muskhelishvili的應力函數。有關此應力函數的諸式列記如下[3),4)]。

應力

$$\begin{aligned}(\sigma_y + \sigma_x)/2 &= \phi'(z) + \overline{\phi'(z)} = 2\text{Re}\,\phi'(z), \\ (\sigma_y - \sigma_x)/2 + i\tau_{xy} &= \bar{z}\phi''(z) + \psi'(z).\end{aligned} \right\} \tag{A.23}$$

第2式，左右兩邊的實部與虛部互等所示。因此，上式實數的意味，有關$\sigma_y + \sigma_x$，$\sigma_y - \sigma_x$，τ_{xy}表示三個的方程式，各應力成分可求。

證明　式（A.22）代入式（A.15），有關微分演算Cauchy-Riemann的關係，使用式（A.19）以及式（A.20）。

$$\left.\begin{array}{l}\sigma_x = \partial^2 U/\partial y^2 = 2\mathrm{Re}\ \phi' - (x\mathrm{Re}\ \phi'' + y\mathrm{Im}\ \phi'' + \mathrm{Re}\ \psi'), \\ \sigma_y = \partial^2 U/\partial x^2 = 2\mathrm{Re}\ \phi' - (x\mathrm{Re}\ \phi'' + y\mathrm{Im}\ \phi'' + \mathrm{Re}\ \psi'), \\ \tau_{xy} = -\partial^2 U/\partial x\partial y = (x\mathrm{Im}\ \phi'' - y\mathrm{Re}\ \phi'' + \mathrm{Im}\ \psi')\end{array}\right\} \quad (\text{A.23}')$$

類似的式子反覆表示，式（A.23）的形式整理是便利的。

位移以及迴轉　根據上式來求應變，若積分可求位移。但是，積分時所表現的積分定數，因為剛體的並進與迴轉的項，可以省略。

$$2G(u+iv) = \kappa\phi(z) - z\overline{\phi'(z)} - \overline{\psi(z)}. \qquad (\text{A.24})$$

迴轉ω以下式表示。

$$2G\omega = (\kappa+1)\mathrm{Im}\ \phi'(z). \qquad (\text{A.25})$$

或是，式（A.23）的第1式合併考慮，

$$\frac{\sigma_y + \sigma_x}{2} + i\frac{4G}{\kappa+1}\omega = 2\phi'(z) \qquad (\text{A.26})$$

$\phi'(z)$的實部與虛部是主應力和以及迴轉的對應。

證明　式（A.23'）的應力代入（A.13）可求應變，與位移的關係以式（A.4）表示。即是，

$$2G\frac{\partial u}{\partial x} = 2G\varepsilon_x = \frac{\kappa+1}{4}(\sigma_x + \sigma_y) - \sigma_y$$
$$= \kappa\ \mathrm{Re}\ \phi' - \mathrm{Re}\ \phi' - x\ \mathrm{Re}\ \phi'' - y\ \mathrm{Im}\ \phi'' - \mathrm{Re}\ \psi'.$$

根據Cauchy-Riemann的關係可得（A.19），

$$2G\frac{\partial u}{\partial x} = \frac{\partial}{\partial x}(\kappa\mathrm{Re}\ \phi - x\mathrm{Re}\ \phi' - y\mathrm{Im}\ \phi' - \mathrm{Re}\ \psi)$$

同樣計算$\partial v/\partial y = \varepsilon_y$，再使用Cauchy-Riemann的關係式，$x$以及$y$分別積分，

$$2Gu = \kappa \mathrm{Re}\,\phi - x\mathrm{Re}\,\phi' - y\mathrm{Im}\,\phi' - \mathrm{Re}\,\psi + f_1(y), \Big\}$$
$$2Gv = \kappa \mathrm{Im}\,\phi - x\mathrm{Im}\,\phi' - y\mathrm{Re}\,\phi' - \mathrm{Im}\,\psi + f_2(y). \Big\} \qquad （A.24'）$$

其中，$f_1(y)$，$f_2(x)$，分別是y，x的函數。此位移u以及v與式（A.23'）的τ_{xy}，式（A.4）以及（A.13）的關係，即是可全部滿足，

$$\tau_{xy}(= G\gamma_{xy}) = G(\partial u/\partial y + \partial v/\partial x)$$

式（A.24'）的u和v代入此式，$f_1(y)$與$f_2(x)$滿足的關係式如下。

$$df_1(y)/dy + df_2(x)/dx = 0$$

即是，$f_1(y)$以及$f_2(x)$分別是y以及x的一次式，ω_0，u_0，v_0作為實定數的型態。

$$f_1(y) = 2G(-\omega_0 y + u_0), \quad f_2(x) = 2G(\omega_0 x + v_0) \qquad （A.27）$$

即是，表示剛體的迴轉（ω_0）與並進（u_0, v_0）的數項，不生成應力。即是，這樣的變形，$\phi(z)$，$\psi(z)$之中的應力不受影響，可包含附加數項（參照A.5節，式（A.43）），

$$\phi_0(z) = iA'z + \alpha_0, \quad \psi_0(z) = \beta_0 （其中，A'是實定數，α_0，β_0是複數$$
定數）$\qquad （A.28）$

因應問題可決定的自由度，f_1，f_2皆是0。如此所得的複數表示式（A.24'）的位移成分，是式（A.24）。所得位移若代入式（A.4），可得迴轉的式（A.25）。

合力以及合力矩　若使用式（A.22'）的應力函數，式（A.17）的合力如下，

$$P_x + iP_y = -i[\phi(z) + z\overline{\phi'(z)} + \overline{\psi(z)}]_A^B \qquad （A.29）$$

式（A.18）原點附近的合力矩可容易求得。

$$M_0 = \text{Re}\left[\int^z \psi(z)dz - z\psi(z) - z\bar{z}\phi\,'(z)\right]_A^B \qquad (\text{A.30})$$

在x軸τ_{xy} = 0或是σ_y = 0的應力函數之分離　已知的問題，有關x軸的對稱或是逆對稱等，在x軸的τ_{xy} = 0的應力函數，σ_y = 0應力函數的分離是方便的。分別對應的應力函數之組合，$\phi_\text{I}(z)$，$\psi_\text{I}(z)$以及$\phi_\text{II}(z)$，$\psi_\text{II}(z)$分別的組合如下式，

$$\psi_\text{I}(z) = \phi_\text{I}(z) - z\phi\,'(z), \quad \psi_\text{II}(z) = -\phi_\text{II}(z) - z\phi_\text{II}'(z) \qquad (\text{A.31})$$

一般的應力狀態如下式，

$$\phi(z) = \phi_\text{I}(z) + \phi_\text{II}(z), \quad \psi(z) = \psi_\text{I}(z) + \psi_\text{II}(z) \qquad (\text{A.32})$$

$\phi(z)$，$\psi(z)$的取代，使用獨立的二個解析函數$\phi_\text{I}(z)$以及$\phi_\text{II}(z)$，相當於一般應力狀態的表示。兩者的關係如下。

$$\phi(z) = \phi_\text{I}(z) + \phi_\text{II}(z), \quad \psi(z) = \{\phi_\text{I}(z) - z\phi_\text{I}'(z)\} - \{\phi_\text{II}(z) - z\phi_\text{II}'(z)\}$$
$$(\text{A.33})$$

像這樣的分離達成所期待的目的，如下節所示。對稱性已知的問題，使用Goursat的應力函數求解，$\phi_\text{I}(z)$或是$\phi_\text{II}(z)$的境界值問題可採用。

A.4　Westergaard的應力函數

　　x軸上存在的龜裂，如上述，有關x軸根據對稱性區分為2種類的應力函數式來使用是便利的。Westergaard [5]的應力函數$Z_\text{I}(z)$與$Z_\text{II}(z)$，與前節的應力函數有以下的關係，在本書可定義如下[*]。

$$Z_\text{I}(z) = 2\phi_\text{I}'(z), \quad Z_\text{II}(z) = 2i\phi_\text{II}'(z). \qquad (\text{A.34})$$

---

[*]　採用原論文[5]一般性的擴張。

其中，微分、積分關係的解析函數，例如，

$$\frac{d\widetilde{\widetilde{Z}}_I(z)}{dz} = \widetilde{Z}_I(z), \quad \frac{d\widetilde{Z}_I(z)}{dz} = Z_I(z), \quad \frac{dZ_I(z)}{dz} = Z_I{}'(z) \qquad （A.35）$$

如上式所附加的～表示[†]。如前述，積分時表現的積分定數，從生成應力的剛體位移之關係，可忽視不考慮，式（A.34）代入式（A.33），Westergaard的應力函數與Goursat的應力函數之關係，對應剛體的位移，除去積分定數如下。

$$\left. \begin{array}{l} 2\phi(z) = \widetilde{Z}_I(z) - i\widetilde{Z}_{II}(z), \\ 2\psi(z) = \{\widetilde{Z}_I(z) - zZ_1(z)\} + i\{\widetilde{Z}_{II}(z) + zZ_{II}(z)\} \end{array} \right\} \qquad （A.36）$$

或是逆解如下。

$$\left. \begin{array}{l} Z_I(z) = 2\phi'(z) + z\phi''(z) + \psi'(z), \\ iZ_{II}(z) = \qquad\quad z\phi''(z) + \psi'(z) \end{array} \right\} \qquad （A.37）$$

2種類的應力函數是對等的，可使用任意二次元彈性論的一般解法。

$$\bar{z}\phi(z) + \int^z \psi(z)dz = \widetilde{\widetilde{Z}}_I(z) - iy\widetilde{Z}_I(z) - y\widetilde{Z}_{II}(z)$$

Airy的應力函數與Westergaard的應力函數之關係如下。

$$U(x, y) = \operatorname{Re} \widetilde{\widetilde{Z}}_I(z) + y\operatorname{Im} \widetilde{Z}_I(z) - y\operatorname{Re} \widetilde{Z}_{II}(z) \qquad （A.38）$$

這是式（A.21'）的形式

　　如後述，x軸上存在的龜裂，龜裂前端附近的應力模式I以及模式II的特異性，分別是$Z_I(z)$以及$Z_{II}(z)$的由來，這些稱為模式I與模式II的應力函數。但是，$Z_I(z)$以及$Z_{II}(z)$，一般，即使是龜裂前端近傍的特異項

[†]　通常，如$\overline{ZI}_{(z)}$，$\overline{ZI}_{(z)}$所示附加的﹣，為了避免複數共役的記號混同，本書附加～來約束。

以外，模式I以及模式II的變形與應力無法已知。順便一提，x軸上的點$Z_I(z)$以及$Z_{II}(z)$是Taylor展開或是Laurent展開，係數是實數的實函數，純虛數是稱為純虛函數，一般的函數是兩者的和，模式I的變形是$Z_I(z)$的實函數部以及$Z_{II}(z)$的純虛函數所對應，模式II的變形，$Z_{II}(z)$的實函數部與$Z_I(z)$的純虛函數所對應。以下列舉位移的式子可明瞭。

應力、位移以及迴轉　Goursat 的應力函數（A.36），若代入式（A.23），（A.24）以及（A.25）可得下式。

$$\begin{Bmatrix} \sigma_x \\ \sigma_y \\ \sigma_{xy} \end{Bmatrix} = \begin{Bmatrix} \text{Re}\, Z_I - y\text{Im}\, Z_I{}' \\ \text{Re}\, Z_I + y\text{Im}\, Z_I{}' \\ -y\text{Re}\, Z_I{}' \end{Bmatrix} + \begin{Bmatrix} 2\text{Im}\, Z_{II} + y\text{Re}\, Z_{II}{}' \\ -y\text{Re}\, Z_{II}{}' \\ \text{Re}\, Z_{II} - y\text{Im}\, Z_{II}{}' \end{Bmatrix}. \tag{A.39}$$

$$2G \begin{Bmatrix} u \\ v \end{Bmatrix} = \begin{Bmatrix} \dfrac{\kappa-1}{2}\text{Re}\, \widetilde{Z}_I - y\text{Im}\, Z_I \\ \dfrac{\kappa+1}{2}\text{Im}\, \widetilde{Z}_I - y\text{Re}\, Z_I \end{Bmatrix} + \begin{Bmatrix} \dfrac{\kappa+1}{2}\text{Im}\, \widetilde{Z}_{II} + y\text{Re}\, Z_{II} \\ -\dfrac{\kappa-1}{2}\text{Re}\, \widetilde{Z}_{II} - y\text{Im}\, Z_{II} \end{Bmatrix}, \tag{A.40}$$

$$2G\omega = \frac{\kappa+1}{2}(\text{Im}\, Z_I - \text{Re}\, Z_{II}). \tag{A.41}$$

其中，$Z_I(z)$，$\widetilde{Z}_I(z)\cdots$等，如$Z_I(z)$，$\widetilde{Z}_I \cdots$等所示的略記。根據式（A.39），$Z_I(z)$以及$Z_{II}(z)$，x軸上分別生成$\tau_{xy} = 0$以及$\sigma_y = 0$的應力，可知是應力函數。

合力　Goursat的應力函數式（A.36）若代入（A.29），如下式。

$$\begin{aligned} P_x &= [\ y\text{Re}\, Z_I - \text{Re}\, \widetilde{Z}_{II} + y\text{Im}\, Z_{II}]_A^B, \\ P_y &= [-y\text{Im}\, Z_I - \text{Re}\, \widetilde{Z}_I + y\text{Re}\, Z_{II}]_A^B. \end{aligned} \tag{A.42}$$

A.5　有關應力函數的二，三的留意事項

　　對於龜裂的彈性論，Goursat的應力函數與Westergaard的應力函數，都可使用。也包含應力函數的練習，若干的事項[3),4)]所述。兩個應力函數互相變換可能是同等的，因應便利來使用的。

A.5.1　不受應力與位移影響的附加項

　　已知問題的應力函數$\phi(z)$以及$\psi(z)$即使施加若干的附加項，仍然受到應力與位移的影響。因此，適當的決定此項，應力函數的形式可簡單化。首先，問題的性質上只以應力分布為對象。因為沒有受到應力的影響，根據式（A.23）的第1式，$\mathrm{Re}\,\phi'(z)$沒有變化。根據式（A.19）的關係，

$$\phi''(z) = \frac{\partial \mathrm{Re}\,\phi'(z)}{\partial x} - i\frac{\partial \mathrm{Re}\,\phi'(z)}{\partial y}$$

式（A.23）的第2式中不變化$\phi''(z)$，因此，$\psi'(z)$也不變化。因此，變換應力到可附加$\phi(z)$，$\psi(z)$，A'是實定數，$\alpha_0 = \alpha_0' + i\alpha_0'$，$\beta_0 = \beta_0' + i\beta_0'$作為複數定數（其中，$\alpha_0'$，$\alpha_0'$以及$\beta_0'$，$\beta_0'$是實定數[‡]）

$$\phi_0(z) = iA'z + \alpha_0, \quad \psi_0(z) = \beta_0 \tag{A.43}$$

的形式表示。以此實數計算五個參數值，適度決定即可。不僅是應力分布的位移（也包含迴轉）的數值也可解析，根據上式生成剛體的位移，從式（A.24），（A.25）兩式，

$$\omega_0 = \frac{\kappa+1}{2G}A', \quad u_0 + iv_0 = \left(\frac{\kappa\alpha_0' - \beta_0'}{2G} - \omega_0 y\right) + i\left(\frac{\kappa\alpha_0' + \beta_0'}{2G} + \omega_0 x\right) \tag{A.44}$$

[‡]　定數的實部以及虛部的表示，右肩的·以及'記號也可使用。不要與微分混同。

若指定某基準點上的迴轉與位移，任意決定參數只殘留兩個。從以上的議論。對於已知的問題，除去上述的不定參數，應力函數$\phi(z)$以及$\psi(z)$是同一義來決定。有關$Z_I(z)$以及$Z_{II}(z)$，同樣的議論也可得。

A.5.2 已知均一應力場的應力函數

與Z無關的均一應力分布，$\sigma_x = \sigma_x^\infty$，$\sigma_y = \sigma_y^\infty$以及$\tau_{xy} = \tau_{xy}^\infty$已知的均一應力場，根據式（A.23）是$z$的一次式。$A$，$B$，$\alpha_0$以及$\beta_0$作為複數定數，

$$\phi(z) = Az + \alpha_0, \quad \psi(z) = Bz + \beta_0$$

除去前述的附加項，殘留的部分考慮下式即可。

$$\phi(z) = A^{\cdot}z, \quad \psi(z) = (B^{\cdot} + iB')z$$

代入式（A.23），

$$\frac{\sigma_y^\infty + \sigma_x^\infty}{2} = 2A^{\cdot}; \quad \frac{\sigma_y^\infty - \sigma_z^\infty}{2} + i\tau_{xy}^\infty = B^{\cdot} + iB'$$

根據此式可決定$A^{\cdot}$，$B^{\cdot}$，B'。結果，應力函數如下。

$$\phi(z) = \frac{\sigma_y^\infty + \sigma_x^\infty}{4}z, \quad \psi(z) = \left(\frac{\sigma_y^\infty - \sigma_x^\infty}{2} + i\tau_{xy}^\infty\right)z \qquad （A.45）$$

或是，使用變換式（A.37）。

$$Z_I(z) = \sigma_y^\infty + i\tau_{xy}^\infty, \quad Z_{II}(z) = \tau_{xy}^\infty + i(\sigma_x^\infty - \sigma_y^\infty)/2$$

但是，$Z_I(z)$的定數項的虛部$i\tau_{xy}$，從式（A.39）可知，不受應力影響的附加項如下。

$$Z_I(z) = \sigma_y^\infty, \quad Z_{II}(z) = \tau_{xy}^\infty + i(\sigma_x^\infty - \sigma_y^\infty)/2 \qquad （A.45'）$$

必須留意，即使是τ_{xy}^∞的模式I情況，$Z_{II}(z) \neq 0$，如前述所示。

A.5.3　集中力、集中力矩以及刃狀差排的應力場

物體的占有領域D之中，境界L_1的內周孔或是有內部龜裂，如圖A.2所示，任意的D內的輪道之中，如Γ所示從D向外出發，盡可能小之外，圍繞L_1的輪道Γ所示不限制很小。像這樣輪道Γ的存在領域稱為複連結領域。有k個孔，像這樣輪道的獨立有k個存在，稱為k重的複連結領域。

如圖A.2所示原點0取L_1的內部，

$$\phi(z) = L\log z, \quad \psi(z) = i\frac{M}{2\pi}\frac{1}{z} + N\log z \tag{A.46}$$

領域D內除去無限遠點的正則，具有應力函數的資格。其中M是實定數，N以及L是複數定數。來調查問題的解。圍繞L_1從點A開始到相同點（便利以上A'表示）終止的任意輪道Γ，從外側作用力的合力$[P_x]$，$[P_y]$，原點附近的合力矩$[M_0]$計算。此時，極座標取(r, θ)，$\log z = \log(re^{i\theta}) = \log r + i\theta$是多價函數，取原點附近一周的值$2\pi i$是考慮不一致，由式（A.29）具有多價性部分來計算。

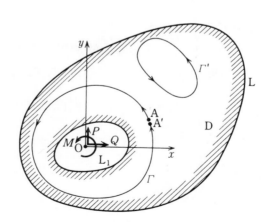

圖A.2　內部包含原點的孔

$$[P_x] + i[P_y] = -i[i\theta(L - \overline{N})]_A^{A'} = 2\pi(L - \overline{N}) \tag{A.47}$$

根據式（A.30）

$$[M_0] = \left[-\frac{M}{2\pi}\theta\right]_A^{A'} = -M \tag{A.48}$$

Γ若一循環時，位移的「不一致」的量，根據式（A.24）

$$2G\{[u]_A^{A'} + i[v]_A^{A'}\} = 2\pi i(\kappa L + \overline{N}) \tag{A.49}$$

回轉的「不一致」，根據式（A.25）

$$[\omega]_A^{A'} = 0 \tag{A.50}$$

可分別求得。

上述的值，與Γ的採用方法無關而是一定值，Γ若與L_1一致，作用在內壁L_1上的外力x方向以及y方向成分Q以及P（每單位厚度），順便一提，合力矩M（每單位厚度）是等大，逆向如下式。

$$Q = -[P_x], \quad P = -[P_y], \quad M = -[M_0] \tag{A.51}$$

此已知應力函數的應力場，在$r \to \infty$是為0。因此，不限制L_1在原點附近情況，應力函數的M項，作用在無限板中的原點表示集中力矩。L以及N的項，如下所定，區分為存在原點的刃狀差排與作用集中力的對應。

差排的柏格向量，$b_x = [u]_A^{A'}$，$b_y = [v]_A^{A'}$，根據式（A.49）

$$\kappa L + \overline{N} = G(b_y - ib_x)/\pi \tag{a}$$

根據式（A.51）以及（A.47）。

$$L - \overline{N} = -(Q + iP)/2\pi \tag{b}$$

這個L和$\overline{N}$相關的連立方程式(a)以及(b)求解，

$$L = \frac{-(Q + iP)}{2\pi(\kappa + 1)} + \frac{G(b_y - ib_x)}{\pi(\kappa + 1)}, \quad N = \frac{\kappa(Q - iP)}{2\pi(\kappa + 1)} + \frac{G(b_y + ib_x)}{\pi(\kappa + 1)} \tag{A.52}$$

區分為集中力與刃狀差排所對應的應力關數。

　　刃狀差排，如圖A.3的(a)以及(b)所示，在無應力狀態下虛線表示的形狀，如實線的變形之後接著相當，儘管外力不作用（$[P_x]_A^{A'} = [P_y]_A^{A'} = 0$），是固有應力。二次元彈性論，此外如圖A.3(c)所示迴轉「不一致」存在，對應於K·作實定數應力函數。

$$\phi(z) = K \cdot z \log z \tag{A.53}$$

即是，以之前同樣計算如下。

$$[M_0] = [P_x] = [P_y] = 0,$$
$$[\omega]_A^{A'} = \frac{\pi(\kappa + 1)}{G} K\cdot, \quad [u]_A^{A'} = -[\omega]_A^{A'} y, \quad [v]_A^{A'} = [\omega]_A^{A'} x \right\} \tag{A.54}$$

問題　試求解刃狀差排Westergaard的應力函數。

解答　式（A.52）$P = Q = 0$，此L與N代入式（A.46），式（A.37）的變換如下式。

$$Z_I(z) = \frac{2Gb_y}{\pi(\kappa + 1)} \frac{1}{z}, \quad Z_{II}(z) = \frac{2Gb_x}{\pi(\kappa + 1)} \frac{1}{z} \tag{A.55}$$

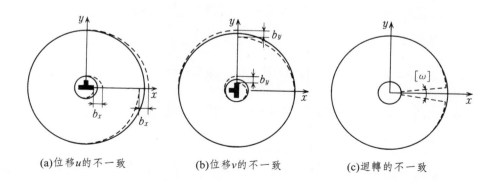

(a)位移u的不一致　　　(b)位移v的不一致　　　(c)迴轉的不一致

圖A.3　二次元彈性論的3種類的「不一致」

A.5.4 「不一致」與應力函數的多價性

含 $z = 0$ 圍繞孔 L_1 的任意輪道 Γ 一循環，根據上述的結果，可得下式的應力函數，

$$\phi(z) = K \cdot z \log z + L \log z, \quad \psi(z) = N \log z \qquad （A.56）$$

以下式表示3種的「不一致」的成分，此值與輪道無關而是一定值。其中 $[\xi]_A^{A'}$ 以及 $[\eta]_A^{A'}$，$[u]_A^{A'}$ 以及 $[\omega]_A^{A'}$ 之中的影響部分（式（A.54）參照）扣除部份。

$$\left.\begin{aligned}
[\omega]_A^{A'} &= \frac{\pi(\kappa+1)}{G} K \cdot, \\
[\zeta]_A^{A'} &\equiv [u + \omega y]_A^{A'} = -\frac{\pi}{G}(\kappa L' - N'), \\
[\eta]_A^{A'} &\equiv [v - \omega x]_A^{A'} = \frac{\pi}{G}(\kappa L \cdot + N \cdot).
\end{aligned}\right\} \qquad （A.57）$$

此「不一致」，是應力函數多價性的起因。但是，一般應力必須是一價函數，應力的式（A.23）表現 $\text{Re}\,\phi'(z)$，$\phi''(z)$ 以及 $\psi'(z)$，此應力函數的一價函數。

相反的，應力是一價函數求解的條件。應力因為是一價函數（參照 A.5.1項），

$$[\text{Re}\,\phi'(z)]_A^{A'} = 0, \quad [\phi''(z)]_A^{A'} = 0, \quad [\psi'(z)]_A^{A'} = 0$$

因此，A' 作為實定數 $[\phi'(z)]_A^{A'} = iA'$ 是被要求的。結果，

$$[\phi(z)]_A^{A'} = iA'z + \alpha, \quad [\psi(z)]_A^{A'} = \beta$$

可推論允許與上式有同等的多價性。其中，A' 是實定數，α 與 β 是一般複數定數。式（A.57）的「不一致」的3成分計算時，

$$[\omega]_A^{A'} = \frac{\kappa+1}{2G}[\mathrm{Im}\,\phi'(z)]_A^{A'} = \frac{\kappa+1}{2G}A' \tag{a}$$

回轉「不一致」，

$$2G[u+iv]_A^{A'} = [\kappa\phi(z) - z\overline{\phi'(z)} - \overline{\psi(z)}]_A^{A'} = i(\kappa+1)A'z + \kappa\alpha - \overline{\beta}$$

其他的2成分如下式。

$$[\xi]_A^{A'} = (\kappa\alpha^{\cdot} - \beta^{\cdot})/2G, \quad [\eta]_A^{A'} = (\kappa\alpha' + \beta')/2G \tag{b}$$

(a)，(b)兩式，已知式（A.56）的應力函數與「不一致」（A.57）完全相同「不一致」容許的意味。

根據以上，可得以下的結論。

(1) 包含原點O的孔L_1附近之領域D，應力函數的多價性，$\phi^*(z)$以及 $\psi^*(z)$作為一價函數，一般以下式的形式表示。

$$\left.\begin{array}{l} \phi(z) = K^{\cdot}z\log z + L\log z + \phi^*(z), \\ \psi(z) = M\log z + \psi^*(z) \end{array}\right\} \tag{A.58}$$

(2) 二次元彈性論的解表現位移以及回轉的「不一致」，不僅是前述的三種類，包圍L_1任意輪道三成分的值若被指定，滿足境界條件的解是同一義所決定的。(3)無外力的情況，應力為0的通常問題，除了境界條件之外，有關任意輪道「不一致」是0若被確認，給予正解。而且，對於多重複連結領域，包圍各個孔的輪道的各種，「不一致」是0可被確認。「不一致」無問題的情況，位移是一價函數直接確認即可。

A.6 扭轉的彈性論

在此，二次元的位移場之中，採用二次元彈性論去除成分部份，即是，式（A.3）所示的位移如下。

$$u = v = 0, \quad w = w(x, y) \tag{A.59}$$

此時生成的應變成分，根據（A.4），（A.9）的兩式，

$$\gamma_{xz} = \partial w/\partial x, \quad \gamma_{yz} = \partial w/\partial y \tag{A.60}$$

其他成分全是0。應力，根據式（A.7）如下式

$$\tau_{xz} = G\gamma_{xz}, \quad \tau_{yz} = G\gamma_{yz} \tag{A.61}$$

z方向的力平衡，平衡方程式，與推導式（A.6）是相同手法。

$$\partial \tau_{zx}/\partial x + \partial \tau_{zy}/\partial y = 0 \tag{A.62}$$

適合條件式自動被滿足，不需考慮。採用式（A.61）以及式（A.60），平衡方程式以w表示，

$$\Delta w = 0 \tag{A.63}$$

$z = x + iy$的解析函數是$\zeta(z)$，w的一般解如下。

$$Gw = \operatorname{Re} \zeta(z) \tag{A.64}$$

$\zeta(z)$稱為扭轉的應力函數。或是，Westergaard的應力函數$Z_{\mathrm{I}}(z)$以及$Z_{\mathrm{II}}(z)$對應，模式III的應力函數$Z_{\mathrm{III}}(z)$以下式定義。

$$Z_{\mathrm{III}}(z) = i\zeta(z)，或是，\tilde{Z}_{\mathrm{III}}(z) = i\zeta(z) \tag{A.65}$$

這些應力函數的已知應力，式（A.64）代入式（A.60），根據式（A.61）以及Cauchy-Riemann的關係式（A.19），

$$\tau_{xz} - i\tau_{yz} = \zeta(z). \tag{A.66}$$

或是如下式。

$$\begin{Bmatrix} \tau_{xz} \\ \tau_{yz} \end{Bmatrix} = \begin{Bmatrix} \operatorname{Im} Z_{\mathrm{III}}(z) \\ \operatorname{Re} Z_{\mathrm{III}}(z) \end{Bmatrix} \tag{A.66'}$$

關於圓柱座標應力成分的位移式如下。

$$\tau_{\gamma\theta} - i\tau_{\theta z} = e^{i\theta}(\tau_{xz} - i\tau_{yz}) \tag{A.67}$$

位移 w，根據式（A.64）以及（A.65）可得下式。

$$Gw = \operatorname{Re} \zeta(z) \text{，或是，} Gw = \operatorname{Im} \tilde{Z}_{\mathrm{III}}(z) \tag{A.68}$$

位移的「不一致」$[w]_{\mathrm{A}}^{\mathrm{A'}}$是螺旋差排，原點 O 的螺旋差排，柏格向量的大小如下式，

$$b_z = [w]_{\mathrm{A}}^{\mathrm{A'}}$$

位移如下式，

$$w = \frac{b_z}{2\pi}\theta.$$

生成的應力函數如下，可立即了解。

$$\zeta(z) = -i\frac{Gb_z}{2\pi}\log z \text{，或是，} Z_{\mathrm{III}}(z) = \frac{Gb_z}{2\pi}\frac{1}{z} \tag{A.69}$$

均一應力場，生成 $\tau_{xz} = \tau_{xz}{}^{\infty}$ 以及 $\tau_{yz} = \tau_{yz}{}^{\infty}$ 的應力函數如下。

$$\zeta(z) = (\tau_{xz}{}^{\infty} - i\tau_{yz}{}^{\infty})z \text{，或是，} Z_{\mathrm{III}}(z) = \tau_{yz}{}^{\infty} + i\tau_{xz}{}^{\infty} \tag{A.70}$$

A.7　承受均一應力無限板中的直線龜裂

　　以下的章節，卷末的附表2所示基本的二次元問題之中，有關若干的例子，此解析的採用所示。這些是彈性論的簡單演習問題。

　　如附表2的No.1圖所示，在z面（$z = x + iy$）的x軸上，切斷$-a \leqq x \leqq a$的部份龜裂，此外側領域D的物體佔有。去除龜裂前端領域D是正則的解析函數如下。

$$\begin{Bmatrix} Z_{\mathrm{I}}(z) \\ Z_{\mathrm{II}}(z) \\ Z_{\mathrm{III}}(z) \end{Bmatrix} = \begin{Bmatrix} \sigma_y^\infty \\ \tau_{xy}^\infty \\ \tau_{yz}^\infty \end{Bmatrix} \frac{z}{(z^2 - a^2)^{1/2}} \tag{A.71}$$

考慮Westergaard的應力函數時，考慮怎樣求解問題。如此所得問題解的方法稱為半逆解法。其中τ_y^∞，τ_{xy}^∞以及τ_{yz}^∞是實定數。$(z^2-a^2)^{1/2}$，採用主分岐（principal branch）是今後的約束。也就是說，若切斷此函數，$z = \pm a$分岐點的二價函數，進入切斷的領域D是一價函數，之中 時，在z收斂是採用分岐（即是$-z$不採用分岐）的約束。有關3/2階是同樣的。

　　其他也是同樣，有關$Z_{\mathrm{I}}(z)$的計算，積分，只有剛體的變形，無關的積分定數可忽略，

$$\widetilde{Z}_{\mathrm{I}}(z) = \sigma_y^\infty (z^2 - a^2)^{1/2} \tag{a}$$

微分如下式。

$$Z_{\mathrm{I}}'(z) = -\sigma_y^\infty a^2 (z^2 - a^2)^{-3/2} \tag{b}$$

主分岐的實部以及虛部求解，卷末附表2的No.1圖所示極座標(r_1, θ_1)，(r, θ)，(r_2, θ_2)是便利的。其中，$-\pi \leqq \theta, \theta_1, \theta_2 \leqq \pi$。

$$z = re^{i\theta}, \quad z-a = r_1 e^{i\theta_1}, \quad z + a = r_2 e^{i\theta_2}$$

$$\frac{Z_I(z)}{\sigma_y{}^\infty} = \frac{re^{i\theta}}{(r_1e^{i\theta_1} \cdot r_2e^{i\theta_2})^{1/2}} = \frac{r}{\sqrt{r_1r_2}}e^{i\{\theta - (\theta_1 + \theta_2)/2\}}$$

$$= \frac{r}{\sqrt{r_1r_2}}\left[\cos\left(\theta - \frac{\theta_1 + \theta_2}{2}\right) + i\sin\left(\theta - \frac{\theta_1 + \theta_2}{2}\right)\right]. \qquad (c)$$

同樣可得下式。

$$\frac{Z_I{}'(z)}{\sigma_y{}^\infty} = -\frac{a^2}{(r_1r_2)^{3/2}}e^{-i\{3(\theta_1 + \theta_2)/2\}}$$

$$= -\frac{a^2}{(r_1r_2)^{3/2}}\left[\cos\left\{\frac{3}{2}(\theta_1 + \theta_2)\right\} - i\sin\left\{\frac{3}{2}(\theta_1 + \theta_2)\right\}\right] \qquad (d)$$

因此，若代入式（A.39），考慮 $y = r\sin\theta$，應力分布如下式。

$$\begin{Bmatrix} \sigma_x \\ \sigma_y \\ \tau_{xy} \end{Bmatrix} = \frac{\sigma_y{}^\infty r}{\sqrt{r_1r_2}} \begin{Bmatrix} \cos\left(\theta - \dfrac{\theta_1 + \theta_2}{2}\right) - \dfrac{a^2}{r_1r_2}\sin\theta\sin\dfrac{3}{2}(\theta_1 + \theta_2) \\ \cos\left(\theta - \dfrac{\theta_1 + \theta_2}{2}\right) + \dfrac{a^2}{r_1r_2}\sin\theta\sin\dfrac{3}{2}(\theta_1 + \theta_2) \\ \dfrac{a^2}{r_1r_2}\sin\theta\sin\dfrac{3}{2}(\theta_1 + \theta_2) \end{Bmatrix} \qquad （A.72）$$

而且，

$$\frac{\widetilde{Z_I}(z)}{\sigma_y{}^\infty} = \sqrt{r_1r_2}\,e^{i\{(\theta_1 + \theta_2)/2\}} = \sqrt{r_1r_2}\left[\cos\left(\frac{\theta_1 + \theta_2}{2}\right) + i\sin\left(\frac{\theta_1 + \theta_2}{2}\right)\right] \qquad (e)$$

位移根據式（A.40）如下式。

$$2G\begin{Bmatrix} u \\ v \end{Bmatrix} = \sigma_y{}^\infty\sqrt{r_1r_2}\begin{Bmatrix} \dfrac{\kappa - 1}{2}\cos\dfrac{\theta_1 + \theta_2}{2} - \dfrac{r^2}{r_1r_2}\sin\theta\sin\left(\theta - \dfrac{\theta_1 + \theta_2}{2}\right) \\ \dfrac{\kappa + 1}{2}\sin\dfrac{\theta_1 + \theta_2}{2} - \dfrac{r^2}{r_1r_2}\sin\theta\cos\left(\theta - \dfrac{\theta_1 + \theta_2}{2}\right) \end{Bmatrix} \qquad （A.73）$$

在十分遠方 $r_1 = r_2 = r$，$\theta_1 = \theta_2 = \theta$，$\sigma_y = \sigma_x = \sigma_y{}^\infty$，$\tau_{xy} = 0$。而且，在龜裂的上下面，$\theta = 0$ 或是 $\pm\pi$，$\theta_1 + \theta_2 = \pm\pi$ 全部的應力是 0。即是，自

由表面的境界條件$\sigma_y = \tau_{xy} = 0$被滿足。根據上式，位移是一價函數。因此，此應力函數，在十分遠處承受均一全方向拉伸（$\sigma_y = \sigma_x = \sigma_y^\infty$）內面自由的龜裂解。因此，應力函數可立即了解。即是，參照應力的式（A.39），對於龜裂內面$y = 0$，Re Z_1是0，所以全部的應力是0。應力函數在十分遠方$Z_I(z) = \sigma_y^\infty$而且$Z_{II}(z) = 0$，根據式（A.45'）上述的均一應力場已知，在十分遠方包圍龜裂的輪道Γ若被採用，無「不一致」可明瞭。因此，包圍龜裂的任意輪道也沒有「不一致」。

在x軸上$r > a$部分的應力，$\sin\theta = 0$，$\cos\{\theta - (\theta_1 + \theta_2)/2\} = 1$，$r = |x|$，$\sqrt{r_1 r_2} = \sqrt{x^2 - a^2}$若考慮，根據式（A.72）

$$\sigma_x = \sigma_y = \frac{\sigma_y^\infty |x|}{\sqrt{x^2 - a^2}}, \quad \tau_{xy} = 0, \quad \text{其中} \quad |x| > a, y = 0) \qquad \text{（A.74）}$$

同樣，龜裂內面的位移根據式（A.73），

$$u = 0, \quad v = \pm \frac{\sigma_y^\infty (\kappa + 1)}{4G} \sqrt{a^2 - x^2} \quad \text{其中} \quad |x| < a, y = 0^\pm) \qquad \text{（A.75）}$$

使用式（A.8）以及（A.14），彈性係數以E以及υ表示，

$$E' = \begin{cases} E/(1 - \nu^2) & \text{（平面應變）} \\ E & \text{（平均平面應力）} \end{cases} \qquad \text{（A.76）}$$

式（A.75）如下式。

$$u = 0, \quad v = \pm \frac{2\sigma_y^\infty}{E'} \sqrt{a^2 - x^2} \quad \text{（$\pm$是對應於上下面）} \qquad \text{（A.75'）}$$

承受單軸拉伸的龜裂 在遠方承受$\sigma_y = \sigma_y^\infty$，$\sigma_x = \tau_{xy} = 0$均一拉伸，模式I的龜裂，上述解$\sigma_x = -\sigma_y^\infty$的橫壓縮重合，龜裂內面自由的境界條件無散亂，因此可得所要的解。此時x軸上的應力，式（A.74）合併加入此應力。

$$\begin{Bmatrix} \sigma_x \\ \sigma_y \end{Bmatrix} = \sigma_y{}^\infty \begin{Bmatrix} |x|/\sqrt{x^2-a^2} - 1 \\ |x|/\sqrt{x^2-a^2} \end{Bmatrix} \qquad (|x|>a, y=0) \qquad (\text{A.77})$$

龜裂內面的y方向位移v，當然與式（A.75）相同。而且，生成$\sigma_x = -\sigma_y{}^\infty$的應力函數，從式（A.45'）可得。因此，此問題的應力函數，結果如下式。

$$Z_{\mathrm{I}}(z) = \sigma_y{}^\infty z/(z^2-a^2)^{1/2}, \quad Z_{\mathrm{II}}(z) = -i\sigma_y{}^\infty/2. \qquad (\text{A.78})$$

均一應力在遠方承受龜裂 即使施加均一應力$\sigma_x = \sigma_x{}^\infty$，$\tau_{xz} = \tau_{xz}{}^\infty$以及$\sigma_z = \sigma_z{}^\infty$，有關龜裂內面的$\sigma_y$，$\tau_{xy}$，$\tau_{yz}$境界條件並無散亂，簡單的應力被加算，應力強度因子無變化。與上述同樣的計算，以式（A.71）的$Z_{\mathrm{II}}(z)$以及$Z_{\mathrm{III}}(z)$，分別$\tau_{xy} = \tau_{xy}{}^\infty$以及$\tau_{yz} = \tau_{yz}{}^\infty$均一應力場中，內面自由的龜裂解可知。因此，$\sigma_z{}^\infty$當作是其它，一般的均一應力場$\sigma_x{}^\infty$，$\sigma_y{}^\infty$，$\sigma_{xy}{}^\infty$，$\sigma_{xz}{}^\infty$，$\sigma_{yz}{}^\infty$之中，對於內面自由龜裂的應力函數，考慮式（A.45'）以及（A.70）重合如下式。

$$\begin{Bmatrix} Z_{\mathrm{I}}(z) \\ Z_{\mathrm{II}}(z) \\ Z_{\mathrm{III}}(z) \end{Bmatrix} = \frac{z}{(z^2-a^2)^{1/2}} \begin{Bmatrix} \sigma_y{}^\infty \\ \tau_{xy}{}^\infty \\ \tau_{yz}{}^\infty \end{Bmatrix} + i \begin{Bmatrix} 0 \\ (\sigma_x{}^\infty - \sigma_y{}^\infty)/2 \\ \tau_{xz}{}^\infty \end{Bmatrix} \qquad (\text{A.79})$$

此時的應力，式（A.39）以及（A.66'）代入可求，特別是在x軸上的應力分布如下式。

$$\begin{Bmatrix} \sigma_x \\ \sigma_y \\ \tau_{xy} \\ \tau_{xz} \\ \tau_{yz} \end{Bmatrix} = \frac{|x|}{\sqrt{x^2-a^2}} \begin{Bmatrix} \sigma_y{}^\infty \\ \sigma_y{}^\infty \\ \tau_{xy}{}^\infty \\ 0 \\ \tau_{yz}{}^\infty \end{Bmatrix} + \begin{Bmatrix} \sigma_x{}^\infty - \sigma_y{}^\infty \\ 0 \\ 0 \\ \tau_{xz}{}^\infty \\ 0 \end{Bmatrix} \qquad (\text{A.80})$$

龜裂前端的應力強度因子，式（2.28），即式如下式可得。

$$\begin{Bmatrix} K_{\mathrm{I}} \\ K_{\mathrm{II}} \\ K_{\mathrm{III}} \end{Bmatrix} = \lim_{x \to a^+} \sqrt{2\pi(x-a)} \begin{Bmatrix} \sigma_y \\ \tau_{xy} \\ \tau_{yz} \end{Bmatrix} \tag{A.81}$$

$$K_{\mathrm{I}} = \sigma_y{}^\infty \sqrt{\pi a}, \quad K_{\mathrm{II}} = \tau_{xy}{}^\infty \sqrt{\pi a}, \quad K_{\mathrm{III}} = \tau_{yz}{}^\infty \sqrt{\pi a} \tag{A.82}$$

$\sigma_x{}^\infty$，$\sigma_z{}^\infty$以及$\tau_{xz}{}^\infty$，不受到應力強度因子的影響。$\sigma_y{}^\infty$，$\sigma_{xy}{}^\infty$，$\sigma_{yz}{}^\infty$任一作用時，龜裂內面的位移分別如下。

$$\begin{Bmatrix} u \\ v \\ w \end{Bmatrix} = \pm\sqrt{a^2 - x^2} \begin{Bmatrix} 2\tau_{xy}{}^\infty/E' \\ 2\sigma_y{}^\infty/E' \\ \tau_{yz}{}^\infty/G \end{Bmatrix} \qquad (|x| < a, y = 0^\pm) \tag{A.83}$$

即是，變形成橢圓狀。中央點$x = 0$的龜裂開口位移COD，模式I的場合。

$$\mathrm{COD}_{x=0} = 2|v|_{x=y=0} = 4\sigma_y{}^\infty a/E' \tag{A.84}$$

承受均一內壓的龜裂　如附表2，No.5所示，承受內壓$\sigma_y = -\sigma_0$的龜裂解，式（A.71）的$Z_{\mathrm{I}}(z)$所示等方拉伸的解，等方均一壓縮的解（參照式（A.45'））重合，

$$Z_{\mathrm{I}}(z) = -\sigma_0$$

根據$\sigma_y{}^\infty = \sigma_0$，隨著遠方應力被打消，內面的境界條件$\sigma_y = -\sigma_0$，$\tau_{xy} = 0$被滿足可求解。內面，$\tau_{xy} = -\tau_0$，$\tau_{yz} = -\tau_{i0}$的剪斷力均一分布也同樣可重合，應力函數分別如下。

$$\begin{Bmatrix} Z_{\mathrm{I}}(z) \\ Z_{\mathrm{II}}(z) \\ Z_{\mathrm{III}}(z) \end{Bmatrix} = \left(\frac{z}{(z^2 - a^2)^{1/2}} - 1 \right) \begin{Bmatrix} \sigma_0 \\ \tau_0 \\ \tau_{i0} \end{Bmatrix} \tag{A.85}$$

x軸上重要的應力成分，

$$\begin{Bmatrix} \sigma_y \\ \tau_{xy} \\ \tau_{yz} \end{Bmatrix} = \left(\frac{|x|}{\sqrt{x^2 - a^2}} - 1 \right) \begin{Bmatrix} \sigma_0 \\ \tau_0 \\ \tau_{l0} \end{Bmatrix} \quad (|x| > a,\, y = 0) \qquad (A.86)$$

應力強度因子根據式（A.81）如下式。

$$\begin{Bmatrix} K_{\mathrm{I}} \\ K_{\mathrm{II}} \\ K_{\mathrm{III}} \end{Bmatrix} = \sqrt{\pi a} \begin{Bmatrix} \sigma_0 \\ \tau_0 \\ \tau_{l0} \end{Bmatrix} \qquad (A.87)$$

以上，根據重合，各種情況所述，即使任一的情況，表示應力的特異性項無變化，定數項有差必須留意。

龜裂前端近傍的應力分布　式（A.72）的應力分佈，龜裂前端，即是，$z = a$附近的近似式可改寫。$\sigma_y{}^\infty = K_{\mathrm{I}} / \sqrt{\pi a}$，$y = r \sin\theta = r_1 \sin\theta_1$，$r \to a$，$r_2 \to 2a$，$\theta \to 0$，$\theta_2 \to 0$。

$$\begin{Bmatrix} \sigma_x \\ \sigma_y \\ \tau_{xy} \end{Bmatrix} = \frac{K_{\mathrm{I}}}{\sqrt{2\pi r_1}} \cos\frac{\theta_1}{2} \begin{Bmatrix} 1 - \sin\dfrac{\theta_1}{2}\sin\dfrac{3\theta_1}{2} \\ 1 + \sin\dfrac{\theta_1}{2}\sin\dfrac{3\theta_1}{2} \\ \sin\dfrac{\theta_1}{2}\cos\dfrac{3\theta_1}{2} \end{Bmatrix}$$

龜裂前端取極座標(r, θ)，2.3節的基本式（2.16），取代θ，r置換成θ_1，r_1是完全一致。有關位移也是同樣。模式II以及模式III的應力以及位移，如第二章所示結果是相同。有關任意的龜裂問題可得相同結果，可容易想像，在下節有一般證明。

承受均一應力歪斜的龜裂　如附表2的No.2圖所示，龜裂與β角的夾角方向，承受均一應力時，若考慮龜裂為基準的座標系(x, y)應力成分，使用上述的結果可得解。即是

$$\sigma_x = \sigma \cos^2\beta, \quad \sigma_y = \sigma \sin^2\beta, \quad \tau_{xy} = \sigma \sin\beta \cos\beta$$

$$K_I = \sigma \sin^2\beta \sqrt{\pi a}, \quad K_{II} = \sigma \sin\beta \cos\beta \sqrt{\pi a} \qquad （A.88）$$

例如，應力強度因子根據式（A.82）可得。

問題 試求對應式（A.71）的Goursat的應力函數$\phi(z)$，$\psi(z)$，$\zeta(z)$。

解答 根據式（A.36）以及（A.65）交換。

$$\left.\begin{array}{l}
\phi(z) = \dfrac{1}{2}(\sigma_y{}^\infty - i\tau_{xy}{}^\infty)(z^2 - a^2)^{1/2}, \\[3mm]
\psi(z) = -\dfrac{\sigma_y{}^\infty}{2}\dfrac{a^2}{(z^2 - a^2)^{1/2}} + i\dfrac{\tau_{xy}{}^\infty}{2}\dfrac{2z^2 - a^2}{(z^2 - a^2)^{1/2}}, \\[3mm]
\zeta(z) = -i\tau_{yz}{}^\infty(z^2 - a^2)^{1/2}
\end{array}\right\} \qquad （A.89）$$

$\sigma_y{}^\infty$，$\tau_{xy}{}^\infty$附加項的$\phi(z)$與$\psi(z)$，分別滿足式（A.31）的第1式以及第2式的關係可確認。

A.8 龜裂前端近傍的應力‧位移的一般解

如圖A.4所示龜裂，最初在前端附近，外力不作用在內面上。此時，包圍龜裂前端曲線Γ若非常小，以Γ包圍領域的境界條件，龜裂的內面是自由，而且，在Γ上合力以及合力矩是0的分布力被作用。因此，應力函數如A.5.4項所述多價性無必要。因此，在Γ上包圍的領域，滿足Γ上境界條件的應力函數，如後述，無多價性固有函數展開的級數所示。或是，龜裂前端近傍的應力，在Γ上包圍部分擴大，半無限龜裂問題的解可被回歸。因此，龜裂前端近傍的一般解可求。龜裂前端的位移場，x以及y的函數，各模式和是一般解。

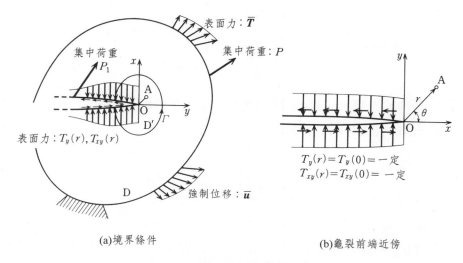

(a)境界條件　　　　　(b)龜裂前端近傍

圖A.4　龜裂前端附近的樣相

模式I以及II　應力函數，λ_n（$n = 0, \pm1, \pm2, \cdots$）之後決定實數的固有值，$A_n = A_{\mathrm{I}n} + iA_{\mathrm{II}n}$以及$B_n = B_{\mathrm{I}n} + iB_{\mathrm{II}n}$複數係數（其中，$A_{\mathrm{I}n}$，$A_{\mathrm{II}n}$，$B_{\mathrm{I}n}$，$B_{\mathrm{II}n}$是實係數），如下式[6]。

$$\left. \begin{aligned} \phi(z) &= \sum_n A_n z^{\lambda_n}, \\ \psi(z) &= \sum_n B_n z^{\lambda_n} \end{aligned} \right\} \qquad (\text{A.90})$$

$z = x + iy = re^{i\theta}$，$\bar{z} = x - iy = re^{-i\theta}$，求解應力式（A.23）所示的諸函數如下式。

$$\phi'(z) = \sum_n A_n \lambda_n z^{\lambda_n - 1} = \sum_n A_n \lambda_n r^{\lambda_n - 1} e^{i(\lambda_n - 1)\theta},$$

$$\overline{\phi'(z)} = \sum_n \bar{A}_n \lambda_n r^{\lambda_n - 1} e^{-i(\lambda_n - 1)\theta},$$

$$\phi''(z) = \sum_n A_n \lambda_n (\lambda_n - 1) z^{\lambda_n - 2} = \sum_n A_n \lambda_n (\lambda_n - 1) r^{\lambda_n - 2} e^{i(\lambda_n - 2)\theta},$$

$$\psi'(z) = \sum_n B_n \lambda_n r^{\lambda_n - 1} e^{i(\lambda_n - 1)\theta}$$

其次，境界條件有關係的σ_y與τ_{xy}，為了消去σ_x，式（A.23）的第1式與第

2式的和。

$$\sigma_y + i\tau_{xy} = 2\text{Re } \phi'(z) + \bar{z}\phi''(z) + \psi'(z)$$

$$= \sum_n \lambda_n r^{\lambda_n - 1}[\{A_n + B_n + (\lambda_n - 1)A_n e^{-2i\theta}\}e^{i(\lambda_n - 1)\theta} + \bar{A}_n e^{-i(\lambda_n - 1)\theta}]$$

龜裂內面的境界條件，與r值無關是$\sigma_y = \tau_{xy} = 0$，上式中括弧內的值，$\theta = \pi$以及$-\pi$是0。即是下式必成立。

$$\left.\begin{array}{l}(\lambda_n A_n + B_n)e^{i\pi\lambda_n} + \bar{A}_n e^{-i\pi\lambda_n} = 0, \\ (\lambda_n A_n + B_n)e^{-i\pi\lambda_n} + \bar{A}_n e^{i\pi\lambda_n} = 0\end{array}\right\} \quad (n = 0, \pm1, \pm2, \cdots) \tag{a}$$

$\lambda_n A_n + B_n$以及$\bar{A}_n$相關的一次方程式，換言之，與A_n以及B_n皆有關。A_n以及B_n皆是0，某解以外的解具有的條件，係數行列式是0，即是如下式。

$$\begin{vmatrix} e^{i\pi\lambda_n} & e^{-i\pi\lambda_n} \\ e^{-i\pi\lambda_n} & e^{i\pi\lambda_n} \end{vmatrix} = 0$$

滿足此關係決定固有值的固有方程式，此式變形，

$$\sin 2\pi\lambda_n = 0$$

固有值如下。

$$\lambda_n = n/2 \quad (n = 0, \pm1, \pm2, \cdots)$$

$n < 0$時，根據式（A.24），$z \to 0$時，$u, v \to \infty$的理由，解是不適當，$n = 0$的項，只影響剛體位移的應力不生成，可去除。結果，固有值如下，

$$\lambda_n = n/2 \quad (n = 1, 2, 3, \cdots) \tag{b}$$

最小的固有值是$\lambda_1 = 1/2$。為了消去B_n，式(a)任一式，例如第1式，代入(b)的固有值，

$$\lambda_n A_n + B_n + \bar{A}_n e^{-2i\pi\lambda_n} = \lambda_n A_n + B_n + (-1)^n \bar{A}_n = 0$$

係數間的關係如下。

$$B_n = -\frac{n}{2}A_n - (-1)^n \overline{A}_n$$

或是，實部與虛部分開，只有實數的關係如下。

$$B_{\mathrm{I}n} = -\left\{\frac{n}{2} + (-1)^n\right\}A_{\mathrm{I}n}, \quad B_{\mathrm{II}n} = -\left\{\frac{n}{2} - (-1)^n\right\}A_{\mathrm{II}n}$$

使用以上結果，式（A.23）可計算。

$$(\sigma_y + \sigma_x)/2 = \phi'(z) + \overline{\phi'(z)}$$

$$= \sum_{n=1}^{\infty} \lambda_n r^{\lambda_n - 1}[A_n e^{i(\lambda_n - 1)\theta} + \overline{A}_n e^{-i(\lambda_n - 1)\theta}],$$

$$= \sum_{n=1}^{\infty} \lambda_n r^{\lambda_n - 1}[2A_{\mathrm{I}n}\cos(\lambda_n - 1)\theta - 2A_{\mathrm{II}n}\sin(\lambda_n - 1)\theta]$$

$$(\sigma_y - \sigma_x)/2 + i\tau_{xy}$$

$$= \sum_{n=1}^{\infty} \lambda_n r^{\lambda_n - 1}[A_n(\lambda_n - 1)e^{i(\lambda_n - 3)\theta} + B_n e^{i(\lambda_n - 1)\theta}]$$

$$= \sum_{n=1}^{\infty} \lambda_n r^{\lambda_n - 1}[A_{\mathrm{I}n}\{-(\lambda_n + (-1)^n)\cos(\lambda_n - 1)\theta + (\lambda_n - 1)\cos(\lambda_n - 3)\theta\}$$

$$+ A_{\mathrm{II}n}\{(\lambda_n - (-1)^n)\sin(\lambda_n - 1)\theta - (\lambda_n - 1)\sin(\lambda_n - 3)\theta\}]$$

$$+ i\sum_{n=1}^{\infty} \lambda_n r^{\lambda_n - 1}[A_{\mathrm{I}n}\{-(\lambda_n + (-1)^n)\sin(\lambda_n - 1)\theta + (\lambda_n - 1)\sin(\lambda_n - 3)\theta\}$$

$$+ A_{\mathrm{II}n}\{-(\lambda_n - (-1)^n)\cos(\lambda_n - 1)\theta + (\lambda_n - 1)\cos(\lambda_n - 3)\theta\}]$$

各應力成分分別如下式。

$$\begin{Bmatrix} \sigma_x \\ \sigma_y \\ \tau_{xy} \end{Bmatrix} = \sum_{n=1}^{\infty} \left(A_{\mathrm{I}n}\frac{n}{2}\right)r^{\frac{\pi}{2} - 1} \begin{bmatrix} \left\{2 + (-1)^n + \frac{n}{2}\right\}\cos\left(\frac{n}{2} - 1\right)\theta - \left(\frac{n}{2} - 1\right)\cos\left(\frac{n}{2} - 3\right)\theta \\ \left\{2 - (-1)^n - \frac{n}{2}\right\}\cos\left(\frac{n}{2} - 1\right)\theta + \left(\frac{n}{2} - 1\right)\cos\left(\frac{n}{2} - 3\right)\theta \\ -\left\{(-1)^n + \frac{n}{2}\right\}\sin\left(\frac{n}{2} - 1\right)\theta + \left(\frac{n}{2} - 1\right)\sin\left(\frac{n}{2} - 3\right)\theta \end{bmatrix}$$

$$
-\sum_{n=1}^{\infty} r^{\frac{n}{2}-1}
\begin{Bmatrix}
\left\{2-(-1)^n+\dfrac{n}{2}\right\}\sin\left(\dfrac{n}{2}-1\right)\theta-\left(\dfrac{n}{2}-1\right)\sin\left(\dfrac{n}{2}-3\right)\theta \\[2mm]
\left\{2+(-1)^n-\dfrac{n}{2}\right\}\sin\left(\dfrac{n}{2}-1\right)\theta+\left(\dfrac{n}{2}-1\right)\sin\left(\dfrac{n}{2}-3\right)\theta \\[2mm]
-\left\{(-1)^n-\dfrac{n}{2}\right\}\cos\left(\dfrac{n}{2}-1\right)\theta-\left(\dfrac{n}{2}-1\right)\cos\left(\dfrac{n}{2}-3\right)\theta
\end{Bmatrix}
$$

$$（A.91）$$

sin與cos的使用方法，$A_{\mathrm{I}n}$ $A_{\mathrm{II}n}$的項，分別有關θ的對稱以及逆對稱，分別與模式I以及模式II相當。

位移，也是同樣根據式（A.24）施行計算，可得下式。

$$
\begin{Bmatrix} u \\ v \end{Bmatrix} = \sum_{n=1}^{\infty} \frac{A_{\mathrm{I}n}}{2G} r^{\frac{n}{2}}
\begin{Bmatrix}
\kappa\cos\dfrac{n}{2}\theta-\dfrac{n}{2}\cos\left(\dfrac{n}{2}-2\right)\theta+\left\{\dfrac{n}{2}+(-1)^n\right\}\cos\dfrac{n\theta}{2} \\[2mm]
\kappa\sin\dfrac{n}{2}\theta+\dfrac{n}{2}\sin\left(\dfrac{n}{2}-2\right)\theta-\left\{\dfrac{n}{2}+(-1)^n\right\}\sin\dfrac{n\theta}{2}
\end{Bmatrix}
$$

$$
-\sum_{n=1}^{\infty} \frac{A_{\mathrm{II}n}}{2G} r^{\frac{n}{2}}
\begin{Bmatrix}
\kappa\sin\dfrac{n}{2}\theta-\dfrac{n}{2}\sin\left(\dfrac{n}{2}-2\right)\theta+\left\{\dfrac{n}{2}-(-1)^n\right\}\sin\dfrac{n\theta}{2} \\[2mm]
-\kappa\cos\dfrac{n}{2}\theta-\dfrac{n}{2}\cos\left(\dfrac{n}{2}-2\right)\theta+\left\{\dfrac{n}{2}-(-1)^n\right\}\cos\dfrac{n\theta}{2}
\end{Bmatrix}
$$

$$（A.92）$$

從以上的結果，可得下式。

(1) 龜裂的前端近傍的應力分布之特異項. $r \to 0$的應力不限制變大的項，式（A.91）的$n=1$項，以下式置換，

$$A_{\mathrm{I}1}=K_{\mathrm{I}}\sqrt{2\pi}, \; A_{\mathrm{II}1}=-K_{\mathrm{II}}\sqrt{2\pi} \qquad （A.93）$$

K_{I}以及K_{II}的應力強度因子，此$n=1$的二項，已知的式（2.33），或是若干置換，通常使用的表式（2.16）以及（2.18）可得。未定係數K_{I}, K_{II}, $A_{\mathrm{I}n}$, $A_{\mathrm{II}n}$，根據境界條件來決定其值。位移的式（A.92）$n=1$之項，全部所述（2.17），（2.19）兩式完全一致。

對於式（A.91），$\theta=0$時x軸上的應力分布被求得，例如，σ_{x0}, a_n, b_n

適當的係數如下。

$$
\left.
\begin{aligned}
\sigma_x &= K_{\mathrm{I}}\sqrt{2\pi r} + \sigma_{x0} + a_3\sqrt{r} + a_4 r + a_5 r^{3/2} + \cdots, \\
\sigma_y &= K_{\mathrm{I}}\sqrt{2\pi r} \qquad\quad + a_3\sqrt{r} \qquad\quad + a_5 r^{3/2} + \cdots, \\
\tau_{xy} &= K_{\mathrm{II}}\sqrt{2\pi r} \qquad\quad + b_3\sqrt{r} \qquad\quad + b_5 r^{3/2} + \cdots,
\end{aligned}
\right\} \quad (r>0,\ \theta=0) \quad （A.94）
$$

即是，有關σ_x，根據境界條件決定均一應力場$\sigma_x = \sigma_{x0}$項在第二項表現，σ_y以及τ_{xy}的第偶數項是0。$n = 2$的項根據式（A.91）與θ無關的項，不僅在x軸上，與θ也無關， σ_y與τ_{xy}無此項。此事實，龜裂的前端附近處，內面是自由表面時一般會成立，從上述的計算過程可明瞭。

(2) 龜裂內面處外力分布的應力分布. 如圖A.4(a)所示，龜裂前端近傍，與龜裂的上下面（$\theta = \pm\pi$）的相等應力如下，

$$
(\sigma_y)_{\theta=\pm\pi} = T_y(r), \quad (\tau_{xy})_{\theta=\pm\pi} = T_{xy}(r) \tag{A.95}
$$

生成的分布力$T_y(r)$, $T_{xy}(r)$分布，此分布在$r\to0$是平滑連接的。即是，這些在$r = 0$從左側可以微分。此時，以曲線$\varGamma$包圍領域D'是非常小，點A更近一步接近原點，如圖A.4(b)所示，分布力$r\to0$的收斂值$T_y(0)$, $T_{xy}(0)$內面均一分布半無限龜裂問題求解時，龜裂前端近傍的應力場已知。此境界條件，已知均一應力場的式（A.90）應力函數$n = 1$項可被滿足。即是，以式（A.91）表示內面自由的解

$$
\sigma_y = T_y(0), \quad \tau_{xy} = T_{xy}(0) \tag{A.96}
$$

加算均一應力場的形式解可得。此時，例如，x軸上的應力($\theta = 0$, $r > 0$)，取代以式（A.94）表示內面自由的式，可得下式。

$$
\left.
\begin{aligned}
\sigma_x &= K_{\mathrm{I}}/\sqrt{2\pi r} + \sigma_{x0} \quad + O(\sqrt{r}), \\
\sigma_y &= K_{\mathrm{I}}/\sqrt{2\pi r} + T_y(0) + O(\sqrt{r}), \\
\tau_{xy} &= K_{\mathrm{II}}/\sqrt{2\pi r} + T_{xy}(0) + O(\sqrt{r}),
\end{aligned}
\right\} \tag{A.97}
$$

有關此第二項的知識，作用在龜裂前端的分布力Dugdale-Barrenblatt的

模型（參照5.4節）的採用是重要。以上的結果，也包含模式III，在式（2,26）全部表示。根據$T_y(r)$, $T_{xy}(r)$的作用，K_I, K_{II}, A_{In}, A_{IIn}等的係數值自體會變化。

模式III　以前述同樣，龜裂前端近傍的模式III之變形，即是，

$$u = v = 0, \quad w = w(x, y)$$

採用半無限龜裂的問題。$z = x + iy$的解析函數，扭轉的應力函數$\zeta(z)$如下。

$$\zeta(z) = \sum_n C_n z^{\lambda_n} \qquad (A.98)$$

其中，λ_n是實數，C_n是複數係數。應力是式（A.66），即是如下式，

$$\tau_{xz} - i\tau_{yz} = \zeta'(z)$$

在龜裂內面（$\theta = \pm\pi$）外力不作用，境界條件是龜裂面上$\tau_{yz} = 0$，根據上式的虛部可得下式。

$$\tau_{zy} = \frac{i}{2}[\zeta'(z) - \overline{\zeta'(z)}] = 0 \qquad (\theta = \pm\pi)$$

即是

$$\tau_{xy} = \frac{i}{2}\sum_n \lambda_n r^{\lambda_n - 1}[e^{i(\lambda_n - 1)\theta}C_n - e^{-i(\lambda_n - 1)\theta}\overline{C_n}]_{\theta = \pm\pi} = 0 \qquad \text{(a)}$$

對於此$\theta = \pi$以及$-\pi$，有關C_n, $\overline{C_n}$二個的聯立方程式，C_n以及$\overline{C_n}$皆不為0的解之條件，即是，係數行列式是0，於前述同樣給予λ_n的固有方程式，

$$\sin 2\pi\lambda_n = 0$$

固有值如下。

$$\lambda_n = n/2 \qquad (其中，n = 1, 2, 3, \cdots) \qquad \text{(b)}$$

其中，$n \leqq 0$的固有值，與前述同樣去除理由。此固有值，以式(a)$\theta = \pi$代入，係數間的關係如下是可得。

$$\overline{C}_n = (-1)^n C_n \tag{c}$$

此式n是奇數以及偶數時，C_n分別是純虛數以及實數，從此意味，預先導入實係數$C_n{}^*$，

$$C_n = \begin{cases} -iC_n{}^* & (n：奇數) \\ C_n{}^* & (n：偶數) \end{cases}$$

根據式（A.66）可得應力如下，

$$\begin{Bmatrix} \tau_{zz} \\ \tau_{yz} \end{Bmatrix} = \sum_{n=1,3,5,\cdots}^{\infty} \frac{n}{2} C_n{}^* r^{n/2-1} \begin{Bmatrix} \sin(n/2-1)\theta \\ \cos(n/2-1)\theta \end{Bmatrix}$$
$$+ \sum_{n=2,4,6,\cdots}^{\infty} \frac{n}{2} C_n{}^* r^{n/2-1} \begin{Bmatrix} \cos(n/2-1)\theta \\ \sin(n/2-1)\theta \end{Bmatrix} \tag{A.99}$$

其它的應力的成分全是0。其中，$C_1{}^* = \sqrt{2/\pi} K_{\mathrm{III}}$，$C_2{}^* = \tau_{xz0}$。更進一步，在龜裂內面（$\theta = \pm\pi$）

$$\tau_{yz} = T_{yz}(r) \qquad （其中，\theta = \pm\pi）$$

生成應力的分布力$T_{yz}(r)$被作用時，與前節同樣的理由，均一應力場$\tau_{yz} = T_{yz}(0)$被加算，龜裂前端近傍的應力分布如下式。

$$\begin{Bmatrix} \tau_{zz} \\ \tau_{yz} \end{Bmatrix} = \frac{K_{\mathrm{III}}}{\sqrt{2\pi r}} \begin{Bmatrix} -\sin(\theta/2) \\ \cos(\theta/2) \end{Bmatrix} + \begin{Bmatrix} \tau_{xz0} \\ T_{yz}(0) \end{Bmatrix} + \begin{Bmatrix} O(\sqrt{r}) \\ O(\sqrt{r}) \end{Bmatrix} \tag{A.100}$$

即是，式（2.20），（2.26）的結果可得。位移w，根據式（A.64），

$$w = \frac{1}{G} \mathrm{Re}\, \zeta(z) = \frac{K_{\mathrm{III}}}{G} \sqrt{\frac{2r}{\pi}} \sin\frac{\theta}{2} + \cdots$$

特異項是一般此形式可被證明。

A.9　應力函數與應力強度因子的關係

　　式（A.93）與（A.90），$C_1 = -iC_1^* = -i\sqrt{2/\pi}\,K_{\mathrm{III}}$ 與式（A.98）對比，如圖A.4所示龜裂前端採用座標原點，應力分布生成特異性的部分如下式。

$$\phi\,(z) = \frac{K_{\mathrm{I}} - iK_{\mathrm{II}}}{\sqrt{2\pi}}\,z^{1/2} + \cdots, \quad \psi\,(z) = \frac{K_{\mathrm{I}} + 3iK_{\mathrm{II}}}{2\sqrt{2\pi}}\,z^{1/2} + \cdots,$$

$$\zeta\,(z) = -2i\frac{K_{\mathrm{III}}}{\sqrt{2\pi}}\,z^{1/2} + \cdots$$

　　從此式可知，從應力函數如下應力強度因子直接可求。與 $\psi(z)$ 不同 $\phi(z)$ $\zeta(z)$，座標平行移動的龜裂前端是 $z_0 = x_0 + iy_0$，根據座標變換，函數形不變的性質[§]。即是，在 z_0 具有前端那樣平行移動的龜裂如下式。

$$\phi\,(z) = \frac{K_{\mathrm{I}} - iK_{\mathrm{II}}}{\sqrt{2\pi}}\,(z - z_0)^{1/2} + \cdots, \quad \zeta\,(z) = -\frac{2iK_{\mathrm{III}}}{\sqrt{2\pi}}\,(z - z_0)^{1/2} + \cdots$$

只有應力的解析對象很多之情況，不只是 $\phi(z), \zeta(z)$，$\phi'(z), \zeta'(z)$ 被求解是普通，上式微分後的形式，應力強度因子求解是便利的。即是，

$$\left.\begin{aligned} K_{\mathrm{I}} - iK_{\mathrm{II}} &= 2\sqrt{2\pi}\lim_{z \to z_0}(z - z_0)^{1/2}\phi'(z), \\ K_{\mathrm{III}} &= \sqrt{2\pi}\lim_{z \to z_0}i(z - z_0)^{1/2}\zeta'(z). \end{aligned}\right\} \tag{A.101}$$

其中，龜裂是與 x 軸平行，此右端是 $z = z_0$。有關Westergaard的應力函數，

[§]　例如，應力的式（A.23）之第一式，$\mathrm{Re}\phi'(z)$是座標變換，相同應力場被給予是不變的，因此，$\phi'(z)$是剛體的回轉，純虛數與其他是不變。而且，積分後的 $\phi(z)$，剛體並進表示的定數。因此，應力若只注意，$\phi(z)$的函數形是平行移動的座標變換是不變的。即是，z_0是原點座標z_k有關ϕ以$\phi_k(z_k)$表示，$z = z_k + z_0$的變換後之ϕ是$\phi(z) = \phi_k(z_k) = \phi_k(z-z_0)$。$\zeta(z)$也是同樣。

$$2\phi'(z) = Z_{\mathrm{I}}(z) - iZ_{\mathrm{II}}(z), \quad i\zeta'(z) = Z_{\mathrm{III}}(z)$$

$Z_{\mathrm{I}}(z)$, $Z_{\mathrm{II}}(z)$, $Z_{\mathrm{III}}(z)$的特異相$(z-z_0)^{-1/2}$的係數是實數，若考慮，應力強度因子如下式。

$$\begin{Bmatrix} K_{\mathrm{I}} \\ K_{\mathrm{II}} \\ K_{\mathrm{III}} \end{Bmatrix} = \sqrt{2\pi} \lim_{z \to z_0} (z - z_0)^{1/2} \begin{Bmatrix} Z_{\mathrm{I}}(z) \\ Z_{\mathrm{II}(z)} \\ Z_{\mathrm{III}(z)} \end{Bmatrix} \qquad （A.102）$$

問題 1　附表2的No.3如實線所示，龜裂的上面$z = b^+$有垂直力P以及接線力Q（每單位厚）作用時，解是$-a < b < a$可得下式[7]。

$$\phi'(z) = \frac{Q + iP}{4\pi} \left[\left(\frac{\kappa - 1}{\kappa + 1} \right) \frac{1}{(z^2 - a^2)^{1/2}} + \frac{1}{b - z} \left\{ \left(\frac{b^2 - a^2}{z^2 - a^2} \right)^{1/2} + 1 \right\} \right]$$
$$（A.103）$$

試求$z = a$龜裂前端的應力強度因子$(K_{\mathrm{I}})_{+a}$, $(K_{\mathrm{II}})_{+a}$。

解答　對於$z_0 = a$的式（A.101），若代入式（A.103），

$$(K_{\mathrm{I}})_{+a} - i\,(K_{\mathrm{II}})_{+a} = \frac{Q + iP}{2\sqrt{\pi a}} \left\{ \left(\frac{\kappa - 1}{\kappa + 1} \right) - \left(\frac{b + a}{b - a} \right)^{1/2} \right\}$$

$$= \frac{Q + iP}{2\sqrt{\pi a}} \left\{ \left(\frac{\kappa - 1}{\kappa + 1} \right) - i\sqrt{\frac{a + b}{a - b}} \right\}$$

因此，實部與虛部分別如下式。

$$\begin{aligned} (K_{\mathrm{I}})_{+a} &= \frac{P}{2\sqrt{\pi a}} \sqrt{\frac{a + b}{a - b}} + \frac{Q}{2\sqrt{\pi a}} \left(\frac{\kappa - 1}{\kappa + 1} \right), \\ (K_{\mathrm{II}})_{+a} &= -\frac{P}{2\sqrt{\pi a}} \left(\frac{\kappa - 1}{\kappa + 1} \right) + \frac{Q}{2\sqrt{\pi a}} \sqrt{\frac{a + b}{a - b}}. \end{aligned} \qquad （A.104）$$

問題 2　附表2的No.3以虛線表示，龜裂的下面$z = b^-$施加逆向的力P', Q'，結果會是如何？

解答　從問題的對稱性考慮，上式的P以及Q分別置換即可。即是，有

關$(K_\mathrm{I})_{+a}$分別是P'與$-Q'$，有關$(K_\mathrm{II})_{+a}$以$-P'$以及Q'置換。即是，如下式所示。

$$
\left.\begin{aligned}
(K_\mathrm{I})_{+a} &= \frac{P'}{2\sqrt{\pi a}}\sqrt{\frac{a+b}{a-b}} - \frac{Q'}{2\sqrt{\pi a}}\left(\frac{\kappa-1}{\kappa+1}\right), \\
(K_\mathrm{II})_{+a} &= \frac{P'}{2\sqrt{\pi a}}\left(\frac{\kappa-1}{\kappa+1}\right) + \frac{Q'}{2\sqrt{\pi a}}\sqrt{\frac{a+b}{a-b}}
\end{aligned}\right\}
\tag{A.105}
$$

問題 3　附表2的No.4所示，試求作用等大逆向力的應力強度因子。龜裂前端的應力強度因子會是如何？

解答　式（A.104）以及（A.105）分別$P'=P$，$Q'=Q$加算如下式。

$$
(K_\mathrm{I})_{+a} = \frac{P}{\sqrt{\pi a}}\sqrt{\frac{a+b}{a-b}} , \quad (K_\mathrm{II})_{+a} = \frac{Q}{\sqrt{\pi a}}\sqrt{\frac{a+b}{a-b}}
\tag{A.106}
$$

以他端的值，在$z=-b$作用的右端值相等，上式的b以$-b$置換的式可得。

問題 4　附表2的No.4之圖所示，前問的P，Q之外，剪斷力S也作用時，應力函數

$$
\left\{\begin{array}{c}
Z_\mathrm{I}(z) \\
Z_\mathrm{II}(z) \\
Z_\mathrm{III}(z)
\end{array}\right\} = \frac{1}{\pi(z-b)}\left(\frac{a-b^2}{z^2-a^2}\right)^{1/2}\left\{\begin{array}{c}
P \\
Q \\
S
\end{array}\right\}
\tag{A.107}
$$

是正解所示。右端的應力強度因子以上述同樣的結果表示。

$$
\left\{\begin{array}{c}
K_\mathrm{I} \\
K_\mathrm{II} \\
K_\mathrm{III}
\end{array}\right\}_{+a} = \frac{1}{\sqrt{\pi a}}\sqrt{\frac{a+b}{a-b}}\left\{\begin{array}{c}
P \\
Q \\
S
\end{array}\right\}
\tag{A.108}
$$

龜裂內面的位移求解。此應力函數是無限板中的龜裂解析之基

本，第三章所述根據疊合，有各種的解可得。

提示 無限遠方的應力，「不一致」，龜裂內面的境界條件之外，圍成 $z = b^+$, b^-小半圓形的輪道，合力以及合力矩可求解。積分如下式可作參考。

$$\tilde{Z}_I(z) = \frac{P}{\pi}\arcsin\frac{bz - a^2}{a(z - b)} \text{ , } \operatorname{Im}\tilde{Z}_I(x) = \frac{P}{\pi}\operatorname{arccosh}\frac{a^2 - bx}{a|x - b|}$$

A.10 代表的解析之例

有關二次元的問題基本解，在附表2一括表示。其中，若去除 No.9，從已述彈性性的知識，如表所示解的正確可容易證明。讀者試解以下的演習問題。

例題 1 No.10所示應力函數，確認是否滿足境界條件。從此應力函數，求解$K = $？

例題 2 No.12的解從No.10的結果來推導。

提示 $W - 2a = 2b$ 仍舊是一定，W/b, a/b無限大。此時，一個頸縮部分（寬$2b$）受到遠方的荷重合力，每單位厚度$P = \sigma W/wb$, $Q = \tau W/2b$以及$S = \tau_1 W/2b$。應力強度因子立即可得。應力函數$Z_I(z)$, $Z_{II}(z)$與$Z_{III}(z)$不同，對於座標的平行移動，函數形並非不變，從式（A.39）可知，對於x方向的平行移動是不變的。因此，No.10座標如No.12所示，$W/2$在x方向移動的應力函數，No.10的$Z_I(z)$, $Z_{II}(z)$, $Z_{III}(z)$的式，z以$z - W/2$置換可得。因此，上述的$W/b\to\infty$, $a/b\to\infty$的極限操作，對於No.12可得應力函數。

例題 3　No.13，若考慮境界條件可得正解。但是，對此 M 的解，左側龜裂也假定是封閉的。一般，如手冊等所示，全部根據此假定，溝槽狀的有限幅寬之龜裂，使用此種的解。壓縮的龜裂面封閉，龜裂部分不存在也可使用。參照6.4節。

例題 4　No.8如例2所示，由於極限移行與座標的平衡移動，從No.4可得。試推導之。

例題 5　No.8的 P 作用時，x 軸上的 σ_y 以及龜裂內面的位移 v 解。

解答　在 x 軸上，$y=0$，$z=x$，根據式（A.39）可得下式。

$$\sigma_y = \operatorname{Re} Z_{\mathrm{I}}(z) = \frac{P\sqrt{c}}{\pi(x+c)\sqrt{x}} \quad (x>0, y=0) \tag{A.109}$$

或是，

$$\tilde{Z}_{\mathrm{I}}(z) = \frac{2P}{\pi}\arctan\left(\frac{z}{c}\right)^{\frac{1}{2}},$$

$$\operatorname{Im}\tilde{Z}_{\mathrm{I}}(x) = \pm\frac{P}{\pi}\log\left|\frac{\sqrt{c}+\sqrt{|x|}}{\sqrt{c}-\sqrt{|x|}}\right| \quad (y=0^{\pm})$$

使用式（A.41），可得下式。

$$v = \pm\frac{k+1}{4G}\operatorname{Im}\tilde{Z}_{\mathrm{I}}(x)$$

$$= \pm\frac{2P}{\pi E'}\log\left|\frac{\sqrt{c}+\sqrt{-x}}{\sqrt{c}-\sqrt{-x}}\right| \quad (x<0, y=0^{\pm}) \tag{A.110}$$

參考文獻

1. 序　論

1)Shank, M. E. (ed.), "A Critical Survey of Brittle Fracture in Carbon-Steel Structures other than Ships", *Weld. Res. Coun. Bull.*, 17 (1954).

2)Parker, E. R., *Brittle Behavior of Engineering Structures*, John Wiley & Sons, Inc., New York, 1957.

2. クラック先端付近の弾性変形状態

1)Inglis, C. E., *Trans. Instn. Naval Archit*, 55 (1913), p.219.

2)たとえば，鵜戸口英善，弾性学，共立出版，1968, p.220.

3)内藤良弘，私信。

4)Liu, H. W., *ASTM STP*-381 (1965), p. 23.

5)Irwin, G. R., Trans. *ASME, J. Appl. Mech.*, 24 (1957), p.361.

6)Williams, M. L., 上記文献 5), p.109.

7)Paris, P. C. and Sih, G. C., *ASTM STP*-381 (1965), p.30.

8)Creager, M. and Paris, P. C., *Int. J. Fract. Mech.*, 3 (1967), p. 247.

9)石田誠によるものとみられる.

10)Sih, G. C. and Liebowitz, H., Ed. by Liebowitz, H., Fracture II, Academic Press, New York, 1968, p.100.

11)Neuber, H., Kerbspannungslehre, Springer, Berlin, 1958, p.42.

12)Neuber, H., 上記文献 11), p.101.

3. 応力拡大係數に関する基本事項

1)Tada, H., *The Stress Analysis of Cracks Handbook*, Del Research Corporation, Hellertown, Pa., U. S. A., 1973.

2)Sih, G. C. (ed.), *Methods of Analysis and Solutions of Crack Problems*, Noordhoff,

Leyden, 1973.

3)Sneddon, I. N. and Lowengrub, M., *Crack Problems in Classical Theory of Elasticity*, John Wiley & Sons, Inc., New York, 1969.

4)Green, A. E. and Sneddon, I. N., *Proc. Cambridge Phil. Soc.*, 46 (1950), p.159.

5)Kobayashi, A. S., et al., *Prospect of Fracture Mechanics*, Noordhoff, Leyden, 1974, p.525.

6)Kobayashi, A. S., et al., *Int. J. Fract. Mech.*, 1 (1965), p.81.

7)Rice, J. R., et al., *Trans. ASME, J. Appl. Mech.*, 39 (1972), p.185.

8)Grandt, A. F., et al., *ASTM STP*-513 (1972), p.37.

9)Benthem, J. P. and Koiter, W. T., Ed. by Sih, G. C., *Methods of Analysis of Crack Problems*, Noordhoff, Leyden, 1972, p. 131.

10)角洋一，山本善之，日本機械学会講演論文集，No. 750-1 (1975-4), p.219.

11)Villarreal, G., Sih, G. C. and Hartranft, R. J., *ASME Paper* No. 75-APMW-29 (1975).

12)Irwin, G. R., Trans. *ASME, J. Appl. Mech.*, 24 (1957), p.361.

13)石田誠，日本機械学会論文集，21巻（1955），p.511.

14)Feddersen, C. E., *ASTM STP*-410 (1966), p.77.

4. エネルギと変形

1)Irwin, G. R., *Trans. ASME, J. Appl. Mech.*, 24 (1957), p.316.

2)Ripling, E. J., et al., *ASTM, Mat. Res. & Standard*, 4, 3 (1964), p.129.

3)Rice, J. R., Ed. by Liebowitz, H., *Fracture* II, Academic Press, New York, 1968, p.213.

4)Kobayashi, A. S. (ed.) *Experimental Techniques in Fracture Mechanics* 1, 1973, および 2, 1975, Soc. Exp. Stress Analysis, Connecticut.

5)高野太刀雄，小口哲朗，岡村弘之，日本機械学会講演論文集，No. 720-10 (1972), p.221.

6)Smith, D. G. and Smith, C. W., *Eng. Fract. Mech.*, 4 (1972), p.357.

7)Rice, J. R., Trans. *ASME, J. Appl. Mech.*, 35 (1968), p.379.

8)Begley, J. A. and Landes, J. D. *ASTM STP*-514 (1972), pp.1-23.

9)大路清嗣，久保司郎，日本機械学会講演論文集，No. 750-1 (1975), p.199.

5. クラック先端における小規模降伏

1)McClintock, F. A. and Irwin, G. R., ASTM STP-381 (1965), p. 87.

2)宮本博，有限要素法と破壊力學；コンピュータによる構造工學講座II-3B，培風館，1970.

3)Irwin, G. R. and Koskinen, M. F., *Trans. ASME*, 85-D (1963), p.593.

4)ASTM Special Committee on Fracture Testing of High-Strength Sheet Materials, *ASTM Bull.*, Jan., 1960, p.29.

5)Irwin, G. R., Proc. *7th Sagamore OMR Conf.*, 1960, Syracuse Univ.

6)山田嘉昭，塑性學，日刊工業新聞社，1965, p.215.

7)Hahn, G. T., 高圧力，9 (1971), p.2560.

8)Weiss, V. and Yukawa, S., *ASTM STP*-381 (1965), p.1.

9)Hahn, G. T. and Rosenfield, A. R., *Acta Met.*, 13 (1965), p.293.

10)Dugdale, D. S., *J. Mech. Phys. Solids*, 8 (1960), p.100.

11)Barenblatt, G. I., *Advances in Applied Mechanics*, 7 (1962), Academic Press, New York, p.55.

12)Keer, L. M. and Mura, T., Ed. by Yokbori, T., et al., Proc. *1st Int. Conf. Fracture, Sendai*, 1966, Col. I, p.99.

13)Rice, J. R., Ed. by Liebowitz, H., *Fracture* II, Academic Press, New York, 1968, p.191.

14)Rosenfield, A. R., et al., 文獻 12)，p.223.

6. 変形と不静定問題

1)Okamura, H., Watanabe, K. and Takano, T., *ASTM STP*-536 (1973), p.423.

2)岡村弘之，渡辺勝彦，日本機械学会論文集，41巻（1975），p.2238.

3)鷲津久一郎，弾性学の変分原理概論；コンピュータによる構造工學講座II-3A, 培風館，1972, p.166.

4)Paris, P. C., *Document* D 2-2195 (1957), The Boeing Company.

5)Okamura, H., Liu, H, W, and Chu, C. C., *Eng. Fract. Mech.*, 1 (1969), p.547.

6)Okamura, H., Watanabe, K. and Takano, T., *Eng. Fract. Mech.*, 7 (1975), p.531.

7)菊川真，城野政弘，參輪隆，高谷勝，日本機械学会講演論文集，No. 750-1 (1975), p.23.

8)岡村弘之，高野太刀雄，日本機械学会講演論文集，No. 212 (1969), p.135.

9)岡村弘之，渡辺勝彦，高野太刀雄，日本機械学会講演論文集，No. 700-2 (1970)，p.101.

10)岡村弘之，高圧力，8巻，2 （1970），p.6.

11)岡村弘之，渡辺勝彦，高野太刀雄，日本機械学会論文集，41巻，（1975），p.2247.

12)Okamura, H., Watanabe, K. and Takano, T., *Reliability Approach in Structural Engineering, Maruzen*, 1975, p.243.

13)Rice, J. R., Paris, P. C. and Merkle, J. G. *ASTM STP*-536 (1973), p.231.

14)Bucci, R. J., Paris, P. C., Landes, J. D. and Rice, J. R., *ASTM STP*-514 (1972), p.40.

15)岡村弘之，日本機械学会講演論文集，No. 750-1 (1975), p.259.

7.線形破壊力学の工学的応用

1)Eshelby, J. D., et al., *Phil. Mag.*, 42 (1951), p.351.

2)Petch, N. J., *J. Iron and Steel Inst.*, 174 (1953), p.25.

3)Broek, D., *Elementary Engineering Fracture Mechanics*, Noordhoff, Leyden, 1974.

4)Gilman, J. J., et al., *Fracture*, MIT-Wiley, 1959, p.193.

5)Griffith, A. A., *Phil. Trans. Roy.* Soc., 221 (1920), p.193.

6)Orowan, E., *Reports on Progress in Physics*, 12 (1949), p.185.

7)Irwin, G, R., *Fracturing of Metals*, ASM, 1948, p.152.

8)Irwin, G. R. and Kies, J. A., *Weld J.*, 31 (1952), p.551.

9)Irwin, G. R., *Trans. ASME*, J. Appl. Mech. 24 (1957), p.361.

10)Wells, A. A., *British Welding Res. Ass. Rept.*, M13/63 (1963).

11)Rice, J. R., *Trans. ASME, J. Appl. Mech.*, 35 (1968), p.379.

12)Brown, W. F., Jr. and Srawley, J. E., *ASTM STP*-410 (1966).

13)Tiffany, C. F. and Masters, J. N., *ASTM STP*-381 (1965), p.249.

14)ASTM Special Committee on Fracture Testing of High-Strength Sheet Materials, *ASTM Bull.*, Jan., 1960, p.29, and Feb., 1960, p.18.

15)Irwin, G. R., *US Naval Research Lab., Report* 5486, July 27, 1960.

16)*Annual Book of ASTM Standards*, Part 31 (1970), p.911.

17)小倉信和，日本機械学会誌，75巻（1972），p.1091.

18)Wei, R. P., *ASTM STP*-381 (1965), p.279.

19)金沢武，船体構造強度要覧，吉識雅夫先生還暦退官記念事業会，1970, p.405.

20)Pellissier, G. E., *3rd Maraging Steel Review Conf.*, WADD, Dayton, Ohio, 1963.

21)Kies, J. A., et al., *ASTM STP*-381 (1965), p.328.

22) Munse, W. H., Ed. by Liebowitz, H., *Fracture* IV, Academic Press, 1969, p.371.

23)Wells, A. A., 上記文献 22)，p.337.

24)Erdogan, F. and Sih, G. C., *Trans. ASME, J. Basic Eng.*, 85 (1963), p.519.

25)Sih, G. C. (ed.), *Methods of Analysis and Solutions of Crack Problems*, Noordhoff, Leyden, 1973, p.1.

26)Kraft, J. M., et al., *Proc. Crack Propagation Symp.*, Cranfield, England, 1 (1961), p.8.

27)Srawley, J. E., et. al., *ASTM STP*-381 (1965), p.133.

28)Mott, N. F., *Engineering*, 165 (1948), p.16.

29)Roberts, D. K. and Wells, A. A., *Engineering*, 178 (1954), p.820.

30)Berry, J. P., *J. Mech. Phys. Solids*, 8 (1960), p.194.

31)Sih, G. C. (ed.), *Dynamic Crack Propagation*, Noordhoff, Leyden, 1973.

32)坂田勝，青木繁，機械の研究，25 (1973), p.703 より 26 (1974), p.451 まで11回連載。

33)Schijve, j., *ASTM STP*-415 (1967), p.415.

34)横堀武夫，材料強度学，改訂版，岩波書店，1974.

35)北川英夫，日本機械学会誌，75巻（1972），p.1068.

36)北川英夫，材料，21巻（1972），p.710.

37)Paris, P. C., *Proc. 10th Sagamore Conf.*, 1965, Syracuse Univ. Press, p.107.

38)内藤良弘，東京大学学位論文，1974.

39)Paris, P. C. and Erdogan, F., *Trans. ASME*, Ser. D, 85 (1963), p.528.

40)川崎正，中西征二，沢木洋二，畑中健一，横堀武夫，日本機械学会講演論文集，No. 750-1 (1975), p.31.

41)Forman, R. G., et al., *Trans. ASME*, J. Basic Eng., 89D (1967), p.459.

42)Rice, J. R., ASTM STP-415 (1966), p.247.

43)Johnson, H. H. and Paris, P.C., *Eng. Fract. Mech.*, 1 (1968), p.3.

44)Crooker, T. W., *NRL Report*, No. 7347 (1972).

45)Okamura. H., Watanable. K. and Naito, Y., *Reliability Approach inStructural Engineering, Maruzen*, 1975, p.243.

46)Okamura. H., Watanable. K. and Takano, T., *ASTM STP*-536 (1973), p.423.

47)岡村弘之，渡辺勝彦，高野太刀雄，日本機械学会論文集，41巻，（1975），p.2247.

48)ASTM Committee, *Materials Research and Standards*, 1 (1961), p.389.

49)北川英夫，日本機械学会誌，77巻（1974），p.959.

50)Speidel, M. O., Proc. *1st Int. Conf. Corrosion Fatigue*, 1971, NACE & AIME. p.324.

51)Benjamin, W. D. and Steigerwald, E. A., *Met. Trans*., 2 (1971), p.606.

52)Peterson, M. H., et al., *Corrosion*, 23 (1967), p.142.

53)McEvily, A. J. and Wei, R. P., *Proc. 1st Int. Conf*. Corrosion Fatigue, 1971, NACE & AIME, p.521.

54)Wei, R. P. and Landes, J. D., *ASTM, Mat. Res. Standards*, 9-7 (1969), p.25.

55)北川英夫，第19回材料強度と破壊シンポジウム論文集，1974，p.73.

56)Barsom, J. M., *Eng, Fract. Mech*., 3 (1971), p.12.

57)Ryder, J. T. and Gallagher, J. P., *Univ. Illinois, T & AM Report*, No. 355 (1972).

58)高野太刀雄，岡村弘之，日本機械学会講演論文集，No. 750-1 (1975), p.55. および，高野太刀雄，岡村弘之，吉富雄二，竜口泰晴，日本機械学会関西支部講演論文集No. 744-2 (1974), p.74.

追補：二次元クラックの弾性論入門

1)たとえば，鷲津久一郎，エネルギ原理入門：コンピュータによる構造工学講座 I-3B，培風館，1970.

2)Goursat, É., *Bull. de la Soc. Math. de France*, 26 (1898), p.236.

3)Muskhelishvili, N. I., *Some Basic Problems of the Theory of Elasticity*, 4th ed., Noordhoff, 1963.

4)森口繁一，二次元弾性論：現代応用数学講座，第2巻，岩波書店，1957。

5)Westergaard, H. M., *Trans. ASME, J. Appl. Mech*., A66 (1939), p.49.

6)Sih, G. C. and Liebowitz, H., Ed. by Liebowitz, H., *Fracture* II, Academic Press, New York, 1968.

7)Erdogan, F., Proc. *4th U. S. Nat. Cong. Appl. Mech*., 1962, p.547.

附表1

單位換算表

單位系	in-lb	mm-kgf	cm-kgf	m-N
長度	1（in）	25.40（mm）	2.540（cm）	0.02540（m）
	0.03937（in）	1（mm）	0.1（cm）	0.001（m）
力	1（lb）	0.4536（kgf）	0.4536（kgf）	4.448（N）
	2.205（lb）	1（kgf）	1（kgf）	9.807（N）
應力σ	1（ksi）	0.7031 （kgf/mm^2）	70.31 （kgf/cm^2）	6.895 （MN/m^2）
	1.422（ksis）	1（kgf/mm^2）	100（kgf/cm^2）	9.807 （MN/m^2）
應力強度 因子K	1（ksi$\sqrt{\text{in}}$）	3.543 （kgf/mm$^{3/2}$）	112.05 （kgf/cm$^{3/2}$）	1.099 （MN.m$^{3/2}$）
	0.2822 （ksi$\sqrt{\text{in}}$）	1（kgf/mm$^{3/2}$）	31.62 （kgf/cm$^{3/2}$）	0.3101 （MN.m$^{3/2}$）
	0.008925 （ksi$\sqrt{\text{in}}$）	0.03162 （kgf/mm$^{3/2}$）	1（kgf/cm$^{3/2}$）	0.009805 （MN/m$^{3/2}$）
能量解放 率G	1（lb/in）	0.01786 （kgf/mm）	0.1786 （kgf/cm）	175.1（N/m）
	56.00（lb/in）	1（kgf/mm）	10（kgf/cm）	9807（N/m）

（其中，1 ksi $= 10^3$lb/in$^2 = 10^3$ psi, 1MN $= 10^6$N）

附表2

應力強度因子的資料1
——二次元問題的基本解析解——

其中，$E'=\begin{cases}E\\E/(1-\nu^2)\end{cases}$，$\kappa=\begin{cases}(3-\nu)/(1+\nu) \text{ （平面應力）}\\3-4\nu \qquad\qquad \text{ （平面應變）}\end{cases}$

No.	龜裂與荷重的種類	應力強度因子K， Westergaard的應力函數$Z_I(z), Z_{II}(z), Z_{III}(z)$
1	作用在遠方的均一應力 $\sigma_y^\infty, \tau_{xy}^\infty, \tau_{yz}^\infty$ 	應力函數： $\begin{Bmatrix}Z_I(z)\\Z_{II}(z)\\Z_{III}(z)\end{Bmatrix}=\dfrac{z}{(z^2-a^2)^{1/2}}\begin{Bmatrix}\sigma_y^\infty\\\tau_{xy}^\infty\\\tau_{yz}^\infty\end{Bmatrix}+i\begin{Bmatrix}0\\(\sigma_x^\infty-\sigma_y^\infty)/2\\\tau_{xz}^\infty\end{Bmatrix}$ 應力強度因子： $\begin{Bmatrix}K_I\\K_{II}\\K_{III}\end{Bmatrix}=\sqrt{\pi a}\begin{Bmatrix}\sigma_y^\infty\\\tau_{xy}^\infty\\\tau_{yz}^\infty\end{Bmatrix}$ 而且，$\sigma_x^\infty, \sigma_z^\infty, \tau_{xz}^\infty$不受$K$的影響。位移與應力，單純加算這些均一應力場即可。 x軸上的應力分布： $\begin{Bmatrix}\sigma_x\\\sigma_y\\\tau_{xy}\\\tau_{yz}\\\tau_{xz}\end{Bmatrix}_{\substack{|x|>0,\\y=0}}=\dfrac{|x|}{\sqrt{x^2-a^2}}\begin{Bmatrix}\sigma_y^\infty\\\sigma_y^\infty\\\tau_{xy}^\infty\\\tau_{yz}^\infty\\0\end{Bmatrix}+\begin{Bmatrix}-\sigma_y^\infty+\sigma_x^\infty\\0\\0\\0\\\tau_{xz}^\infty\end{Bmatrix}$ 龜裂內面的位移： $\begin{Bmatrix}u\\v\\w\end{Bmatrix}_{\substack{|x|>0,\\y=0^\pm}}=\pm\sqrt{a^2-x^2}\begin{Bmatrix}\dfrac{2\tau_{xy}^\infty}{E'}\\\dfrac{2\sigma_y^\infty}{E'}\\\dfrac{\tau_{yz}^\infty}{G}\end{Bmatrix}+\begin{Bmatrix}\dfrac{(\sigma_x^\infty-\sigma_y^\infty)x}{E}\\0\\0\end{Bmatrix}$， 其中，$\sigma_x^\infty, \sigma_y^\infty$除去$w$

No.	龜裂與荷重的種類	應力強度因子K, Westergaard的應力函數$Z_I(z)$, $Z_{II}(z)$, $Z_{III}(z)$
2	作用在遠方傾斜的均一應力σ	因為是$\sigma_y^\infty = \sigma\sin^2\beta$，$\tau_{xy}^\infty = \sigma\sin\beta\cos\beta$，使用No.1的結果 應力強度因子： $$\begin{Bmatrix} K_I \\ K_{II} \end{Bmatrix} = \sigma\sqrt{\pi a}\begin{Bmatrix} \sin^2\beta \\ \sin\beta\cos\beta \end{Bmatrix}$$
3	作用在內面的集中力（每單位厚度）	$$(K_I)_{+a} = \frac{P+P'}{2\sqrt{\pi a}}\sqrt{\frac{a+b}{a-b}} + \frac{Q-Q'}{2\sqrt{\pi a}}\left(\frac{\kappa-1}{\kappa+1}\right),$$ $$(K_{II})_{+a} = \frac{Q+Q'}{2\sqrt{\pi a}}\sqrt{\frac{a+b}{a-b}} + \frac{-P+P'}{2\sqrt{\pi a}}\left(\frac{\kappa-1}{\kappa+1}\right)$$ 而且，$x=-a$的值，上式的b以$-b$置換即可。
4	作用在內面的自己平衡集中力P, Q（每單位厚度）	應力函數： $$\begin{Bmatrix} Z_I(z) \\ Z_{II}(z) \\ Z_{III}(z) \end{Bmatrix} = \frac{\sqrt{a^2-b^2}}{\pi(z-b)(z^2-a^2)^{1/2}}\begin{Bmatrix} P \\ Q \\ S \end{Bmatrix}$$ 應力強度因子： $$\begin{Bmatrix} K_I \\ K_{II} \\ K_{III} \end{Bmatrix}_{\pm a} = \frac{1}{\sqrt{\pi a}}\sqrt{\frac{a\pm b}{a\mp b}}\begin{Bmatrix} P \\ Q \\ S \end{Bmatrix}$$
5	作用在內面的均一分布力 $\sigma_y \equiv -\sigma_0$, $\tau_{xy} \equiv -\tau_0$, $\tau_{yz} \equiv -\tau_{l0}$	應力函數： $$\begin{Bmatrix} Z_I(z) \\ Z_{II}(z) \\ Z_{III}(z) \end{Bmatrix} = \left[\frac{z}{(z^2-a^2)^{1/2}} - 1\right]\begin{Bmatrix} \sigma_0 \\ \tau_0 \\ \tau_{l0} \end{Bmatrix}$$ 應力強度因子： $$\begin{Bmatrix} K_I \\ K_{II} \\ K_{III} \end{Bmatrix} = \sqrt{\pi a}\begin{Bmatrix} \sigma_0 \\ \tau_0 \\ \tau_{l0} \end{Bmatrix}$$ x軸上的應力： $$\begin{Bmatrix} \sigma_x \\ \sigma_y \\ \tau_{xy} \\ \tau_{yz} \end{Bmatrix}_{\substack{|x|>0, \\ y=0}} = \left[\frac{|x|}{\sqrt{x^2-a^2}} - 1\right]\begin{Bmatrix} \sigma_0 \\ \tau_0 \\ \tau_0 \\ \tau_{l0} \end{Bmatrix}$$

No.	龜裂與荷重的種類	應力強度因子K，Westergaard的應力函數$Z_I(z), Z_{II}(z), Z_{III}(z)$
6	作用在內面的上下面對稱分布力 $\sigma_y \equiv -\sigma_0(x),\ \tau_{xy} \equiv -\tau_0(x),$ $\tau_{yz} \equiv -\tau_{l0}(x)$	應力強度因子： $$\begin{Bmatrix} K_I \\ K_{II} \\ K_{III} \end{Bmatrix} = \frac{1}{\sqrt{\pi a}} \int_{-a}^{a} \begin{Bmatrix} \sigma_0(\xi) \\ \tau_0(\xi) \\ \tau_{l0}(\xi) \end{Bmatrix} \sqrt{\frac{a \pm \xi}{a \mp \xi}}\, d\xi$$
7	作用在點$x = x_0,\ y = y_0$集中力$P,\ Q$，以及，集中力矩M（每單位厚度）	右端的應力函數： $$(K_I)_{+a} - i(K_{II})_{+a}$$ $$= \frac{1}{2\sqrt{\pi a}(1+\kappa)}\left[(Q+iP)\left\{ \frac{a+z_0}{(z_0{}^2-a^2)^{\frac{1}{2}}} - \frac{\kappa(a+\bar{z}_0)}{(\bar{z}_0{}^2-a^2)^{\frac{1}{2}}} \right.\right.$$ $$\left.\left. + (\kappa-1) \right\} + \frac{a(Q-iP)(\bar{z}_0 - z_0) + ia(1+\kappa)M}{(\bar{z}_0 - a)(\bar{z}_0{}^2-a^2)^{\frac{1}{2}}} \right]$$ 其中，$z_0 = x_0 + iy_0,\ \bar{z}_0 = x_0 - iy_0.$
8	作用在半無限龜裂的內面上之集中力P, Q, S（每單位厚度）	應力函數： $$\begin{Bmatrix} Z_I(z) \\ Z_{II}(z) \\ Z_{III}(z) \end{Bmatrix} = \frac{1}{\pi(z+c)}\left(\frac{c}{z}\right)^{1/2} \begin{Bmatrix} P \\ Q \\ S \end{Bmatrix}$$ 應力強度因子： $$\begin{Bmatrix} K_I \\ K_{II} \\ K_{III} \end{Bmatrix} = \frac{2}{\sqrt{2\pi c}} \begin{Bmatrix} P \\ Q \\ S \end{Bmatrix}$$
9	均一應力場$\sigma_y{}^\infty = \sigma,\ \tau_{xy}{}^\infty = \tau,$ $\tau_{yz}{}^\infty = \tau_l$中的兩個等長龜裂之干涉	應力強度因子： $$\begin{Bmatrix} K_I \\ K_{II} \\ K_{III} \end{Bmatrix}_{\pm b} = \sqrt{\pi c}\sqrt{\frac{c}{b}}\left[\frac{E(k)/K(k) - 1 + k^2}{k}\right] \begin{Bmatrix} \sigma \\ \tau \\ \tau_l \end{Bmatrix},$$ $$\begin{Bmatrix} K_I \\ K_{II} \\ K_{III} \end{Bmatrix}_{\pm c} = \sqrt{\pi c}\left[\frac{1 - E(k)/K(k)}{k}\right] \begin{Bmatrix} \sigma \\ \tau \\ \tau_l \end{Bmatrix}$$ 其中，$K(k), E(k)$，母數$k = \sqrt{1 - b^2/c^2}$ 分別是第1種、第2種的完全橢圓積分

No.	龜裂與荷重的種類	應力強度因子K, Westergaard的應力函數$Z_I(z)$, $Z_{II}(z)$, $Z_{III}(z)$
		$K(k) = \int_0^{\pi/2} (1 - k^2 \sin^2 \varphi)^{-1/2} d\varphi$ $E(k) = \int_0^{\pi/2} (1 - k^2 \sin^2 \varphi)^{1/2} d\varphi$
10	作用在一直線上等間隔並排無限龜裂列的均一應力場 $\sigma_y^\infty = \sigma$, $\tau_{xy}^\infty = \tau$, $\tau_{yz}^\infty = \tau_l$ 	應力函數： $\begin{Bmatrix} Z_I(z) \\ Z_{II}(z) \\ Z_{III}(z) \end{Bmatrix} = \dfrac{\sin \frac{\pi z}{W}}{\left(\sin^2 \frac{\pi z}{W} - \sin^2 \frac{\pi a}{W} \right)^{1/2}} \begin{Bmatrix} \sigma \\ \tau \\ \tau_l \end{Bmatrix} + i \begin{Bmatrix} 0 \\ -\sigma/2 \\ 0 \end{Bmatrix}$ 應力強度因子： $\begin{Bmatrix} K_I \\ K_{II} \\ K_{III} \end{Bmatrix} = \sqrt{\pi a} \begin{Bmatrix} \sigma \\ \tau \\ \tau_l \end{Bmatrix} \sqrt{\dfrac{W}{\pi a} \tan \dfrac{\pi a}{W}}$
11	作用在平行等間隔無限龜裂列的均一應力$\tau_{yz}^\infty = \tau_l$ 	應力函數： $Z_{III}(z) = \dfrac{\tau_l \sinh(\pi z/H)}{\{\sinh^2(\pi z/H) - \sinh^2(\pi a/H)\}^{1/2}}$ 應力強度因子： $K_{III} = \tau_l \sqrt{H \tanh(\pi a/H)}$
12	受到兩側龜裂的斷面，遠方荷重的合力P, Q, S（每單位厚度） 	應力函數： $\begin{Bmatrix} Z_I(z) \\ Z_{II}(z) \\ Z_{III}(z) \end{Bmatrix} = \dfrac{1}{\pi(b^2 - z^2)^{1/2}} \begin{Bmatrix} P \\ Q \\ S \end{Bmatrix}$, 應力強度因子： $\begin{Bmatrix} K_I \\ K_{II} \\ K_{III} \end{Bmatrix} = \dfrac{1}{\sqrt{\pi b}} \begin{Bmatrix} P \\ Q \\ S \end{Bmatrix}$

No.	龜裂與荷重的種類	應力強度因子K， Westergaard的應力函數$Z_I(z), Z_{II}(z), Z_{III}(z)$
13	受到兩側龜裂的斷面，遠方荷重的彎曲力矩M，以及扭轉力矩T（每單位厚度） 	應力函數： $$\left\{ \begin{array}{c} Z_I(z) \\ Z_{III}(z) \end{array} \right\} = \frac{2}{\pi b^2} \frac{z}{(b^2 - z^2)^{1/2}} \left\{ \begin{array}{c} M \\ T \end{array} \right\},$$ 應力強度因子： $$\left\{ \begin{array}{c} K_I \\ K_{III} \end{array} \right\} = \frac{2}{\sqrt{\pi b^3}} \left\{ \begin{array}{c} M \\ T \end{array} \right\}$$
14	作用在兩側龜裂的內面之集中力P, Q, S（每單位厚度） 	應力函數： $$\left\{ \begin{array}{c} Z_I(z) \\ Z_{II}(z) \\ Z_{III}(z) \end{array} \right\} = \frac{\sqrt{c^2 - b^2}}{\pi(z+c)(b^2 - z^2)^{1/2}} \left\{ \begin{array}{c} P \\ Q \\ S \end{array} \right\},$$ 應力強度因子： $$\left\{ \begin{array}{c} K_I \\ K_{II} \\ K_{III} \end{array} \right\}_{\pm b} = \frac{1}{\sqrt{\pi b}} \sqrt{\frac{c \mp b}{c \pm b}} \left\{ \begin{array}{c} P \\ Q \\ S \end{array} \right\}$$

附表3

應力強度因子的資料2
——實用上重要的基本例——

其中，$E' = \begin{cases} E & \text{（平面應力）} \\ E/(1-\nu^2) & \text{（平面應變）} \end{cases}$

No.	試材形狀與荷重形式	應力強度因子（括弧內是誤差）以及龜裂開口位移
15	受到遠方均一應力σ, τ_l的半無限板之外側龜裂 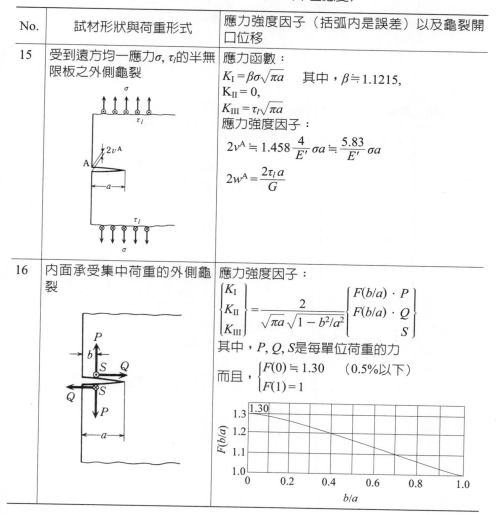	應力函數： $K_{\mathrm{I}} = \beta\sigma\sqrt{\pi a}$　其中，$\beta \fallingdotseq 1.1215$, $K_{\mathrm{II}} = 0$, $K_{\mathrm{III}} = \tau_l\sqrt{\pi a}$ 應力強度因子： $2v^{\mathrm{A}} \fallingdotseq 1.458\dfrac{4}{E'}\sigma a \fallingdotseq \dfrac{5.83}{E'}\sigma a$ $2w^{\mathrm{A}} = \dfrac{2\tau_l a}{G}$
16	內面承受集中荷重的外側龜裂	應力強度因子： $\begin{Bmatrix} K_{\mathrm{I}} \\ K_{\mathrm{II}} \\ K_{\mathrm{III}} \end{Bmatrix} = \dfrac{2}{\sqrt{\pi a}\sqrt{1-b^2/a^2}} \begin{Bmatrix} F(b/a)\cdot P \\ F(b/a)\cdot Q \\ S \end{Bmatrix}$ 其中，P, Q, S是每單位荷重的力 而且，$\begin{cases} F(0) \fallingdotseq 1.30 & \text{（0.5\%以下）} \\ F(1) = 1 \end{cases}$

No.	試材形狀與荷重形式	應力強度因子（括弧內是誤差）以及龜裂開口位移
17	半無限板的內側龜裂 	應力強度因子： $K_I = 2\sqrt{\pi/(\pi^2-4)}\,bP + 2\beta\sqrt{\pi/b^3}\,M$ $\quad \fallingdotseq 1.297(2P/\sqrt{\pi b}) + 3.975\,(M/\sqrt{b^3})$ 其中，$\beta \fallingdotseq 1.1215$ $K_{II} = 0,$ $K_{III} = 2S/\sqrt{\pi b}$ 其中，P的作用線是不生成彎曲變形之圖示位置。 根據P', Q', S'的應力強度因子皆為0。（M, P, S是每單位厚度的力矩以及力）
18	具中央龜裂帶板的均一拉伸 	應力強度因子： $K_I = \sigma\sqrt{\pi a}\,F(2a/W)$；$2a/W = \xi$　とおくと $F(\xi) \fallingdotseq \sqrt{\sec(\pi\xi/2)}$ $\quad\quad\quad$（$\xi \le 0.7$　在　0.3%, $\xi = 0.8$　在　1%） $F(\xi) \fallingdotseq (1 - 0.025\xi^2 + 0.06\xi^4)\sqrt{\sec(\pi\xi/2)}$ $\quad\quad\quad\quad\quad\quad\quad\quad\quad\quad\quad\quad$（0.1%） $F(\xi) \fallingdotseq (1 - 0.5\xi + 0.370\xi^2 - 0.044\xi^3)/\sqrt{1-\xi}$ $\quad\quad\quad\quad\quad\quad\quad\quad\quad\quad\quad$（0.3%以下） 另外，$\begin{cases} F(0) = 1 \\ \lim\limits_{\xi \to 1} F(\xi) = \dfrac{2}{\sqrt{\pi^2-4}}\dfrac{1}{\sqrt{1-\xi}} \fallingdotseq \dfrac{0.826}{\sqrt{1-\xi}} \end{cases}$ 中央龜裂開口位移： $\delta = (4\sigma a/E')V(2a/W)$； $V(\xi) = -0.071 - 0.535\xi + 0.169\xi^2 + 0.020\xi^3$ $\quad\quad\quad -1.071(1/\xi)\log(1-\xi)$　　（0.6%以下）

No.	試材形狀與荷重形式	應力強度因子（括弧內是誤差）以及龜裂開口位移
19	根據中央龜裂帶板的集中力之拉伸	應力強度因子： $K_I = (P/\sqrt{W})F(2a/W, 2H/W)$ ； $2a/W = \xi,\ 2H/W = \eta$ 對於 $F(\xi, \eta) = f_1(\xi, \eta) \cdot f_2(\xi, \eta) \cdot f_3(\xi, \eta)$ （1%以下） 其中， $f_1(\xi, \eta)$ $= 1 + \left\{0.297 + 0.115\left(1 - \operatorname{sech}\dfrac{\pi\eta}{2}\right)\sin\pi\xi\right\}\left(1 - \cos\dfrac{\pi\xi}{2}\right)$ $f_2(\xi, \eta) = 1 + \alpha\dfrac{(\pi\eta/2)\tanh(\pi\eta/2)}{\cosh^2(\pi\eta/2)/\cos^2(\pi\xi/2) - 1}$ $\alpha = \begin{cases}(1+\nu)/2 & \text{（平面應力）}\\ 1/2(1-\nu) & \text{（平面應變）}\end{cases}$ $f_3(\xi, \eta) = \dfrac{\sqrt{\tan(\pi\xi/2)}}{\sqrt{1 - \cos^2(\pi\xi/2)/\cosh^2(\pi\eta/2)}}$ （P是每單位荷重的力）
20	具單側龜裂帶板的均一拉伸	應力強度因子： $K_I = \sigma\sqrt{\pi a}\,F(a/W)$ ；$a/W = \xi$ 對於 $F(\xi) \fallingdotseq 1.12 - 0.231\xi + 10.55\xi^2 - 21.72\xi^3 + 30.39\xi^4$ （$\xi \leqq 0.6$ 在 0.5%） $F(\xi) \fallingdotseq 0.265(1-\xi)^4 + (0.857 + 0.265\xi)/(1-\xi)^{3/2}$ （$\xi < 0.2$ 在 1% 以下，$\xi \geqq 0.2$ 在 0.5%） $F(\xi)$ $\fallingdotseq \sqrt{\dfrac{2}{\pi\xi}\tan\dfrac{\pi\xi}{2}}\,\dfrac{0.752 + 2.02\xi + 0.37\{1 - \sin(\pi\xi/2)\}^3}{\cos(\pi\xi/2)}$ （0.5%以下） 另外，$F(0) = \beta \fallingdotseq 1.1215$，$\lim\limits_{\xi \to 1} F(\xi) = \beta/(1-\xi)^{3/2}$ 端部的龜裂開口位移：$\delta = (4\sigma a/E')V(a/W)$ ； $V(\xi) \fallingdotseq \dfrac{1.46 + 3.42\{1 - \cos(\pi\xi/2)\}}{\cos^2(\pi\xi/2)}$ （1%） 另外，$\begin{cases}V(0) \fallingdotseq 1.458,\\ \lim\limits_{\xi \to 1} V(\xi) = \beta^2\pi/2(1-\xi)^2 \fallingdotseq 1.98/(1-\xi)^2\end{cases}$

No.	試材形狀與荷重形式	應力強度因子（括弧內是誤差）以及龜裂開口位移
21	具單側龜裂帶板的單純彎曲	應力強度因子：

應力強度因子：

$K_I = \sigma_0 \sqrt{\pi a} F(a/W)$

其中，$\sigma_0 = 6M/W^2$是外皮彎曲應力（M是每單位厚度的力矩）。

$a/W = \xi$

$F(\xi) \fallingdotseq 1.122 - 1.40\xi + 7.33\xi^2 - 13.08\xi^3 + 14.0\xi^4$
　　　　　　　　　　　　（$\xi \leq 0.6$在0.2%以下）

$F(\xi)$

$\fallingdotseq \sqrt{\dfrac{2}{\pi\xi}\tan\dfrac{\pi\xi}{2}} \dfrac{0.923 + 0.199\{1 - \sin(\pi\xi/2)\}^4}{\cos(\pi\xi/2)}$

　　　　　　　　（$0 \leq \xi \leq 1$　在5%以下）

另外，$\begin{cases} F(0) = \beta \fallingdotseq 1.1215, \\ \lim\limits_{\xi \to 1} F(\xi) = \beta/3(1 - \xi)^{3/2} \end{cases}$

端部的龜裂開口位移：

$\delta = (4\sigma_0 a/E')V(a/W)$；

$V(\xi)0.8 - 1.7\xi + 2.4\xi^2 + 0.66/(1-\xi)^2$
　　　　　　　（$0.2 \leq \xi \leq 0.7$　在0.5%以下）

另外，$\begin{cases} V(0) \fallingdotseq 1.458, \\ \lim\limits_{\xi \to 1} V(\xi) = \beta^2\pi/6(1 - \xi)^2 \fallingdotseq 0.66/(1 - \xi)^2 \end{cases}$

No.	試材形狀與荷重形式	應力強度因子
22	具單側龜裂帶板的3點彎曲	應力強度因子：

應力強度因子：

$K_I = \sigma_0 \sqrt{\pi a} F(a/W)$；

其中，$\sigma_0 = 3SP/2W^2$是標稱彎曲應力（P是每單位厚度的力）。

$a/W = \xi$

$F(\xi) \fallingdotseq A_0 + A_1\xi + A_2\xi^2 + A_3\xi^3 + A_4\xi^4$
　　　　　　　　　（$\xi \leq 0.6$　在0.2%以下）

S/W	A_0	A_1	A_2	A_3	A_4
4	1.090	−1.735	8.20	−14.18	14.57
8	1.107	−2.120	7.71	−13.55	14.25
∞ （單純彎曲）	1.122	−1.40	7.33	−13.08	14.0

另外，$\begin{cases} F(0) = \beta \fallingdotseq 1.1215, \\ \lim\limits_{\xi \to 1} F(\xi) = \beta/3(1 - \xi)^{3/2} \end{cases}$

No.	試材形狀與荷重形式	應力強度因子（括弧內是誤差）以及龜裂開口位移
		端部的龜裂開口位移： $\delta = (4\sigma_0 a/E')V(a/W)$； $V(\xi)0.76 - 2.28\xi + 3.87\xi^2 - 2.04\xi^3 + 0.66/(1-\xi)^2$ （$S/W \geqq 4$對於，1%以下）
23	具兩側龜裂帶板的拉伸 	應力強度因子： $K_{\mathrm{I}} = \sigma\sqrt{\pi a}\, F(a/W)$；$2a/W = \xi$ 對於 $F(\xi) \doteqdot \left(1 + 0.122\cos^4\dfrac{\pi\xi}{2}\right)\sqrt{\dfrac{2}{\pi\xi}\tan\dfrac{\pi\xi}{2}}$ （0.5%以下） $F(\xi) \doteqdot \dfrac{1.122 - 0.561\xi - 0.205\xi^2 + 0.471\xi^3 - 0.190\xi^4}{\sqrt{1-\xi}}$ （5%以下） 另外，$\begin{cases} F(0) = \beta \doteqdot 1.1215, \\ \lim\limits_{\xi \to 1} F(\xi) = 2/\pi\sqrt{1-\xi} \doteqdot 0.637/\sqrt{1-\xi} \end{cases}$ 端部的龜裂開口位移： $\delta = (4\sigma_0 a/E')V(2a/W)$； $V(\xi) \doteqdot \dfrac{2}{\pi\xi}\left\{0.459\sin\dfrac{\pi\xi}{2} - 0.065\sin^3\dfrac{\pi\xi}{2}\right.$ $\left. - 0.007\sin^5\dfrac{\pi\xi}{2} + \operatorname{arccosh}\left(\sec\dfrac{\pi\xi}{2}\right)\right\}$ （2%以下）
24	帶板的位移拘束型拉伸 	位移拘束型（$y = \pm H$且，$v = \pm v_0$，$u = 0$）： 平面應力： $K_{\mathrm{I}} = \sqrt{1-\nu^2}\,\sigma\sqrt{H} = \dfrac{E}{\sqrt{1-\nu^2}}\dfrac{v_0}{\sqrt{H}}$ （其中，$\sigma = Ev_0/(1-\nu^2)H$） 平面應變： $K_{\mathrm{I}} = \dfrac{\sqrt{1-2\nu}}{1-\nu}\sigma\sqrt{H} = \dfrac{E}{(1+\nu)\sqrt{1-2\nu}}\dfrac{v_0}{\sqrt{H}}$ （其中，$\sigma = (1-\nu)Ev_0/(1-\nu)(1-2\nu)H$） 縱方向位移拘束型（$y = \pm H$且，$v = \pm v_0$，$\tau_{xy} = 0$）： 平面應力：$K_{\mathrm{I}} = \sigma\sqrt{H} = Ev_0/\sqrt{H}$ （其中，$\sigma = Ev_0/H$）

No.	試材形狀與荷重形式	應力強度因子（括弧內是誤差）以及龜裂開口位移
		平面應變：$K_I = \sigma\sqrt{H} = \{E/(1-\nu^2)\}/(v_0\sqrt{H})$ （其中，$\sigma = Ev_0/(1-\nu^2)H$）
25	簡便拉伸標準試片 標準尺寸： $H = 0.6W, H_1 = 0.275V,$ $D = 0.25W, L = 1.25W$ （板厚 = 0.5W） 	應力強度因子： $K_I = \sigma\sqrt{a}\,F(a/W)$； 其中，$\sigma = P/W$（$P$是每單位厚度的力） $a/W = \xi$　對於 $F(\xi) \fallingdotseq 29.6 - 185.5\xi + 655.7\xi^2 - 1017.0\xi^3 + 638.9\xi^4$ 　　　　（$0.3 \leqq \xi \leqq 0.7$在0.5%以下） 另外，$\displaystyle\lim_{\xi \to 1} F(\xi) = 2\beta/(1-\xi)^{3/2}$ 　　　　　　　其中，$\beta \fallingdotseq 1.1215$
26	具taper二重懸臂樑試片 	應力強度因子： $K_I = \dfrac{P}{\sqrt{H(a)}}\left(\dfrac{a}{H(a)+0.7}\right)f(m)$ （P是每單位厚度的力）

m	0	0.1	0.2	0.3	0.4	0.5
$f(m)$	$3.46 = \sqrt{12}$	3.26	3.10	2.98	2.88	2.79

（$a/H(a) > 1$且1%之內）

No.	試材形狀與荷重形式	應力強度因子
27	遠方承受均一垂直應力σ與剪斷應力τ的圓板狀龜裂 	應力強度因子： $K_I{}^A = \dfrac{2}{\pi}\sigma\sqrt{\pi a}$ $K_{II}{}^A = \dfrac{4\cos\theta}{\pi(2-\nu)}\tau\sqrt{\pi a}$ $K_{III}{}^A = \dfrac{4(1-\nu)\sin\theta}{\pi(2-\nu)}\tau\sqrt{\pi a}$

No.	試材形狀與荷重形式	應力強度因子（括弧內是誤差）以及龜裂開口位移
28	中心軸承受集中力P之的圓板狀龜裂 	應力強度因子： $$K_I = \frac{P}{(\pi a)^{3/2}} \frac{1 + \{(2-\nu)/(1-\nu)\}(H^2/a^2)}{(1 + H^2/a^2)^2}$$ 特別是，$H = 0$時 $$K_I = \frac{P}{(\pi a)^{3/2}}$$
29	內面承受軸對稱壓力$\sigma = -\sigma_0(r)$的圓板狀龜裂 	應力強度因子： $$K_I = \frac{2}{\sqrt{\pi a}} \int_0^a \frac{r\sigma_0(r)}{\sqrt{a^2 - r^2}} dr$$ 特別是，σ_0為一定時 $$K_I = \frac{2}{\pi} \sigma_0 \sqrt{\pi a}$$
30	遠方承受均一垂直應力σ與剪斷應力τ, τ_l的橢圓狀龜裂 	應力強度因子： 遠方作用均一應力$\sigma_{z'} = \sigma$, $\sigma_{z'x'} = \tau_l$, $\sigma_{z'y'} = \tau$的情況 $$K_I{}^A = \frac{\sigma\sqrt{\pi a}}{E(k)}(1 - k^2\cos^2\varphi)^{1/4}$$ 特別是， $$K_{I, max} = K_{I(\varphi = \pi/2)} = \sigma\sqrt{\pi a}/E(k)$$ $$K_{I(c=a)} = (2\sigma/\pi)\sqrt{\pi a}$$ $$K_{I(c\to\infty)} = \sigma\sqrt{\pi a}$$ $$K_{II}{}^A = \left(\tau_l\frac{k'\cos\varphi}{B} + \tau\frac{\sin\varphi}{C}\right)\frac{\sqrt{\pi a}\,k^2}{(1 - k^2\cos^2\varphi)^{1/4}}$$ $$K_{III}{}^A = \left(\tau_l\frac{\sin\varphi}{B} - \tau\frac{k'\cos\varphi}{D}\right)\frac{(1-\nu)\sqrt{\pi a}\,k^2}{(1 - k^2\cos^2\varphi)^{1/4}}$$

No.	試材形狀與荷重形式	應力強度因子（括弧內是誤差）以及龜裂開口位移
	離心角 φ	其中， $k' = a/c \leqq 1$，$k^2 = 1 - k'^2 = 1 - a^2/c^2$ φ 是如圖點 A 所示的離心角 $B = \{k^2 - \nu\}E(k) + \nu k'^2 K(k)$ $C = (k^2 + \nu k'^2)E(k) - \nu k'^2 K(k)$ $K(k) = \int_0^{\pi/2} \dfrac{d\varphi}{\sqrt{1 - k^2 \sin^2\varphi}}$ 　　　　　　　　　　（第1種完全橢圓積分） $E(k) = \int_0^{\pi/2} \sqrt{1 - k^2 \sin^2\varphi}\, d\varphi$ 　　　　　　　　　　（第2種完全橢圓積分） 其中， $E(0) = K(0) = \pi/2$， $E(1) = 1$， $\lim\limits_{k \to 1} K(k) = \log(4/k')$
31	橢圓形部分連接外側龜裂的拉伸 	應力強度因子： $K_{\mathrm{I}}{}^A = \dfrac{P}{2c\sqrt{\pi a}}\dfrac{1}{(1 - k^2\cos^2\varphi)^{1/4}}$ $K_{\mathrm{II}}{}^A = K_{\mathrm{III}}{}^A = 0$ 其中，φ 是如圖 No.30 所示點 A 的離心角 $k^2 = 1 - a^2/c^2.$ 特別是， $K_{\mathrm{I, max}} = K_{\mathrm{I}(\varphi=0)} = P/2a\sqrt{\pi c}$ $K_{\mathrm{I}(c=0)} = P/2a\sqrt{\pi a}$

No.	試材形狀與荷重形式	應力強度因子（括弧內是誤差）以及龜裂開口位移
32	具外側龜裂圓棒的拉伸與扭轉 $\sigma_N = P/\pi b^2$, $\tau_N = 2T/\pi b^3$ 	應力強度因子： $K_I = \sigma_N \sqrt{\pi b}\, F_I\,(b/R)$；$b/R = \xi$ 對於 $F_I\,(\xi) \fallingdotseq \dfrac{1}{2}\Big(1 + \dfrac{1}{2}\xi + \dfrac{3}{8}\xi^2 - 0.363\xi^3 + 0.731\xi^4\Big)\sqrt{1-\xi}$ （1%以下） 另外，$\begin{cases} F_I(0) = 1/2 \\ \lim\limits_{\xi \to 1} F_I(\xi) = \beta\sqrt{1-\xi} \end{cases}$　其中，$\beta \fallingdotseq 1.1215$ $K_{II} = 0$ $K_{III} = \tau_N \sqrt{\pi b}\, F_{III}$ $K_{III}\,(\xi) \fallingdotseq (3/8)\Big(1 + \dfrac{1}{2}\xi + \dfrac{3}{8}\xi^2 + \dfrac{5}{16}\xi^3$ $\qquad\qquad \dfrac{35}{128}\xi^4 + 0.208\xi^5\Big)\sqrt{1-\xi}$ （1%以下） 另外，$\begin{cases} F_{III}(0) = 3/8, \\ \lim\limits_{\xi \to 1} F_{III}(\xi) = \sqrt{1-\xi} \end{cases}$

索 引

國家圖書館出版品預行編目資料

線彈性破壞力學基礎／岡村村弘之著；劉松柏
譯. — 初版. — 臺北市：五南，2009.11
　　面；　　公分
　　參考書目：面
　　含索引
　　ISBN 978-957-11-5814-3（平裝）
　　1.彈性力學 2.破壞力學
　　332.8　　　　　　　　　　98018670

5E58

線彈性破壞力學基礎

作　　者 ─ 岡村弘之

審　　閱 ─ 木原　博

譯　　者 ─ 劉松柏

發 行 人 ─ 楊榮川

總 編 輯 ─ 龐君豪

主　　編 ─ 穆文娟

責任編輯 ─ 陳俐穎

封面設計 ─ 簡愷立

出 版 者 ─ 五南圖書出版股份有限公司

地　　址：106台北市大安區和平東路二段339號4樓

電　　話：(02)2705-5066　　傳　真：(02)2706-6100

網　　址：http://www.wunan.com.tw

電子郵件：wunan@wunan.com.tw

劃撥帳號：01068953

戶　　名：五南圖書出版股份有限公司

台中市駐區辦公室/台中市中區中山路6號

電　　話：(04)2223-0891　　傳　真：(04)2223-3549

高雄市駐區辦公室/高雄市新興區中山一路290號

電　　話：(07)2358-702　　傳　真：(07)2350-236

法律顧問　元貞聯合法律事務所　張澤平律師

出版日期　2009年11月初版一刷

定　　價　新臺幣420元